Wolfgang Riggert

Betriebliche Informationskonzepte

Wolfgang Riggert

Betriebliche Informationskonzepte

Von Hypertext zu Groupware

2., überarbeitete und verbesserte Auflage

Die Deutsche Bibliothek – CIP-Einheitsaufnahme
Ein Titeldatensatz für diese Publikation ist bei
der Deutschen Bibliothek erhältlich.

1 Auflage 1997
2., überarbeitete und verbesserte Auflage 2000

Die Wiedergabe von Gebrauchsnamen, Handelsnamen, Warenbezeichnungen usw. in diesem Werk berechtigt auch ohne besondere Kennzeichnung nicht zu der Annahme, dass solche Namen im Sinne der Warenzeichen- und Markenschutz-Gesetzgebung als frei zu betrachten wären und daher von jedermann benutzt werden dürften.

Höchste inhaltliche und technische Qualität unserer Produkte ist unser Ziel. Bei der Produktion und Auslieferung unserer Bücher wollen wir die Umwelt schonen: Dieses Buch ist auf säurefreiem und chlorfrei gebleichtem Papier gedruckt. Die Einschweißfolie besteht aus Polyäthylen und damit aus organischen Grundstoffen, die weder bei der Herstellung noch bei der Verbrennung Schadstoffe freisetzen.

Konzeption und Layout: Ulrike Weigel, www.CorporateDesignGroup.de

ISBN 978-3-528-15662-6   ISBN 978-3-322-89195-2 (eBook)
DOI 10.1007/978-3-322-89195-2

Vorwort

Die Weisheit ist nicht neu : In der Datenverarbeitung ist nichts so beständig wie der Wandel. Diese Erkenntnis macht es erforderlich, nach zwei Jahren eine Neuauflage zu konzipieren, die den neuesten Strömungen Rechnung trägt. Innerhalb kürzester Zeit haben sich Schlagworte wie Wissensmanagement oder XML etabliert, die als Hoffnungsträger für zukünftige Entwicklungsschübe in der Datenverarbeitung gelten.

Hinzu gesellt sich die allumfassende Gegenwärtigkeit des Internets, von dem viele Branchenkenner erwarten, dass es die Arbeits- und Lebensumgebung des Menschen grundlegend verändern wird. Eine häufig geäußerte Meinung besagt, dass die Art wie der Mensch zukünftig arbeitet, lebt, spielt und lernt sich vollständig neu gestalten wird. Diesem Trend gemäß weisen alle vorgestellten Konzepte einen hohen Bezug zum Internet aus. Es bildet gleichsam die integrative Klammer der einzelnen Entwicklungsschwerpunkte. Die neuen Möglichkeiten, die sich der Geschäftswelt bieten, reichen von der Erschließung neuer Märkte bis zur Neugestaltung der Kunden-/Partnerbeziehungen. Doch die Wirtschaftswelt ist wettbewerbsintensiver als je zuvor. Geschäftsprozesse müssen schnell und integriert abgewickelt werden, das internetgestützte Front-Office muss nahtlos mit dem Backoffice zusammenarbeiten, um die potentiellen Vorteile des neuen Ablaufes nutzen zu können.

Das vorliegende Buch greift aktuelle Konzepte und Trends in der Informationsverarbeitung auf, und versucht diese einerseits mit theoretischen Grundlagen zu versehen, andererseits aber durch Beispiele, Hinweise und Probleme für den praktischen Gebrauch zu ergänzen. Es ist so organisiert, dass jedes Kapitel ein Konzept enthält. Dies soll dem Leser entgegenkommen, der nur Interesse an ausgewählten Schwerpunkten hat und diese isoliert erarbeiten möchte. Der Umfang der einzelnen Kapitel versucht dem kompakten, praxisbezogenen Informationsbedürfnis der Leser nachzukommen.

Das Leitmotiv **„Work smart, not hard"** hat in diesem Umfeld nichts von seiner Aktualität eingebüßt. Unternehmen, die zukünftig die Informationsverarbeitung auf neue Beine stellen, innovative Entwicklungsmethoden einsetzen und das Internet nicht als Fluch, sondern als Chance begreifen, werden sich am Markt behaupten können. Dieses Buch möchte für diesen Weg Anregungen vermitteln und als Leitlinie dienen.

Mein besonderer Dank gilt meinen Kollegen der Wirtschaftsinformatik in Flensburg, die mir tatkräftig mit Ratschlägen und Anregungen zur

Seite standen und mich allein durch ständige Mittwochmittagsdiskussionen motiviert haben.

Wer sich zuviel mit

kleinen Dingen beschäftigt,

ist schließlich

nicht mehr in der Lage

größere zu tun.

Francois de La Rochefaucauld
Philosoph
(1613 – 1680)

Inhaltsverzeichnis

Bürokommunikation und verwandte Begriffe wie Office Automation oder papierloses Büro waren Bestandteile der DV-Diskussion der 80er Jahre. Glaubt man an die Wiederkehr verflossener Modeworte in bestimmten zeitlichen Rhythmen, so könnten diese Begriffe bald wieder ihren Dornröschenschlaf verlassen und die DV-Landschaft beleben. Doch mit den einfachen Mitteln der Wiederbelebung alter Schlagworte arbeiten Marketingstrategen nicht. In Wahrheit haben neue Wortschöpfungen die alten längst abgelöst und dafür gesorgt, dass die Diskussion um die betriebliche Datenverarbeitung neuen Aufwind erfährt. Man spricht nun von Imaging, optischer Archivierung, Groupware, Workflow, E-Commerce, XML und Geschäftsprozessen und richtet damit sein Augenmerk verstärkt auf Abläufe und nicht mehr auf einzelne Funktionen. Was verbirgt sich hinter diesen Begriffen und was ist ihr grundsätzlich neues Potential?

Ein Blick in die Büros von Unternehmen und öffentlichen Verwaltungen zeigt, dass das ursprünglich erhoffte papierlose Büro ein Wunschtraum geblieben ist. Der Anteil der Dokumente, die codiert vorliegen, ist zwar ständig gestiegen, erreicht aber nicht die Zuwachsraten, die nötig wären, um den Informationszuwachs zu kompensieren. Zwar wächst andererseits die Verbreitung von Computersystemen - fast auf jedem Schreibtisch befindet sich heutzutage ein Terminal - doch wesentliche Produktivitätsfortschritte sind nicht zu verzeichnen. Eher das Gegenteil steht zu befürchten: von einen Absinken der Produktivität um fünf Prozent sprechen Kenner [3]. Auch auf der Integrationsseite berücksichtigen Branchenlösungen und Anwendungssysteme selten den Informationsverlauf und seine Prozesse. Dieses verwundert umso mehr, als seit fast zehn Jahren durch häufig modifizierte Ansätze des ganzheitlichen Prozessgedankens intensive Anstrengungen unternommen wurden, um auch in den Verwaltungen, den Administrationsbereichen der Produktionsbetriebe und der Dienstleistungsbranche bescheidene Produktivitätsfortschritte zu erzielen.

Ganz anders - geradezu konträr - stellt sich das Bild im Produktionssektor dar. In den vergangenen Jahren wurde dort mit erheblichem Aufwand automatisiert und rationalisiert, die Fertigungstiefe zurückgenommmen und die Datenverarbeitung von der Angebotserstellung über die Konstruktion bis zur Fertigung integriert. Sichtbare Zeichen dieser Anstrengungen sind der Rückgang des Papierumlaufes und eine Steigerung der Produktivität, die weit über der der Bürowelt liegt. Doch läuten nun

Unternehmen und Verwaltungen die Kehrtwende ein. Workflow-Management, Geschäftsprozessoptimierung und E-Commerce werden als Mittel entdeckt, strategische Ziele des Informationsmanagements zu realisieren. Sie scheinen die Basis für den lang ersehnten Produktivitäts-schub zu bieten.

Als Folge der Einbindung neuer Techniken müssen die gesamten Geschäftsprozesse und Aktenverläufe organisatorisch überdacht, optimiert und anschließend in elektronischer Form vollständig neu entworfen werden.

1.1　Grundlagen und Prinzipien

Die Innovation der betrieblichen Informationsverarbeitung wird von einer Vielzahl von Begriffen [5, S.8] begleitet : Office Automation (OA), Computer Integrated Office (CIO), Integrierte Büroautomation (IBA), Bürokommunikation (BK), Büroinformationssysteme (BIS), Computer Supported Cooperative Work (CSCW) um nur einige zu nennen.

1.1.1　Definitionen

Der Begriff betriebliche Informationsverarbeitung lässt sich je nach Blickwinkel unterschiedlich definieren und ist daher von einer einheitlichen Auffassung weit entfernt:

> ➢ *Abstrakt* [2, S. 13]: betriebliche Informationsverarbeitung umfasst die personellen, organisatorischen und technischen Aspekte des internen und externen aufgabenbezogenen Informationsaustausches.

> ➢ *Funktionsbezogen:* betriebliche Informationssysteme umfassen [14, S. 5]:

> > ❖ Benutzeroberflächen mit Schreibtischfunktionalität

> > ❖ traditionelle Funktionen, die dem herkömmlichen Verständnis der technischen Unterstützung von individuellen funktionsorientierten Anwendungen - Textverarbeitung, Graphik, Formulargenerator - entsprechen

> > ❖ innovative Funktionen, die dem neuen Verständnis von Abläufen durch Ablage, Archivierung und Retrievalfunktionalität zur Unterstützung von kompletten Geschäftsprozessen entsprechen

> > ❖ interne und externe Kommunikationsmöglichkeiten

❖ die Integration mit anderen wesentlichen betrieblichen DV-Systemen

➢ ***Kommunikationsbezogen*** [2, S. 14]: betriebliche Informationsverarbeitung besteht aus Systemen und Diensten, die Anwender befähigen, Sprach-, Daten-, Bild- und Videokommunikation inner- und außerhalb einer Organisation zu betreiben.

➢ ***Informationsbezogen:*** betriebliche Informationssysteme bilden eine Ansammlung menschlicher und computergestützter Aktionen zum Erwerb, zur Produktion, Bearbeitung und Verteilung von Informationen, um die Organisation zu beeinflussen, zu steuern und zu kontrollieren.

➢ ***Ideal:*** betriebliche Informationssysteme ermöglichen dem Anwender, die Werkzeuge je nach Arbeitsplatz frei zu wählen oder zu kombinieren, um das bestmögliche Betriebsmittel für eine spezielle Aufgabe zur Verfügung zu haben.

1.1.2   Informationsverarbeitung im Umbruch

Zunehmend wird die Informationsverarbeitung von den Unternehmen als Entwicklungspotential für Rationalisierungen im weitesten Sinne angesehen. Worin liegt diese positive Einschätzung begründet ?

Traditioneller Arbeitsablauf

Arbeitsvorgänge und -abläufe werden traditionell noch immer weitgehend manuell gesteuert: die Dokumente gelangen in die Ablage des Mitarbeiters und werden bis zur Freigabe per Hand weitergereicht. Die Vorgangsbearbeitung im Team bleibt weitgehend die Ausnahme. Diese Vorgehensweise stützt sich darauf, dass noch immer höchstens 5 % aller Akten und Dokumente in elektronischer Form vorliegen, die restlichen 95 % aber auf Papier in hausinternen Verteilsystemen tagelang durch Unternehmen wandern und in Archiven lange Such- und Zugriffszeiten verursachen [7]. Das Zusammenstellen und Wiederauffinden kompletter Vorgänge ist oft nur in einem aufwendigen Verfahren und dann mit großer Zeitverzögerung möglich: Aktenschränke sind zu öffnen, Ordner herauszunehmen, Dokumente zu suchen und zu bearbeiten, in die Ablage zu geben oder im Reißwolf zu vernichten. Sollen diese Tätigkeiten computerunterstützt ausgeführt werden, sind die Büromitarbeiter gezwungen, sich mit Tatbeständen wie Symbolen, Dateien, Programmmanagern und Verzeichnissen auseinanderzusetzen. Dabei sollten sie eigentlich aber nur Briefe schreiben, Termine notieren oder Berichte einordnen. Der Anwender von Bürokommunikationssystemen wird also mit artfremden bürountypischen Symbolen und Abläufen konfrontiert und vermisst auf seinem Bildschirm die entsprechenden Symbole seiner gewohnten Arbeitsumgebung wie: Akten, Registratur, Papierkorb und vieles mehr.

Abbildung 1.1:
Arbeitsumgebung
eines typischen
Büroarbeitsplatzes

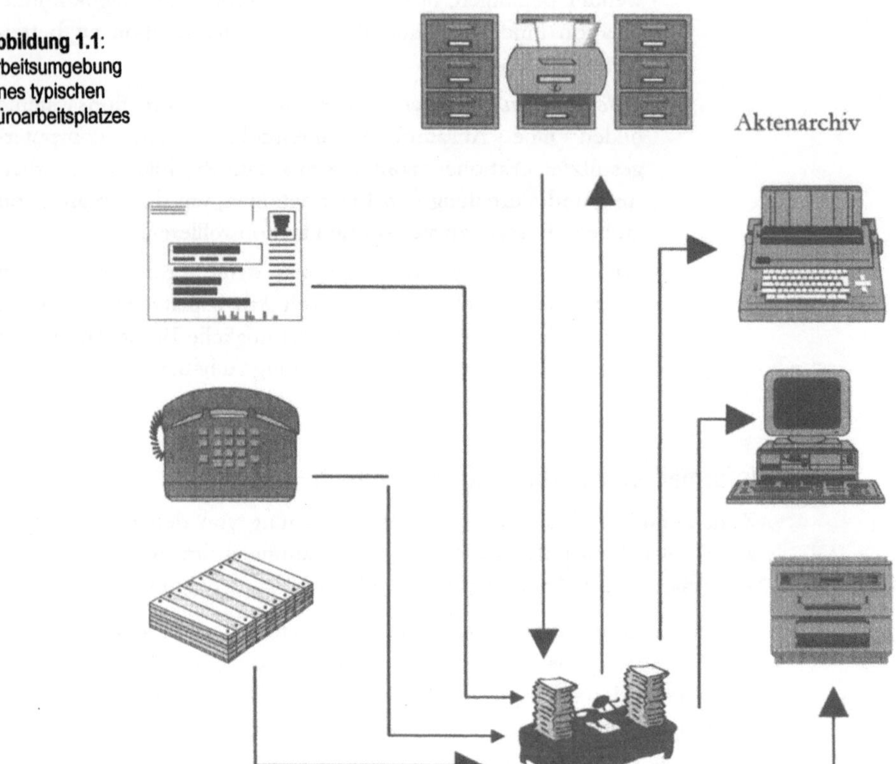

Auf diese Beobachtungen stützt sich die Erwartung, bisher verborgene Rationalisierungsreserven freimachen zu können. Damit einher gehen historisch bedingte Probleme, deren Vorhandensein zunehmend in Frage gestellt wird:

➢ Papier ist das dominierende Informations- und Organisationsmittel

➢ Der typische Arbeitsplatz besteht aus einer Vielzahl nichtintegrierter Arbeits- und Organisationsmittel, wie Telefax, Telefon, Archiv oder Diktiergerät:

Abbildung 1.2:
Arbeitsmittel eines typischen Büroarbeitsplatzes

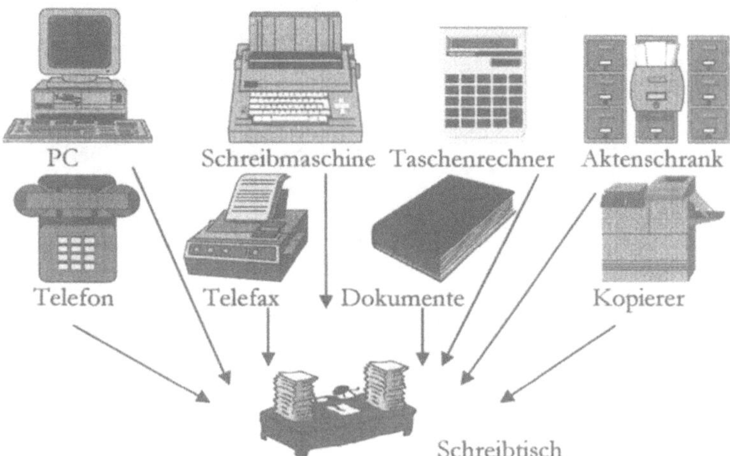

➢ Redundanzen, mangelnde Aktualität und Inkonsistenzen durch Mehrfacharchivierung auf Papier kennzeichnen das Dokumentenmanagement

➢ Es existieren Insellösungen aufgrund:

   ❖ herstellerspezifischer Betriebssysteme und Programme

   ❖ von Abgrenzungstendenzen einzelner Fachbereiche

   ❖ von Akzeptanzproblemen durch nicht informierte Mitarbeiter

   ❖ eines fehlenden organisatorischen und technischen Gesamtkonzeptes

➢ Eine steigende Informationsflut ist mit einer aufwendigen Informationsverwaltung gekoppelt

Taylorismus

➢ Es ist eine hohe Arbeitsteilung (Taylorismus) zu beobachten: Die gezielte Teilung des Arbeitsablaufes in Untertätigkeiten zur Erzielung eines höheren Durchsatzes bei gleichem Arbeitseinsatz führt zu monofunktionalen Arbeitsplätzen mit ausgeprägter vertikaler Arbeitsteilung. Dabei entstehen Schnittstellenprobleme durch :

- ❖ einen häufigen Übergang von Informationen in eine andere Form, z.B. von Papier auf Fax und dadurch die Gefahr von Übertragungsfehlern

- ❖ einen erhöhten Abstimmungs- und Kommunikationsbedarf der Mitarbeiter untereinander

- ❖ erhöhte administrative Arbeitsanteile

- ❖ eine isolierte Datenverwaltung in jedem Sachgebiet und eine semantische Trennung von lokalen und globalen Daten für einen Vorgang

- ❖ einen mangelnden Überblick über den Arbeitsfortschritt jenseits der Sachgebietsgrenzen.

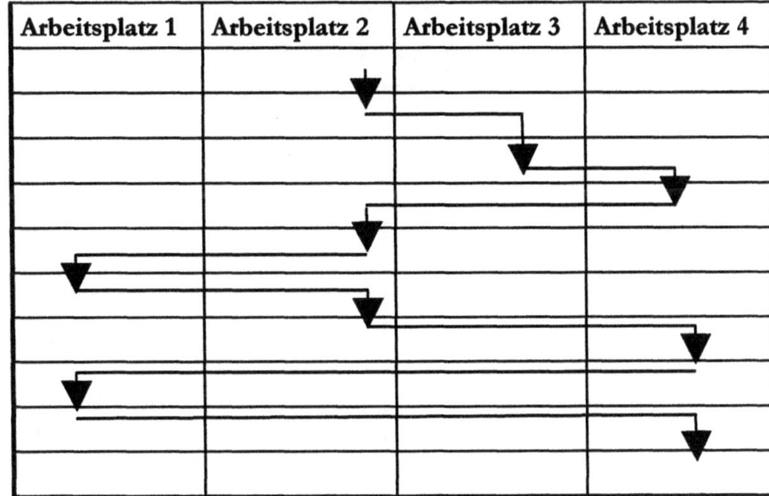

Abbildung 1.3 :
Beispiel tayloristi-
scher Arbeitstei-
lung

Beispiel

> Vier Arbeitsplätze mit zehn Vorgangsschritten zeichnen sich für einen Vorgang durch viele Bearbeitungsstationen, einen unübersichtlichen Bearbeitungsstand und eine Mehrfacherfassung durch Medienbrüche aus.

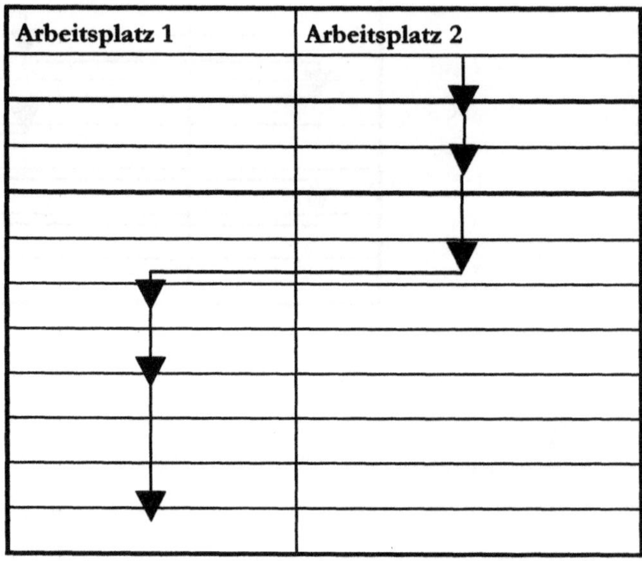

Schwachstellen
der Informations-
verarbeitung

Im Einklang mit dem sich aus diesem Istzustand ergebenden Wandel von funktionsorientierten Abläufen zu prozessgesteuerten Organisationsformen und damit von den Techniken wie Textverarbeitung und Tabellenkalkulation zu Konzepten wie Workflow und Groupware, bei denen komplette Prozessabläufe die Schlüsselfunktion einnehmen, lassen sich die folgenden *Schwachstellen* erkennen :

> ➢ zu lange Durchlaufzeiten der Vorgänge vor dem Hintergrund, dass sich Geschäftsvorgänge nur 3-5 % der Zeit in aktiver Bearbeitung befinden.

> ➢ mangelnde Prozesstransparenz. Ungenügendes Wissen über die Zusammenhänge einzelner Teilaufgaben demotiviert die Mitarbeiter und führt zu verzögerter Fehlererkennung. Eine hohe Prozesskomplexität weist Entscheidungsstrukturen und Bearbeitungsschritte auf, die wenig transparent sind.

> ➤ zu viele Medienbrüche bei der Informationsumsetzung. Die Übergänge von einem auf ein anderes Medium erzeugen eine Fülle von Reibungsverlusten innerhalb der Prozesse.

> ➤ langwieriges Wiederauffinden abgelegter Informationen. Die heutzutage noch weit verbreiteten räumlich verteilten Archive mit eindimensional organisierten Suchkriterien erfordern einen hohen Personalaufwand für die Datenpflege.

> ➤ zu aufwendige fehlerbehaftete Aktualisierung der Datenbestände bei oftmals uneinheitlicher Informationsbasis.

> ➤ schwere Erreichbarkeit von Kommunikationspartnern durch Abwesenheit vom Arbeitsplatz.

Diese Schwächen führen zu überteuerten Leistungen, unzureichender Reaktionsgeschwindigkeit, Inflexibilität und unzufriedenen Leistungsempfängern. Ein tragfähiger Ausweg zeichnet sich durch die Reorganisation der betrieblichen Abläufe und deren EDV-mäßiger Unterstützung ab, mit dem Ziel :

> ➤ der Qualitätsverbesserung durch:

> > ❖ Verringerung der Fehler

> > ❖ fehlerfreie erfolgskritische Vorgänge, da diese in erheblichem Umfang die Marktleistung bestimmen

> > ❖ Verringerung der Fehlerrate der Quellinformationen, da sich diese über andere Geschäftsprozesse fortpflanzen [14, S.5].

❖ Reduzierung des Kostenanteils von 20-40 % für die Datenein- und -ausgabe.

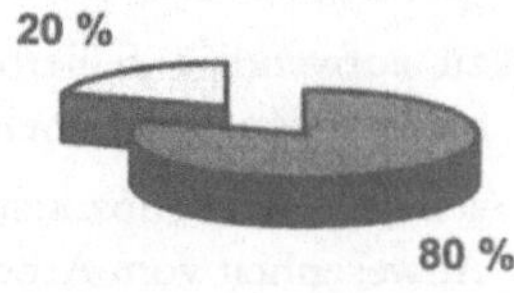

Abbildung 1.4:
Erfolgskritische
Faktoren

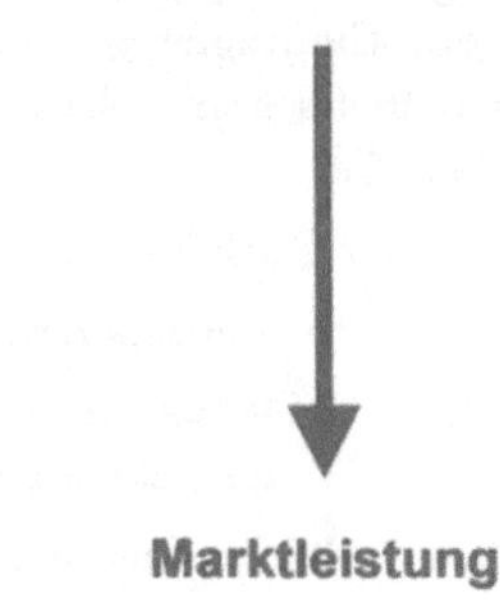

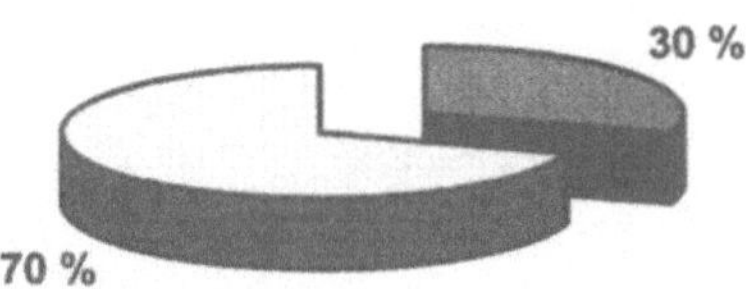

➢ der Produktivitätssteigerung durch:

   ❖ eine Verringerung der Arbeitsteilung und deren Komplexität

   ❖ das Ersetzen der Funktions- durch die Prozessorientierung der Bürovorgänge.

Produktivität: Fertigungsindustrie - betrieblicher Informationsverarbeitung

Untermauert wird diese Diagnose über die Schwächen betrieblicher Informationsverarbeitung durch die Größenordnung der Produktivitätssteigerung in der Fertigungsindustrie in der Dekade der siebziger Jahre in den USA von ca. 100 % gegenüber ca. 4 % im Bürobereich; für Deutschland betrugen diese Werte in den Jahren 1990/91 ca. 4 % in der Fertigungsindustrie und –6 % im Bürobereich [15, S. 11].

Als Gründe für diese Diskrepanz gelten, dass [13, S. 4]

> ➤ Bürokosten als Gemeinkosten verrechnet

> ➤ wiederholte Rüstzeiten nicht ausgewiesen

> ➤ Nachbearbeitungskosten eines Vorganges gegenüber den Erstbearbeitungskosten nicht differenziert

> ➤ die 20 % kreativer Geschäftsvorfälle wie die 80 % Routinevorgänge behandelt

werden.

1.1.3   Gestaltungsmöglichkeiten und Ziele der betrieblichen Informationsverarbeitung

Die Informationstechnologie wird allgemein als adäquater Träger von Organisationsmitteln und Werkzeugen angesehen, die festgestellten Defizite im Sinne der Gesamtzielsetzung eines Unternehmens kreativ und der Unternehmensstrategie angemessen umzusetzen. Die unterschiedlichen Anforderungen an die Informationstechnologie entsprechen der wünschenswerten Funktionalität:

> ➤ vollständige Integration aller betrieblichen Anwendungen in Form einer vertikalen, allen Modulen zur Verfügung stehenden Applikation

> ➤ Aufgabenunterstützung im Sinne der Funktionsorientierung

> ➤ Benutzerschnittstelle: Datenaustausch über OLE-Mechanismen, Makroprogrammierung

> ➤ unternehmensweite Kommunikation: Voice Mail und elektronischer Geschäftsverkehr über EDI und Internet

> ➤ Ablage und Archivierung: Dokumentenmanagementsysteme und optische Archivierung

> ➤ Geschäftsprozessunterstützung: Vorgangssteuerungssysteme auf der Basis des Workflow- und Groupwaregedankens

Der Detaillierungsgrad der Ziele wird mit abnehmender Hierarchieebene immer feiner. Während auf Managementebene noch abstrakte strategische Ziele vorherrschen, ergeben sich auf Mitarbeiterebene sehr konkrete Vorstellungen über eine effizientere Gestaltung des Bürobetriebes:

Ziele auf unterschiedlichen Hierarchiestufen

> Steigerung der Wettbewerbsfähigkeit

> Verbesserung des Images

> Sicherung der Innovationsfähigkeit

> Reduktion der Kosten

> Differenzierung des Angebotes

> Verbesserung des Reklamationsmanagements

Konkreter werden die Vorstellungen auf der Abteilungsebene:

> Beschleunigung von Kommunikationsprozessen

> Verbesserung von Entscheidungen durch eine exaktere Informationsbasis

> Erhöhung der Informationsverfügbarkeit

Die operativen Ziele auf Mitarbeiterebene orientieren sich schwerpunktmäßig an den diagnostizierten Schwachstellen:

> Minimierung der Bearbeitungszeit

> Verbesserung der Durchlaufzeiten

> Reduzierung des Ablagebedarfs

> Beschleunigung des Informationsaustausches

Diese Ziele sind nur zu erreichen, wenn der Einzelne seine Aufgaben effizient lösen und ihm hierfür die entsprechenden Mittel zur Verfügung stehen. Der Endbenutzer richtet sein Augenmerk verstärkt auf die Applikationsebene:

> Für ihn ist eine ausreichende individuelle Rechnerleistung am Arbeitsplatz wünschenswert. Für Aufgaben, die nicht individuell bearbeitet werden können, muss ein Netzwerk die Abteilungen und letztlich das Gesamtunternehmen verbinden

> Die verwendete Software soll neuesten Ergonomieerkenntnissen entsprechen, um Einarbeitung, Bedienung und Akzeptanz zu erleichern und zu fördern. Diese Anforderungen spiegeln sich wider in den Grundsätzen der

Softwareergonomie

> ❖ Aufgabenangemessenheit

> ❖ Selbstbeschreibungsfähigkeit

> ❖ Steuerbarkeit

> ❖ Erwartungskonformität

- ❖ Fehlerrobustheit

- ❖ Individualisierbarkeit

- ❖ Erlernbarkeit

- ➤ Aufgrund der häufig wenig ausgeprägten EDV-Kenntnisse der Endbenutzer erscheint die Einrichtung eines Benutzerservices unerlässlich. Diese Institution:

  - ❖ gewährt den Benutzern bei Fragen und Problemen Hilfestellung

  - ❖ unterstützt die Beschaffung von Hard- und Software

  - ❖ erstellt innerbetriebliche Standardisierungsvorschläge

  - ❖ führt Testinstallationen durch

  - ❖ plant den Einsatz von Standardsoftware

  - ❖ organisiert betriebsinterne Schulungen.

1.2   Klassifizierung der Büroarbeit

Der klassische Ansatz dient dazu, Anregungen für neue Abwicklungsformen betrieblicher Informationsverarbeitung zu entwickeln. Die oftmals mangelhafte Rechnerunterstützung im Bereich der arbeitsteiligen Abwicklung von Informationsverarbeitungsaufgaben hindert die Mitarbeiter daran, sich auf ihre Kernaktivitäten zu konzentrieren. Viel Zeit fließt in vorbereitende Tätigkeiten, die sich nicht direkt wertschöpfend auswirken. Ein Vergleich typischer Zeitanteile verdeutlicht das ungünstige Verhältnis bei der Aufgabenverrichtung. So werden erhebliche Zeitanteile für:

- ➤ Informationsrecherchen

- ➤ Dokumentation, Ablage und Archivierung

- ➤ persönliche Kommunikation

- ➤ Transport, Warte- und Liegezeiten

benötigt, bevor eine produktive Bearbeitung von Prozessen erfolgen kann:

Abbildung 1.5:
Durchlaufzeit

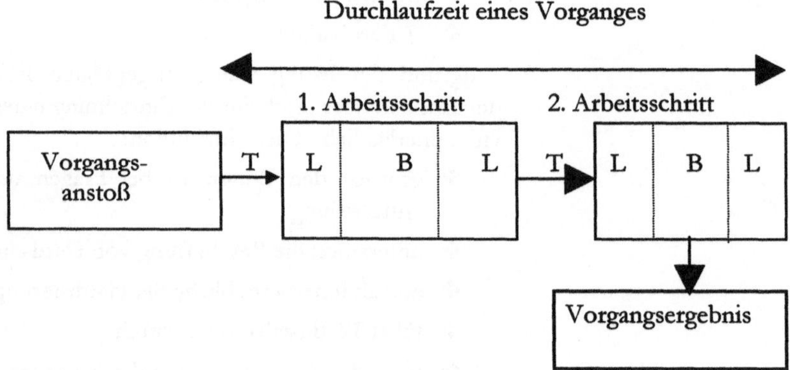

mit: T = Transport-, L = Liege- und B = Bearbeitungszeit

Um Bestimmungsfaktoren für die Gestaltung der Rechnerunterstützung zu gewinnen, wurden in der Vergangenheit unterschiedliche Systematisierungs- und Typisierungsansätze entwickelt.

1.2.1   Funktionsorientierter Ansatz

Der historisch gesehen älteste Vorschlag lehnt sich an den Gedanken des Taylorismus an. Die hochgradige Arbeitsteilung zeichnet sich durch eine extreme Steuerbarkeit von Maschinen und Menschen aus. Vorab detailliert und methodisch durchdacht, vollzieht sich die betriebliche Informationsverarbeitung mechanisch. Menschliche Qualitäten wie Kreativität, Phantasie oder Eigeninitiative zur Sicherung der Innovationskraft einer Organisation sind dadurch weitgehend ausgeschlossen. Dies dokumentiert sich in der Gliederung der Kernaktivitäten in Aufgabentypen mit ihren eingeschränkten Kompetenzen. Die sehr stark untergliederten Einzelaktivitäten lassen sich schwerpunktmäßig einzelnen Stellentypen zuordnen, wobei sich die produktiven Aufgaben durch vier Kriterien näher beschreiben lassen [4, S. 19]:

Tabelle 1.1:
Merkmale von
Büroaufgaben

Aufgaben-typ	Problem-stellung	Informa-tionsbe-darf	Kooperati-onspartner	Lösungs-weg
Einzelfall-aufgaben, nicht forma-lisierbar	hohe Kom-plexität, niedrige Planbarkeit	unbestimmt	wechselnd	offen
Sachfallauf-gaben, teil-weise for-malisierbar	mittlere Komplexität	problemab-hängig	wechselnd, festgelegt	weitgehend geregelt
Routineauf-gaben, voll-ständig for-malisierbar	niedrige Komplexi-tät, hohe Planbarkeit	bestimmt	gleiche Partner	festgelegt

Abbildung 1.6:
Beziehungen
zwischen Stellen-
und Aufgabenty-
pen

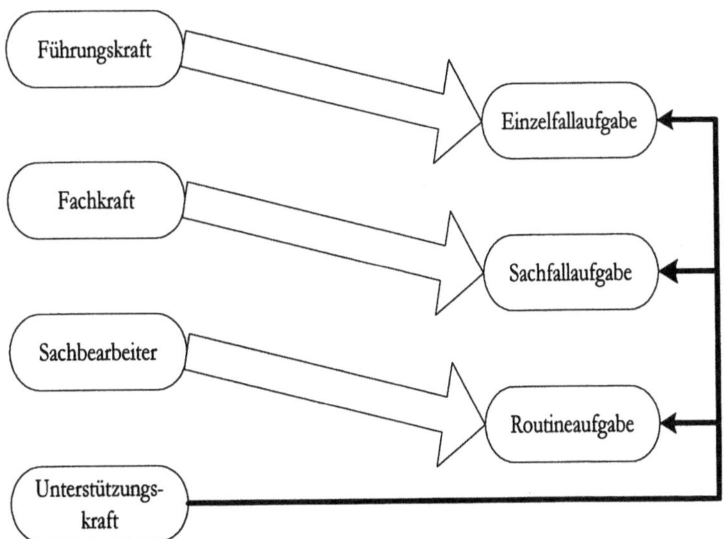

Diese Klassifikation führt aber unter dem Sichtwinkel der festgestellten
Schwachstellen der Büroabläufe nicht unmittelbar zu Applikationen
jenseits des funktionsorientierten Ansatzes. Dazu ist ihre Strukturierung

zu sehr auf die Abbildung des vorgefundenen Zustandes im Büro abgestellt.

1.2.2 Geschäftsprozessorientierter Ansatz

Erst eine Erweiterung des funktionsbezogenen Ansatzes um den ablaufgesteuerten Gedanken befreit den vorherrschenden Taylorismus von seinem eingeschränkten Blickwinkel und schafft langfristig stabile und planbare Strukturen. Im Gefolge davon entstehen Aufgaben, die nicht mehr monofunktional auf eine Anwendung konzentriert sind, sondern eine breite Palette von Funktionen ausführen. Zur Identifikation solcher Vorgänge bietet sich die Ermittlung kritischer Erfolgsfaktoren an, die versucht diejenigen Aufgabenstellungen, Arbeiten und Vorgänge zu isolieren, die für den Erfolg der Informationsverarbeitung von ausschlaggebender Bedeutung sind. Sie dient damit auch einer Priorisierung der Geschäftsprozesse. Die Charakterisierung und Einordnung der identifizierten Prozesse beruht zunächst wie im funktionsorientierten Ansatz auf der Formalisierbarkeit von Aufgaben und wird anschließend durch mehrere Kriterien ergänzt [11, S. 52-56]:

Kriterien der Geschäftsprozessorientierung

➢ der **Strukturiertheit des Prozesses** hinsichtlich der Formalisierbarkeit wie er auch im funktionsorientierten Ansatz seinen Niederschlag findet

➢ des Wiederholungsgrads des Prozesses

➢ der **organisatorischen Komplexität**, die die involvierten Abteilungen, Gruppen und Personen widerspiegelt.

➢ der **Arbeitskomplexität**, die sich aus der Anzahl der isolierten Arbeitsschritte ergibt und damit ein Gradmesser für die Arbeitsteilung ist.

➢ der **Prozesshäufigkeit**, da abgesehen von seiner Wiederholung ein Prozess zu unterschiedlichen Zeitpunkten ausgelöst wird :

❖ **zyklisch**: Für das Anstoßen dieser Prozessart sind kalendermäßig festgelegte Zeitpunkte ausschlaggebend. Ursache können extern wie auch intern bedingte Regeln und Festlegungen sein, z.B. bestimmte Arbeiten nach Abschluss des Geschäftsjahres.

❖ **azyklisch**: Diese Vorgänge werden zeitlich durch das Eintreten bestimmter Ereignisse ausgelöst, z.B. die aktive Aufforderung zur Angebotsabgabe. Ein weiteres wesentliches Merkmal beruht auf der laufenden Überwachung bestimmter für die Aufgabenabwicklung wichtiger Zustände. Der eigentliche Prozess wird erst dann gestartet, wenn bestimmte Prozessrahmenbedingungen eingetreten sind. Das Angebot wird erst erstellt, wenn die zuständige Abteilung davon Kenntnis erhält.

❖ **einmalig**: Hier gelten weitgehend die gleichen Bedingungen wie im azyklischen Fall.

<table>
<tr><td>Tabelle 1.2:
Beispiele für
Büroaufgaben-
typen</td><td>

Aufgabentyp	zyklisch	azyklisch	einmalig
formalisierbar	Wochenbericht, Jahresabschluss	Buchungen, Wareneingang	Konkursbilanz
teilweise formalisierbar	Verbalteil: Monatsbericht	Auftragsbearbeitung, Mitzeichnungsver-fahren	Neustrukturierung der Entwicklungsabteilung
nicht formalisierbar	Unternehmensanalyse	Forschungs- und Entwicklungsbericht	Konkursbericht

</td></tr>
</table>

Unter diesem Blickwinkel sind :

➢ **nicht formalisierbare Aufgaben** als problemlösungsorientiert einzustufen. Die Informationstechnologie erstreckt sich vornehmlich auf Systeme zur Unterstützung kooperativer Arbeit. Auch planerische Entscheidungen, die alle Phasen von der Problemidentifikation bis zur Ausführung der Lösungsmaßnahmen zusammenfassen, fallen in diese Kategorie.

➢ **teilweise formalisierbare Aufgaben** gelten sowohl problemorientiert als auch fallbezogen. Die wechselseitige Abstimmung wird durch weitgehend standardisierte Regelungen erreicht, was eine rechnergestützte Prozessbearbeitung auf der Basis von Workflow-Systemen nahelegt. Auf dieser Ebene fallen auch dispositive Entscheidungen.

➢ **formalisierbare Aufgaben** als Folge sich ständig wiederholender, vollständig vorherbestimmter Arbeitsschritte zu betrachten. Sie bilden das Haupteinsatzgebiet von Workflow-Systemen.

 **Hinweis**

> **nicht formalisierbar**
>
> - problemlösungsorientiert   - Entscheidungsunterstützung
> - nicht vorhersehbar   - Kommunikationsunterstützung
> - bedarfsgerecht   - Dokumentenmanagement

> **teilweise formalisierbar**
>
> - Fallbehandlung/Problemlösung   - Workflow-Konzepte
> - Vorgehensweise weitgehend bekannt   - Groupware
> - fallgesteuert, betont kooperatives
>   Arbeiten

> **formalisierbar**
>
> - sich wiederholende Arbeitsschritte   - funktionsorientierte
>   Bürofunktionen
> - fest definierte Aufgaben   - Vorgangsbearbeitung
> - ereignis-/zeitgesteuert

Die prozessorientierte Sichtweise ordnet den einzelnen Aufgabenträgern Aufgaben als Teil eines übergeordneten Aufgabenkomplexes zu, die von mehreren Mitarbeitern arbeitsteilig zu erfüllen sind. Die einzelnen Teilaufgaben hängen in der Regel voneinander ab, so dass die im Rahmen eines Aufgabenteils erstellten Ergebnisse als Vorleistung in andere Prozesse einfließen. Durch diesen Aufbau ergeben sich Arbeitsfolgen, die im Sinne der betrieblichen Aufgabenerfüllung eine Einheit und als Vorgänge die Grundlage der Workflowdiskussion bilden. Der Umfang und Grad der organisatorischen Regelung kann unterschiedlich detailliert ausfallen. Während seltene Prozesse nicht formell festgelegt sind, werden solche mit hoher Wiederholfrequenz im Organisationshandbuch eines Unternehmens festgeschrieben.

Hinweis

> Aufgaben, die sehr stark formalisiert sind und häufig zyklisch auftreten, bilden gute Kandidaten für Workflow-Systeme.

Die bestehenden Arbeitsabläufe mit ihren einzelnen Arbeitsschritten und Kommunikationsbeziehungen zwischen den Beteiligten bilden den Ausgangspunkt, eine Optimierung der Leistungsprozesse mittels eines Workflow-Managements zu versuchen.

1.3   Integrierte betriebliche Informationsverarbeitung

Wie werden nun beide Klassifikationsansätze in konkrete Strukturen des Informationsmanagements umgesetzt? Die Schwächen der herkömmlichen funktionsorientierten Sicht versucht der Gedanke der Integration durch einen umfassenderen Blickwinkel auf die einzelnen Funktionen und deren Verschmelzung zu überwinden, während der prozessorientierte Ansatz sich in Ideen zum Workflowmanagement niederschlägt. Das Workflowkonzept wird aufgrund seiner Neuartigkeit und Grundsätzlichkeit gesondert dargestellt.

Definition

Unter **integrierter betrieblicher Informationsverarbeitung** versteht man die computerunterstützte Integration einzelner Funktionen zur gesteuerten und koordinierten Bearbeitung von Aufgaben zwischen mehreren Personen.

Formen der Integration

Wie lässt sich der Integrationsgedanke nun abbilden? Zwei Facetten sind denkbar:

> ➤ die **horizontale Integration** ist die Verbindung von Programmen unterschiedlicher Anwendungsbereiche ohne Medienbrüche und Datentransfers, z.B. die Verwendung von Daten verschiedener Komponenten zur Erstellung von Graphiken in Berichten.

Beispiel

> Das Starten von Anwendungstransaktionen aus Vorgängen, z.B. die kalenderabhängige Auslösung von Berichten, die nachrichtenbasierte Bearbeitung von Aufgaben, die Weiterleitung von Dokumenten oder ein Genehmigungsverfahren auf der Basis von E-Mail stellen Beispiele dieser Integrationsvariante dar.

> ➤ die **vertikale Integration** kennzeichnet eine Durchgängigkeit der Applikationen derart, dass von jeder zusammengefassten Information auf die Ebene des Urereignisses, der Vorgänge oder Belege zurückgegriffen werden kann.

Beispiel

> Diese Integrationsidee entspricht einem Management-Informationssystem zur Unterstützung strategischer Entscheidungen, um:
> ➤ ein elektronisches Berichtswesen für das Top-Management bereitzustellen
> ➤ eine Detailanalyse von Vorgängen zu ermöglichen
> ➤ die Abweichungen von Zielgrößen zu prognostizieren
> ➤ externe Nachrichten auszuwerten.

1.3.1   Entwicklungsstufen der Integration

Unter historischen Gesichtspunkten lassen sich mehrere Stufen der Integration beobachten. Stand zunächst die Applikationsentwicklung in den einzelnen Abteilungen im Vordergrund ohne nach bereits bestehenden Systemen zu fragen, richtete jede Abteilung sich auf ihrer „Insel" mit den für sie optimalen Ressourcen ein. Das Ergebnis waren viele parallele Entwicklungen und das Entstehen von Lösungen ohne Kommunikationsmöglichkeiten untereinander. Erst die darauf folgenden Ansätze zu abteilungsübergreifendem Handeln, die geprägt waren von der Idee, bestehende Abläufe „1:1" abzubilden, ermöglichten eine Kommunikation mit dem Umfeld. Ohne eine anschließende Reorganisation der betroffenen Geschäftsvorgänge, die die Kenntnisse der Mitarbeiter mit einbezieht, verfehlen aber auch diese Techniken ihre Wirkung. Erst die Entwicklungsstufe, in der organisationsübergreifend gedacht und optimiert wird, kommt dem Ideal einer Verschmelzung von funktions- und prozessorientiertem Konzept nahe.

Abbildung 1.7:
Integrationsstufen im zeitlichen Verlauf

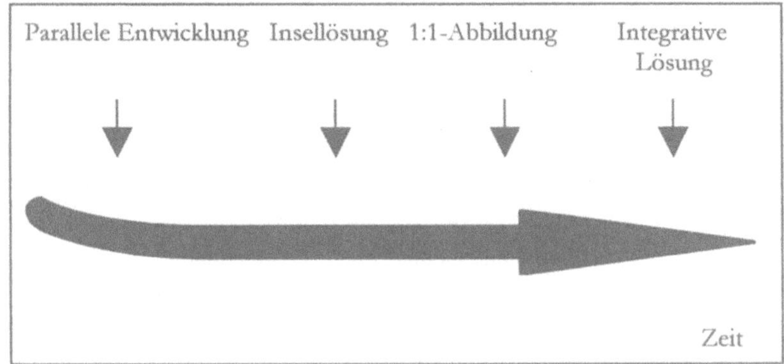

1.3.2   Funktionen integrierter betrieblicher Informationsverarbeitung

Der Funktionsumfang umfasst typischerweise eine Vielzahl von Aufgabenkomplexen, so dass der Endbenutzer über einen multifunktionalen Arbeitsplatz zur Aufgabenerfüllung verfügt. Die Idealvorstellung der horizontalen und vertikalen Integration lässt das Informationsmanagement als zentralen Mittler für eine Vielzahl von Aufgaben erscheinen:

Abbildung 1.8:
Beispiel der Integration betrieblicher Funktionen

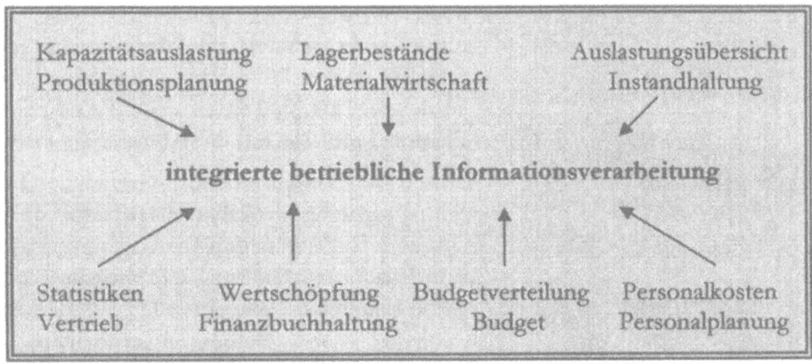

Gemäß dieser Vorstellung können Aufgaben jeder Abteilung eines Unternehmens realisiert werden:

> die Erstellung und Bearbeitung von Texten und Berichten

> die Informationsauswertung für Berichte und Übersichten

> die graphische Aufbereitung von Statistiken

> die Verarbeitung von Bildern

> die Erstellung von Publikationen und Broschüren

> die Kommunikation mit allen Mitarbeitern und externen Lieferanten, Kunden oder Datenbanken

> die Generierung von Datenbankabfragen für Auswertungen, Listen und Reports

Die Komponenten, die für eine derartige Aufgabenvielfalt zur Verfügung stehen, reichen von der konventionellen Textverarbeitung bis zur komfortablen Anbindung an Datenbanken oder das Internet.

Aber auch die umgekehrte Sichtweise, in der eine zentrale Information von unterschiedlichen Abteilungen mit unterschiedlichen DV-Komponenten bearbeitet wird, ist denkbar. So könnte eine Kundendatei vom Lohnbüro zur Berechnung von Prämien und Provisionen, von der Marktforschungsabteilung zur Kontrolle des Verkaufserfolges, vom Versand zur Erstellung von Listen und von der Debitorenbuchhaltung zur Änderung der Stammdaten verwendet werden.

1.3.3   Ziele integrierter betrieblicher Informationsverarbeitung

Wo liegt nun das spezifische Potential der integrierten Informationsverarbeitung?

> Der Endbenutzer wird in die Lage versetzt, eigene Applikationen zu entwickeln. Durch diese Möglichkeit kann er den bisher eingegrenzten Funktionsumfang und die Leistungsfähigkeit optimal an seine Aufgabenstellung anpassen und ausdehnen. Damit werden sowohl Akzeptanz- als auch Identifikationsprobleme mit der Anwendung stark abgeschwächt.

> Durch den hohen Abdeckungsgrad der Funktionen erreicht die integrierte betriebliche Informationsverarbeitung eine spürbare Entlastung der Anwendungsentwicklungsabteilungen und kann zur Milderung der oftmals postulierten Software-Krise beitragen. Dabei entfällt insbesondere der zeitraubende Prozess der Programmiervorgaben, der Pflichtenhefterstellung, der Abstimmung einzelner Abteilungen und der Projektplanung und -überwachung. Lediglich große Projekte verbleiben unverändert im Kompetenzbereich professioneller Entwicklungsabteilungen.

Abbildung 1.9:
Integrationsvor-
teile aus Benut-
zersicht

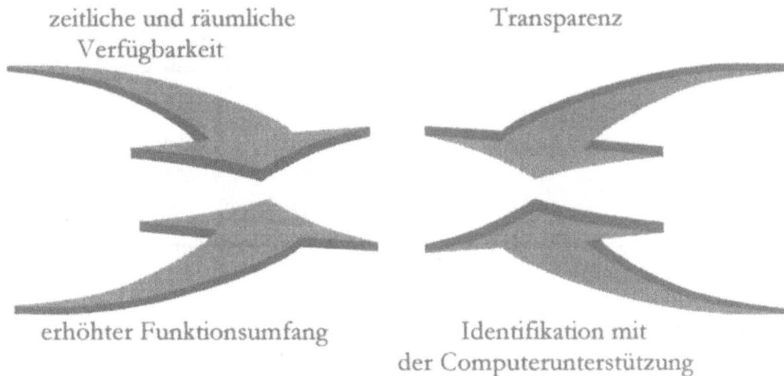

1.4   Implementierung und Effizienz der betrieblichen Informationsverarbeitung

1.4.1   Planungsvoraussetzungen

Organisatorische
Einflussfaktoren

Bei der Initiierung von Projekten zur Neugestaltung der Informationsverarbeitung sind einige organisatorische Fragen im Vorfeld zu klären:

> ➤ Welchen Unternehmenszielen dient die Neustrukturierung?

> ➤ Welche Organisationsveränderungen sind zu erwarten?

> ➤ Welche und wieviel DV-Technologie ist zu bewältigen?

> ➤ Welche Risiken bestehen bezüglich der Einführung und Akzeptanz?

Technische Einflussfaktoren

Zu diesen allgemeinen Fragestellungen gesellen sich oft technische Zielsetzungen, die aufgrund ihrer strategischen Natur Einfluss auf die zukünftige DV-Ausrichtung haben:

> ➤ existierende Hardware soll weiterhin unterstützt werden

> ➤ eine einheitliche graphische Benutzeroberfläche wird angestrebt

> ➤ der Trend zu Client-/Server-Architekturen ist zu berücksichtigen

> ➤ die Kommunikation über Unternehmensgrenzen hinaus wird als bedeutsam eingeschätzt

> ➤ die Einbindung optischer Speicher im Zuge einer Geschäftsprozessneugestaltung etabliert sich

> ➤ eine Multimedia-Unterstützung für zukünftige Applikationen ist erkennbar

> EDV-Systeme müssen offen sein, d.h:

  ❖ portabel – sich auf andere Plattformen übertragen lassen

  ❖ skalierbar - sich mit wachsender Benutzerzahl flexibel an die neuen Gegebenheiten anpassen lassen

  ❖ interoperabel - eine Zusammenarbeit mit Systemen anderer Hersteller erlauben.

1.4.2   Einführung

Idealerweise orientiert sich die Einführung an einem Vorgehen wie es die Systemanalyse vorgibt:

Tabelle 1.3: Einführungsmerkmale unter systemanalytischem Blickwinkel

Istanalyse	bestimmt die organisatorischen Rahmenbedingungen	– Anzahl der Arbeitsplätze – Verteilung der Funktionalität auf die Arbeitsplätze – vorhandene und nutzbare DV-Infrastruktur
Schwachstellenanalyse	bewertet die identifizierten Restriktionen	– Ressourcenverfügbarkeit – Budget – Kommunikationsbeziehungen – bekannte Schwachstellen
Systementwurf	beschreibt die Anforderungen an das Projekt	– Geschäftsprozessorientierung mit der Möglichkeit der ablauforganisatorischen Neugestaltung von Tätigkeiten – System- und Softwarenutzungsprofil
Installation	bettet das neue System in die DV-Umgebung nach unterschiedlichen Gesichtspunkten ein	– Systemumstellung : stufenweise, welche Funktionen in welcher Reihenfolge oder Umstellung in einem Zuge – Datenportierung- und -konvertierung : existieren Schnittstellen zu anderen Applikationen oder Systemen – organisatorische Umsetzung des neuen Konzeptes – technische Migration auf das neue System
Qualitätssicherung	führt begleitende Maßnahmen durch	– Schulung – Benutzerservice – Systemmanagement – Hotline-Service

Akzeptanzproble-
matik

Begleitend sind Gesichtspunkte des allgemeinen Projektmanagements zu beachten, die den Erfolg der Einführung gefährden können. Dazu gehört es insbesondere, Akzeptanzschwierigkeiten zu vermeiden. Dies kann durch:

> die rechtzeitige Information und frühzeitige Beteiligung der betroffenen Mitarbeiter

> die frühzeitige Erstellung von Schulungsplänen

> die Berücksichtigung von Ergonomieaspekten hinsichtlich Systemaufstellung und - funktionalität

> die interne Koordination und Festlegung von Verantwortlichkeiten bzgl. Daten, Systemmanagement und Benutzerunterstützung

erfolgen.

Fehleinschätzun-
gen des Projekt-
managements

Aber auch die Möglichkeit von Fehleinschätzungen hinsichtlich:

> des Mitarbeiterausfalls

> der Terminrisiken

> der Wirtschaftlichkeit des neuen Systems

> der Funktionalität der Software im Einzelnen

können den Projekterfolg gefährden.

Fehleinschätzun-
gen des Mana-
gements

Letztlich sind es aber oft Managementprobleme, die ein Projekt scheitern lassen:

> eine Steigerung der Projektkosten als Folge der Unterschätzung des Schulungs-, Anpassungs- und Betreuungsaufwandes

> die fehlende Identifikation des Top-Managements mit der Informationsverarbeitung und die sich hieraus ergebenden langen Entscheidungszeiträume.

1.4.3   Effizienzbeurteilung

Wirtschaftlichkeits-
analyse

Einer Prognose über die Effizienz eines Softwareprojektes wohnt die Schwierigkeit inne, die zukünftige Nutzenentwicklung beurteilen zu müssen. Hierin liegt aber gerade ein oft unüberschaubares Risiko. EDV-Anbieter argumentieren deshalb gern mit strategischen Wettbewerbsvorteilen, deren Nutzen naturgemäß schwer zu quantifizieren ist. Damit lassen sich Aussagen über die Wirtschaftlichkeit einer Investition kaum treffen, denn welche Unternehmensführung sieht sich in der Lage, das verbesserte Image oder die gewonnene Flexibilität monetär auszudrücken. Die Kunst der Unternehmensführung besteht gerade darin, dass Risiko zu managen. Dazu ist ein Verfahren erforderlich, dass nicht nur die Höhe der Kosten- und Nutzenbeiträge berücksichtigt, sondern auch deren Zuverlässigkeit. Einen Ansatz in diese Richtung bietet das WARS-Modell (Wirtschaftlichkeitsanalyse mit Risikostufen) [9]:

Wirtschaftlichkeit von EDV-Investitionen: Eine konkrete Investitionsentscheidung i stellt immer die Realisierung aus einer Entscheidungsmenge I dar. Sie ist dann als wirtschaftlich zu beurteilen, wenn gilt:

1. $N_i > K_i$: Der Nutzen der Investition ist größer als ihre Kosten

2. $(N_i - K_i) = max!$ $\forall\ i \in I$: die ausgewählte Investition führt zum maximalen Nettonutzen bzgl. aller Alternativen

Kosten - Nutzen-
vergleich

In traditioneller Form werden Kosten und Nutzen durch die Aggregation aller positiven (Nutzen) und aller negativen Zahlungen (Kosten) der Investitionsalternativen über die gesamte Projektlaufzeit getroffen. Die Berechnung erfolgt durch Barwertbildung:

$$\sum_{k=0}^{n} \frac{N_k - K_k}{(1+i)^k}$$

n: Laufzeit der Investition in Jahren
N_k: Nutzenbetrag in der k-ten Periode
K_k: Kostenbetrag in der k-ten Periode
$N_0 = 0$
K_0 = Anschaffungskosten
i: Marktzins

Gemäß dieser Formel ist die Investition mit dem höchsten Barwert optimal.

Kosten

Die Anwendbarkeit dieser Methode auf Informationsverarbeitungssysteme erfordert eine Spezifikation der zu erwartenden Kosten und der absehbaren Vorteile:

- ➢ einmalige Kosten
  - ❖ Anschaffungskosten für Hard- und Software
  - ❖ Entwicklungskosten
  - ❖ Schulungskosten
  - ❖ Beratungskosten
  - ❖ Anpassungskosten
- ➢ laufende Kosten
  - ❖ Pflege- und Wartungskosten
  - ❖ Updatekosten
  - ❖ Materialverbrauch

Nutzen

> Nutzen durch Einsparung bisheriger Kosten (aufwands-
  orientiert)

    ❖ Personalkosten

    ❖ Zinskosten

> anwendungsabhängige Einsparungen (höhere Benutzer-
  freundlichkeit oder einfachere Bedienung)

> Nutzen durch Einnahmeerhöhung (erlösorientiert)

    ❖ schnellerer Kundenservice

    ❖ optimalere Maschinenauslastung

    ❖ bessere Entscheidungsgrundlagen

Asymmetrie von
Kosten und
Nutzen

Die Nutzenkomponente besitzt leider keine zeitliche Dimension. Für eine Umsetzung in die Barwertbildung ist aber eine zeitliche Einordnung notwendig. Diese Anforderung dokumentiert das ganze Dilemma der Nutzenbewertung. Allenfalls eine Einteilung in sofortige und später zu erwartende Effekte erscheint sinnvoll möglich zu sein. Üblich ist eine Verschiebung von den aufwandsorientierten Effekten durch Rationalisierung und Automation hin zu den erlösorientierten auf Basis strategischer Wettbewerbsvorteile.

Die Wirtschaftlichkeitsanalyse als Entscheidungsgrundlage verlangt eine monetäre Bewertung der Kosten- und Nutzenströme. Gelingt dies für einen Großteil der Kosten ohne Probleme, gestaltet es sich auf der Nutzenseite als ein ungleich schwierigeres Unterfangen. Der Nutzen tritt erst im Laufe einer Anwendungsnutzung auf, möglicherweise auch erst zu Ende der Nutzungszeit. Die positiven Effekte sind dann oftmals nicht mehr einer konkreten Investitionen zuzurechnen. Doch selbst bei Existenz eindeutiger Nutzenvorteile bleibt das Problem der Bewertung. Während die aufwandsorientierten Komponenten noch einer Quantifizierung zugänglich sind, entziehen sich die erlösorientierten allein aufgrund ihres langen Realisationshorizontes einer monetären Bewertung. Diese Erkenntnis führt zu einer Schieflage der Interpretation der Wirtschaftlichkeitsaussage, da gut bewertbare Kosten eher stärker als schlecht bewertbarer Nutzen gewichtet werden.

Schätzung
des Einspar-
potentials

Ein weiterer methodischer Ansatz sieht die arbeitsplatzbezogenen Einsparungen im Vordergrund. Motiv dieser Sicht ist, dass:

> eine Verkürzung der Bearbeitungszeiten feststellbar ist

> der Anteil routineorientierter Tätigkeiten schwindet

> das Tätigkeitsprofil sich verändert

Beispiel

Die Ermittlung des Effizienzpotentials anhand des Stellentyps legt folgende Vorgehen nahe [1, S.31]:

> 1. Typisierung der Arbeitsplätze
>
> 2. Ermittlung der Anteile der Bürofunktionen je Stellentyp
>
> 3. Schätzung des Zeiteinsparpotentials je Bürofunktion nach Erfahrungswerten
>
> 4. Ergebnisse von Punkt 2 und 3 ergeben das Effizienzsteigerungspotential pro Stellentyp

1.4.4   Allgemeine Effizienzbewertung

Als Alternative zur monetären Bestimmung von Einsparpotentialen bietet es sich an, die Entwicklungsrichtung einer Maßnahme abzuschätzen. Den Ausgangspunkt hierzu kann die Durchlaufzeit eines Vorganges bilden, die sich aus drei Zeitanteilen zusammensetzt [13]:

> ➢ der Bearbeitungszeit, die anteilig etwa 3-5 % ausmacht
>
> ➢ der Transportzeit mit ca. 6-7 % Zeitanteil
>
> ➢ der Liegezeit, die den restlichen Zeitanteil umfasst

Aus dieser Zeitverteilung lässt sich ablesen, dass eine Verkürzung der Bearbeitungszeit eine geringere Effektivitätssteigerung nach sich zieht als die Veränderung der Liegezeiten. Verbesserungen verspricht der Einsatz von E-Mail-Systemen, die vornehmlich die Transportzeit betreffen. Liegezeiten als größtes Zeitpotential lassen sich nur auf organisatorischem Wege verringern. Workflow-Systeme finden hier den idealen Ansatzpunkt [12, S. 9]:

Tabelle 1.4:
Bewertung der
Durchlaufzeit für
mehrere Büro-
funktionen

Bürofunktion/ Durchlaufzeit	Bearbei- tungszeit	Transport- zeit	Liegezeit
Textverarbeitung, Graphik und Tabellenkalkulation	◉	○	○
Nachrichtenaustausch	◎	◉	○
Dokumentenaustausch	○	◉	○

◉ erkennbare Reduktion, ○ geringe Reduktion, ◎ keine Veränderung

Die Systeme mit dem höchsten Beitrag zur Wertschöpfung der Unternehmen erfordern erfahrungsgemäß auch das höchste Maß an Reorganisation und organisatorischer Flexibilität. Workflow-Systeme und Groupware entsprechen dieser Tendenz.

1.5   Trends und Entwicklungsperspektiven

Die folgende Graphik stellt einen Zusammenhang zwischen den eingangs diagnostizierten Schwachstellen und den Konzepten zu ihrer Beseitigung her [8, S. 6]:

Abbildung 1.10:
Schwachstellen
betrieblicher Informa-
tionsverarbeitung vs.
Lösungskonzepte

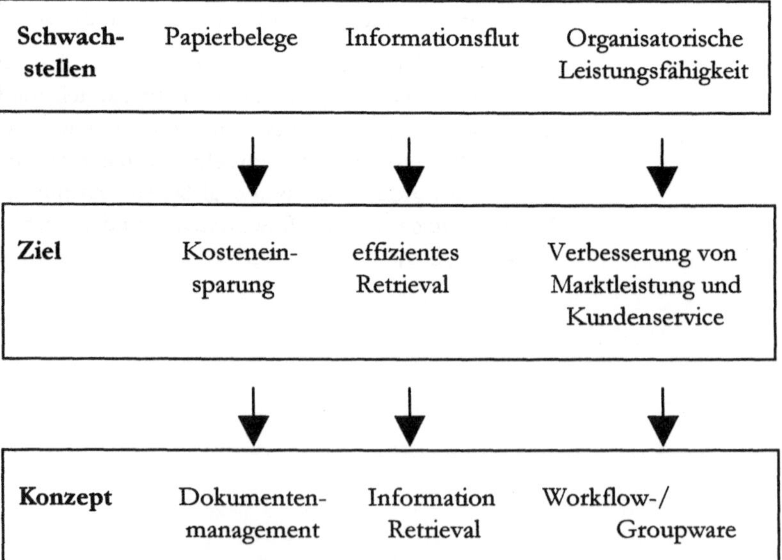

Mittels dieser Techniken wird die betriebliche Informationsverarbeitung der Zukunft computerunterstützt und hochintegriert bezüglich aller Vorgänge sein.

Die funktionsorientierte betriebliche Informationsverarbeitung verliert zunehmend an Gewicht, da ihre Funktionalität bis auf einige Randaspekte weitgehend ausgereift ist. Textverarbeitungs-, Tabellenkalkulations- und Graphikprogramme scheinen ganz im Gegenteil bereits mit Funktionen übersättigt zu sein, was es eher geboten erscheinen lässt, den Programmumfang zurückzuschrauben. Die Konzepte, die in Zukunft die betriebliche Informationsverarbeitung beherrschen werden, erstrecken sich nicht mehr auf den funktionsorientierten Aspekt, sondern auf die prozessorientierte Sichtweise von Vorgängen. Vor diesem Hintergrund lassen sich mehrere Entwicklungslinien ausmachen, die in den folgenden Kapiteln vorgestellt werden:

Entwicklungslinien betrieblicher Informationsverarbeitung

> **Hypertext** bietet eine flexible Verknüpfungsmöglichkeit von Dokumenten untereinander und durchbricht damit die ursprüngliche sequentielle Leserichtung, die es nur erlaubt, ein Dokument von Anfang zum Ende sinnerfassend zu lesen.

> **Information Retrieval** als Basistechnologie der Informationsaufbereitung und –suche, insbesondere auch unter dem Blickwinkel des Internetdienstes WWW, bietet eine der Grundlagen der Informationsverarbeitung

> **Dokumentenmanagementsysteme** richten ihr Augenmerk auf die elektronische Umwandlung, Recherche und Archivierung ehemals papiergebundener Vorgänge.

> **Workflowmanagementsysteme** bilden gut strukturierte Geschäftsprozesse ab.

> **EDI** bildet den Ausgangspunkt für unternehmensübergreifende Informationssysteme

> **Groupware** als Ergänzung des prozessorientierten Blickwinkels unterstützt wenig strukturierte Vorgänge.

Die folgende Graphik fasst die zu erwartenden Entwicklungslinien zusammen [2, S. 13]:

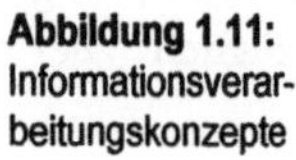

Abbildung 1.11:
Informationsverar-
beitungskonzepte

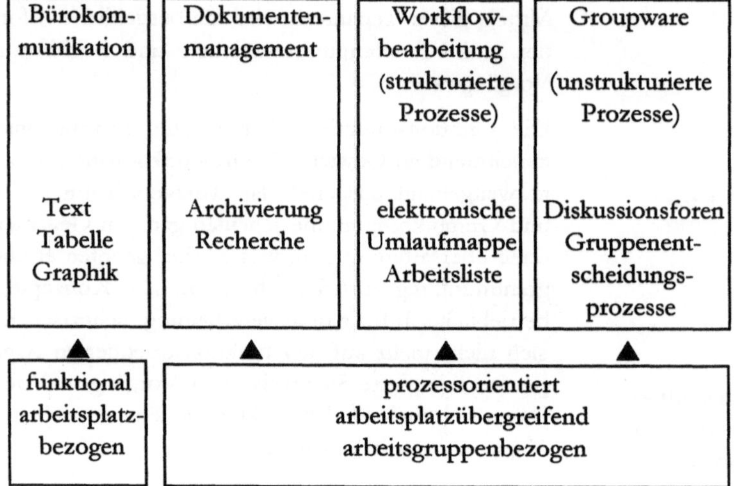

1.6   Literatur

[1] Adler, G.: Stand der Bürokommunikation, in: Computerintergrierter Arbeitsplatz im Büro, Informatikfachberichte 156, Springer 1987, S. 23 - 35.

[2] Bosch, R.: Missverständnisse vorprogrammiert, in: Computerwoche EXTRA Heft 3, 1993, S. 13 - 15.

[3] Engelhardt, K.: Schmaler Grat zwischen Chancen und Risiken, in: Computerwoche 10, 1999, S. 99 – 100.

[4] Hasenkamp, U.; Syring, M.: CSCW in Organisationen - Grundlagen und Probleme, in: CSCW - Computer Supported Cooperative Work, Addision-Wesley, 1994, S. 13 - 38.

[5] Karcher, H.: Alternative Plattformen für humane Bürosysteme, in: Computerwoche FOCUS Heft 3, 1992, S. 8 - 10.

[6] Kattler, T.: Office Automation, Datacom-Verlag, 1992

[7] Kippstätter, K.: Keine Globallösung für die Datenhaltung in Sicht, in: Computerwoche 5 ,1996, S. 7

[8] Leger, L.: Konzepte für neue Arbeitsformen, in: Computerwoche EXTRA Heft 3, 1994, S. 4 - 7.

[9] Ott, H.-J.: Wirtschaftlichkeitsanalyse von EDV-Investitionen mit dem WARS-Modell am Beispiel der Einführung von CASE, in: Wirtschaftsinformatik, Heft 6, 1993, S. 522-531

[10] Pleil, G.: Bürokommunikation, WRS-Verlag, 1991

[11] Rathgeb, M.: Einführung von Workflow-Management-Systemen, in: CSCW - Computer Supported Cooperative Work, Addision-Wesley, 1994, S. 45 - 66.

[12] Schäfer, M.; Niemeier, J.: Die technischen Nutzenpotentiale sind ausgeschöpft, in: Computerwoche EXTRA Heft 3, 1993, S. 8 - 9.

[13] Schwetz, R.: Möglichst wenig Geld ausgeben, in: Computerwoche EXTRA Heft 4, 1991, S. 8 - 10.

[14] Schäfer, M.; Niemeier, J.; Wiedmann, G.: Ein völlig neuer Ansatz muss her, in: Computerwoche FOCUS Heft 3, 1992, S. 4 - 7.

[15] Konzepte - Unternehmen brauchen Lösungen, in: Computerwoche FOCUS Heft 3, 1992, S. 11 - 13.

Die Arbeit mit einem Textverarbeitungsprogramm gehört heute zum Büroalltag. Nicht selten sollen dabei Dokumente erstellt werden, die Zeichnungen oder Tabellen in Texte integrieren. In der individuellen Büroumgebung ist dies im Allgemeinen ohne große Schwierigkeiten möglich. Probleme treten erst dann auf, wenn das erstellte Schriftstück in gleicher Form an mehrere Empfänger verschickt werden soll. Uneingeschränkte Bearbeitungsmöglichkeiten der Empfänger existieren im Regelfall nur, wenn das zugrunde liegende Hard- und Softwaregerüst bei allen Beteiligten homogen ist. Um dennoch eine Weiterverarbeitung quer über alle Plattformen zu ermöglichen, bleibt nur die Übertragung als Faksimile oder ASCII-Datei unter Verlust von Format- und Layoutinformation. Bei einer Übertragung in elektronischer Form muss das Dokument gleichermaßen von Empfänger wie Absender interpretiert und weiterverarbeitet werden können. Vor diesem Hintergrund wird der Wunsch nach einem Standard deutlich, der Dokumente mit Text und Graphik übertragen, bearbeiten und langfristig archivieren kann. Mit SGML und XML haben sich im Laufe der Zeit zwei Verfahren herausgebildet, die diese Ansprüche umzusetzen und ein neues Verarbeitungsparadigma von Dokumenten einzuführen versuchen. Beide Standards ermöglichen den Zugriff auf Komponenten des Dokumentes, das Hinzufügen von Stilinformationen oder den Austausch in den Dokumenten enthaltener Objekte. Dieser Rahmen schafft damit die Voraussetzungen und die Bausteine für die Verwendung im E-Commerce-Umfeld. Zukünftige Anwendungen werden die Browser-Funktionen als Eingabeinstrument nutzen, so dass Masken um Transaktionen zu visualisieren der Vergangenheit angehören. XML-Dokumente werden als Struktur dienen, die Daten und Anweisungen enthalten, wie eine Transaktion verarbeitet und dargestellt wird. Damit scheint die Zeit gekommen, in der der Benutzer von XML-Dokumenten erwartet, dass diese einen Geschäftsfall mit einem Partner genauso transparent weiterleiten, wie zuvor deren Ausdruck.

2.1   SGML (Standard Generalized Markup Language)

Historisch reichen die Wurzeln von SGML relativ weit zurück. Schon 1967 machte W. Tunnicliff von der Graphic Communications Association (GCA) den Vorschlag, den Informationsgehalt eines Dokumentes von seinem Layout zu trennen. Zur gleichen Zeit veröffentlichte S. Rice - ein Buchdesigner - die Idee der „editorial structure tags", die später zum

„generic markup", einem Begriff des Verlagswesens, wurden. Gemäß des üblichen Verlaufs der Vorbereitung einer Publikation erfolgt nach der inhaltlichen Überprüfung und Korrektur des Manuskriptes die Bearbeitung des Layouts hinsichtlich der Zeichensätze, des Seitenformats oder der Absatzgestaltung. Diese Festlegungen wurden zunächst handschriftlich im Manuskript vermerkt, so dass ein Text Steuerzeichen oder Makros als Formatieranweisungen enthielt. Dieses Vorgehen entspricht den der ersten Textverarbeitungsprogramme. Erst im Laufe der Evolution verbargen die Textverarbeitungsprogramme die Steuerzeichen im Rahmen der WYSIWYG-Eigenschaft. Markierungen beschreiben die Art (generic:artgemäß) oder das Layout des Textes näher. Diese Charakterisierung läßt sich vom Informationsgehalt des Dokumentes eindeutig trennen. Der Vorteil dieser Aufteilung liegt vor allem darin, dass die Dokumentenstruktur bei einer Speicherung nicht verloren geht, während das Layout einer bestimmten anwendungsspezifischen Klasse zugeordnet werden kann, die für ein gleiches Erscheinungsbild sorgt. Auf diesen Ideen basierend entwickelten Charles Goldfarb, Edward Mosher und Raymond Lorie 1969 bei IBM die Generalized Markup Language, die 1986 als Standard Generalized Markup Language SGML in der ISO-Norm 8879 [4, S. 185] verabschiedet wurde. Der Kern des Konzeptes ist der Begriff des Dokumententyps in Anlehnung an die Beobachtung, dass verschiedene Texte hinsichtlich ihres Aufbaus und ihrer Struktur Gemeinsamkeiten besitzen. So gliedert sich ein Buch typischerweise in Kapitel, Abschnitte und Absätze. Eine formale Typisierung von Dokumenten muss also versuchen, Gemeinsamkeiten zu definieren, gleichzeitig aber genügend Flexibilität für die konkrete Ausprägung zulassen. Dementsprechend wird in SGML ein Dokument durch die Document Type Definition DTD charakterisiert, deren theoretische Grundlage die regulären Grammatiken bilden. Das DTD definiert die logischen Elemente des Textes und deren Reihenfolge, wobei zwischen optionalen und Muss-Elementen unterschieden wird. Hier wird eine Analogie zu anderen Konzepten des Nachrichtenaustausches wie EDI sichtbar, wobei ein DTD einer Nachricht und deren Elemente den Segmenten entspricht. DTD's enthalten keine Zuordnung des Layouts. Dieser Mangel schränkt die Anwendungsbreite des Standards prinzipiell ein, hat aber die Verbreitung nicht beeinträchtigt.

2.1.1   Logische SGML-Struktur

SGML basiert auf dem 7-Bit-ASCII-Zeichensatz, so dass jeder beliebige Editor zur Manipulation der Dokumentenbeschreibung geeignet ist. Das eigentliche Markup ist durch seine festgelegte Syntax vom Inhalt leicht unterscheidbar. Es besteht im Wesentlichen aus **tags**, die mit einer öffnenden bzw. schließenden spitzen Klammer beginnen oder enden. Das **deskriptive markup** kennzeichnet die Textelemente, **markup declarations** definieren in der DTD die Struktur des Dokumententyps und **processing instructions** enthalten Verarbeitungsinformationen. Die beiden letzten Elemente sind durch ein Ausrufungs- bzw. Fragezeichen markiert, die einzelnen Textelemente sind zwischen einem Start-tag und einem End-tag eingeschlossen, wobei letzteres durch einen führenden Schrägstrich angezeigt wird.

Beispiel

```
DTD für eine Notiz, die aus einem Titel, einem Absatz und einem Text
mit hervorgehobenen Stellen besteht


<!- DTD für eine Notiz  ->
<!ELEMENT notiz      (titel, autor, datum, absatz+)  >
<!ELEMENT autor      ( Autorenname)                  >
<!ELEMENT datum      ( Erstellungsdatum)             >
<!ELEMENT titel      ( Titel der Notiz )             >
<!ELEMENT absatz     ( Text | wichtig )              >
<!ELEMENT wichtig    ( Hinweis)                      >


Eine mögliche Realisierung dieser Definition könnte wie folgt aussehen:
<!DOCTYPE notiz SYSTEM „/usr/home/riggert/notiz.dtd"  >
<notiz>
<titel>    Termine
<autor>   Wolfgang Riggert
<datum>  1. Juni 1999
<absatz>  Dienstag, 11.00 Uhr
<wichtig> Prüfungstermin</wichtig>
</absatz>
</notiz>
```

Die erste Zeile enthält den Verweis auf den Dokumententyp und den Pfad zur entsprechenden Datei. Diese Angaben dienen zu Prüfzwecken.

So würde jedes Dokument abgewiesen, das nicht mindestens aus Titel, Autor, Datum und einem Absatz besteht. Durch diese Struktur wird weiteren Programmen eine Weiterverarbeitung ermöglicht, z.B. kann nach allen Notizen eines Autors gesucht, diese können nach Datum sortiert und nach Titel kategorisiert werden.

2.1.2   Layoutstruktur in SGML

Zum Entwurf des Layouts kommt prinzipiell jeder Editor in Frage, da SGML hierfür keine Lösung vorgibt. Mehrere Verfahren sind denkbar:

> ➤ Der einfachste Weg, Anweisungen zur Dokumentenverarbeitung zu hinterlegen, sind die processing instructions, deren Syntax durch ein Fragezeichen eingeleitet wird: <?Font=Arial>. Der Text zwischen den Markierungen ist kein Bestandteil von SGML, so dass die Wirkung gänzlich vom verarbeitenden System und dessen Möglichkeiten abhängt. Ein Programm, das die Anweisung nicht interpretieren kann, ignoriert sie und ist dennoch in der Lage, das Dokument zu verarbeiten. Zweifellos ist dies keine besonders elegante Lösung.

> ➤ Einen weiteren Vorschlag nimmt die DTD's als Ausgangspunkt, indem an jedes Element eine Reihe von Attributen mit gesondertem Wertebereich geknüpft wird. Beispielsweise soll der Absatz der Notiz stets linksbündig ausgerichtet sein: <absatz ausrichtung=„links">. Auch hier besteht eine Abhängigkeit vom verarbeitenden Programm, das über alle Fähigkeiten verfügen muss, die Attributwerte des Autors aufzulösen. Ein Vorteil gegenüber den ersten Verfahren besteht darin, dass die Attributmenge im DTD festgelegt ist und somit nicht jeder Autor eigene Vorstellungen einbringen kann. Ein Nachteil ist allerdings die mangelnde Erkennungsmöglichkeit der Semantik der Attribute im Einzelfall.

> ➤ Ein gemeinsames Problem beider Vorschläge besteht darin, Layout und Inhalt des Textes nicht getrennt zu behandeln. Diese Schwierigkeit versucht die **link process definition** zu umgehen. Die Festlegung der Attribute erfolgt hier nicht mehr in der DTD, sondern in einer gesonderten Link Process Definition LPD. Damit ergibt sich die Notwendigkeit, die Dokumentinstanz von den Attributen zu befreien und die Definitionen der Start-tags der Elemente zu neuen Start-tags der LPD zu verlagern. Die LPD zeigt daher, welche Start-tags mit

welchen Attributen automatisch versehen werden: <absatz font=italic > .... </absatz>.

➤ Reichen die Möglichkeiten der LPD nicht aus, so können externe Stylesheets eingebunden werden, deren Aussehen in SGML nicht festgelegt ist. Sie bilden folglich eine Schnittstelle für beliebige Formatierungsanweisungen. Auch darf ein Dokument mehrere LPD's enthalten.

2.1.3   Trend und Entwicklungsperspektive

SGML erlaubt die formale Beschreibung einer Dokumentenstruktur und deren logischer Textelemente. Dazu identifiziert SGML:

➤ die Syntax jedes Datenfragmentes des ausgetauschten Dokumentes

➤ welche Informationseinheit und in welcher Abfolge diese ausgetauscht werden darf

➤ welche Programme den Prozess kontrollieren.

Sobald aber die Frage der Formatierung oder der Verarbeitung der Dokumente auftritt, ist die Grenze des Standards erreicht und eine Systemabhängigkeit unvermeidbar. Trotz dieser Schwäche hat sich SGML in weiten Bereichen etabliert und ist zum konzeptionellen und definitorischen Ausgangspunkt von Seitenbeschreibungssprachen geworden.

2.2   XML (Extensible Markup Language)

In der Vergangenheit diente die Informationstechnologie den Unternehmen in erster Linie dazu, ihre Verarbeitsprozesse zu beschleunigen. In Zeiten des World Wide Web wird dieser Anspruch um weitere Aspekte ergänzt. Der zufriedenstellende Kundenservice bedeutet nun nicht nur, das richtige Produkt zu liefern, sondern auch das Kaufen und Bezahlen zu unterstützen oder auf andere Weise einen Mehrwert anzubieten. Die damit verbundenen Aktvitäten basieren zu einem großen Teil auf Informationen, deren Basis das Internet ist.

XML und Internet-Anwendungen

Das neue Geschäftsmodell setzt einen neuen Typ von Software voraus: Web-fähige Informationsserver, die komplexe Informationen bearbeiten und Internet-Objekte in bestehende Anwendungen integrieren. XML als universelles Objektmodell zur Entwicklung von Internet-Anwendungen wird vielfach als die neue Metasprache angesehen, mit deren Hilfe sich dieser Anspruch schnell und mit ausreichender Flexibilität umsetzen lässt.

Im Jahre 1996 begann ein Team von Experten unter der Leitung von Jon Bosak mit Unterstützung des World Wide Web Consortiums (W3C) mit der Entwicklung eines neuen Standards, dessen Ziel es war, Geschäftsdaten aller Art einfach, leicht erweiterbar und lesbar darzustellen. Analog zu SGML beschreibt XML die Art, in der Daten formatiert sind. Jenseits einer reinen Abbildung des Textes durch Tags zur Formatierung, Gliederung oder Darstellung versucht XML auch inhaltliche Strukturen zu erfassen und für den intelligenten Datenaustausch nutzbar zu machen. Die Architektur von XML strebt also ein vielfältiges Nutzenpotential an.

Eigenschaft	Beschreibung
Einfach	XML ist leicht lesbar und folglich für Rechner leicht zu verarbeiten.
Offener Standard	XML ist ein W3C-Standard
Erweiterbar	Die Menge der Tags ist nicht im Voraus definiert, sondern kann fallweise je nach Anforderung festgelegt werden.
Selbstbeschreibend	Im Gegensatz zu Datenbanken, deren Tabellen durch ein Schema beschrieben werden, erlaubt XML die Dokumentenablage ohne Definitionen, da Metadaten in Form von Tags und Attributen zum Sprachumfang gehören.
Kontextinformationen	Tags, Attribute und Elementstrukturen liefern Kontextinformationen, die die Interpretation des Dokumenteninhaltes erlauben und auf diese Weise Suchen und Auswertungen ermöglichen.
Trennung von Inhalt und Darstellung	XML-Tags legen eine Bedeutung aber keine Darstellung fest, d.h. ein XML-Dokument kann auf mehrere Arten präsentiert werden.
Einbettung unterschiedlicher Datentypen	XML-Dokumente können unterschiedlichste Datentypen von Multimedia (Bild, Sound, Video) bis aktive Komponenten (Java Applets) aufnehmen.
Einbettung existierender Daten	Die Einbindung vorhandener Datenstrukturen wie Filesysteme oder relationale Datenbanken ist unter XML möglich.
Verteilte Daten	XML-Dokumente können geschachtelt über mehrere Server verteilt liegen.

Die Stärke von XML ist gleichzeitig die Schwäche der anderen Datenbeschreibungen: die Datendarstellung in leicht verständlicher Form mit einfacher Interpretationsmöglichkeit. Selbst wenn eine E-Commerce-Anwendung in der Lage ist, zu identifizieren, dass eine HTML-Seite ein Angebot enthält, so ist die Isolierung der einzelnen Elemente wie Preis, Produktname und Menge äußerst aufwendig. Diesen Mangel versucht XML zu beseitigen. Eine Anwendung, die XML versteht, kann die erhaltenen Daten zergliedern und einzelne Daten inhaltlich interpretieren. Dies führt dazu, dass Web-Shops, die ihre Produktdaten im XML-Format ablegen, Einkaufsabteilungen ermöglichen, ihr Angebot nach bestimmten Artikeln gezielt zu analysieren und damit den Inhalt nach speziellen Interessen zu filtern. Das Ausblenden oder Anzeigen bestimmter Dokumentenpassagen ist derart flexibel, dass individuelle Sichten auch für einzelnen Abteilungen denkbar sind. So könnten sich Produktdokumentationen an den Kundendienst und das Marketing wenden, wobei das Marketing nicht an technischen Details interessiert wäre. Entsprechend ließen sich als technisch markierte Dokumententeile für diejenigen ausblenden, die dem Benutzerprofil „Marketing" zugeordnet sind.

Darstellungsunterschied: HTML - XML

XML unterscheidet sich von HTML in einem anderen wesentlichen Punkt; es ist keine direkt anwendbare Sprache, sondern eine Metasprache, die einen Rahmen in Form einer allgemeinen Grammatik darstellt, mittels derer sich Anwendungen realisieren lassen. XML lebt also durch das, was die Anwender schaffen. Jeder Anwender kann mit XML neue, eigene Tags für seine Anforderungen definieren. Zur Formulierung von Theaterstücken sind Tags für Akt, Szene oder Rolle unerlässlich, für E-Commerce-Anwendungen sind Tags wie Preis, Menge, Bestellnummer oder Artikelbezeichnung wichtig und für Applikationen im Gesundheitswesen wären Tags für Namen, Versicherung oder Diagnose erforderlich. XML liefert für jede Anwendung keine speziellen Tags, sondern nur die Vorschrift wie diese standardkonform zu definieren sind. Nur deshalb kann die XML-Spezifikation so kompakt ausfallen.

Da XML explizit als Verallgemeinerung von HTML und als Untermenge von SGML entworfen wurde, liegt das primäre Einsatzgebiet im Internetumfeld. Ein weiterer Unterschied zwischen HTML und XML wird an einem Beispiel deutlich. HTML beschreibt einen festen Dokumententypen ohne Erweiterungsmöglichkeiten und konzentriert sich auf das Aussehen der Struktur durch den Browser. Dazu wird die Tabelle der Artikelangaben durch Tags wie TR=TableRow oder TH=TableHeader genau beschrieben.

Beispiel

```
<TABLE Border=1>
      <TR>
              <TH> Artikel-Nr.</TH>
              <TH> Beschreibung</TH>
              <TH> Preis</TH>
      </TR>
      <TR>
              <TD> 4711</TD>
              <TD> Bremszylinder </TD>
              <TD> 99.90 DM </TD>
      </TR>
</TABLE>
```

Ein Browser stellt die Definition dann eindeutig dar:

Artikel-Nr.	Beschreibung	Preis
4711	Bremszylinder	99.90 DM

XML im Gegensatz dazu legt das Schwergewicht auf den Inhalt und kennzeichnet damit nicht den Tabellenaufbau. Die Artikel-Nr., die unter HTML nur ein reines Datum darstellt, erhält nun eine semantische Bedeutung. Anwendungen wird es damit möglich, nicht nach einer bestimmten Zahl, sondern gezielt nach einer Artikelnummer mit dem Wert xyz zu suchen:

Beispiel

```
<Artikel>
        <Nr.> 4711 </Nr.>
        <Beschreibung> Bremszylinder </Beschreibung>
        <Preis> 99.90 DM </Preis>
</Artikel>
```

Diese Darstellungsform liefert einen weiteren Vorteil; denn das Ergebnis ist auf jedem Gerät darstellbar, das über einen Browser verfügt. Lediglich das konkrete Erscheinungsbild differiert, der Inhalt bleibt unverändert. Damit können unterschiedliche Darstellungsanforderungen wie sie durch Ausgabegeräte oder persönliche Präferenzen bestehen, erfüllt werden. Diese freie Festlegung inhaltlicher Strukturen wirft allerdings auch Probleme auf: definiert ein Verlag ein Merkmal als Autor, ein anderer aber die gleiche Bucheigenschaft als Schriftsteller, lässt sich diese Diskrepanz nur semantisch auflösen. Die Festlegung anwendungsspezifischer Tags setzt demzufolge voraus, dass alle Anwender diese kennen und gleichermaßen interpretieren. Diese Harmonisierung des Tag-Verständnisses bedeutet für die einzelnen Branchen einen erheblichen Abstimmungsaufwand. Diese Notwendigkeit offenbart aber auch die Verwandtschaft zu EDI, für dessen Durchsetzbarkeit sich gerade dieser Koordinationsaufwand als sehr hinderlich erweist.

Probleme der Tag-Festlegung

Das folgende Beispiel demonstriert am einem Text aus Goethes Faust die Tag-Definition in XML [2]:

Beispiel

> **Text:**
> Studierzimmer
> Faust: Es klopft? Herein! Wer will mich wieder plagen?
> Mephisto: Ich bin's.
> Faust: Herein!
> Mephisto: Du musst es dreimal sagen.
> Faust: Herein denn!
> Mephisto: So gefällst Du mir. Wir werden, hoff' ich, uns vertragen.

Text als XML-Dokument:

```
<Dichter>?
        <Name>?Goethe</Name>?
        <Wohnort>?Weimar</Wohnort>?
        <Telefon>?noch keines</Telefon>?
</Dichter>?
<Stück>?Faust</Stück>?
<Szene><?Szenentitel>?Studierzimmer</Szenentitel>?
        <Person>?Faust<Person>?
        <Text>?Es klopft? Herein. Wer will mich wieder plagen
        ?</Text>?
        <Person>?Mephisto</Person>?
        <Text>?Ich bin's.</Text>?
        <Person>?Faust<Person>?<Text>?Herein !</Text>?
        <Person>?Mephisto</Person>?<Text>?Du musst es dreimal
        sagen.</Text>?
        <Person>?Faust<Person>?<Text>?Herein denn!</Text>?
        <Person>?Mephisto</Person>?
        <Text>?So gefällst Du mir. Wir werden, hoff' ich, uns vertra-
        gen</Text>?
</Szene>?
```

Die Perspektive von XML und seine breite Unterstützung hat seine Gründe in den Einsatzmöglichkeiten für E-Commerce-Anwendungen. Mit Hilfe dieser Sprache scheint es möglich, für Bestellungen, Transaktionen und Rechnungen als Geschäftsdaten mit Herstellern, Handel und

Banken einen einfachen, einheitlichen Kommunikationsmechansimus gefunden zu haben. Darüber hinaus erlaubt die Definition eine gezielte Suche nach Inhalten unabhängig von der Serverplattform, die diese Daten bereithält. Angestrebte Erweiterungen wie XQL für den Zugriff auf abgelegte Informationen werden den Wirkungsbereich von XML vergrößern.

2.2.1 Erstellung von XML-Dokumenten

Ein XML-Dokument besteht primär aus einer geschachtelten Hierarchie von Elementen mit einer eindeutigen Wurzel als Ausgangspunkt [12]. Elemente stellen folglich die logische Struktur dar und können selbst wieder Nachfolgeelemente, Daten oder eine Mischung aus beiden enthalten. Zusätzlich können sie durch Attribute näher beschrieben werden. Während Elemente und Daten einer festen Ordnung folgen, können Attribute in beliebiger Reihenfolge hinzugefügt werden.

XML als Baum

· XML erlaubt es Nutzern durch diesen flexiblen Aufbau:

> ➤ mehrere Dokumente zu einem Compound Document zu kombinieren

> ➤ die Position und das Format festzulegen, an der bzw. mit dem Graphiken eingebunden werden sollen

> ➤ zusätzlichen Kommentar hinzuzufügen

> ➤ Verarbeitungskontrollinformationen anzuhängen.

Wichtig ist allerdings zu beachten, dass XML nicht

> ➤ aus einer Menge vordefinierter Tags besteht

> ➤ keine standardisierten Templates für Dokumente enthält.

Flexibilität der XML-Definition

XML ist flexibel genug, jede logische Textstruktur abzubilden. Seine Vorzüge der variablen Definition offenbart folgendes Beispiel: Benutzer von E-Mail haben in mühevoller Kleinarbeit ein individuelles Namens- und Adressbuch angelegt. Dieses kann durch einen Systemabsturz, einen Firmenwechsel oder den Austausch des E-Mail-Programms wertlos werden. Wie kann das Adressbuch bei Rechner-, Firmen- oder Mailprogrammwechsel erhalten bleiben. Eine naheliegende Möglichkeit besteht darin, für dieses wichtige Dokument eine XML-Struktur zu hinterlegen:

Beispiel

```
<?xml Version="1.0"?>
<Adressbuch>
    <Person>
        <Name>
        <Nachname> Meyer</Nachname>
        <Vorname> Hans </Vorname>
        </Name>
        <E-Mail>hmeyer@big.com</E-Mail>
    </Person>
</Adressbuch>
```

Die Namen der Elemente und ihre hierarchische Anordnung bilden das Korsett des Aufbaus eines Adressbuches. Es besteht aus den Elementen Adressbuch, Person, Name und E-Mail. In dieser einfachen Festlegung ist zunächst nur ein Eintrag gestattet und kein Element wird durch ein Attribut ergänzt.

Die Eleganz von XML zeigt sich darin, dass neue Tags und damit neue Merkmale problemlos eingefügt werden können. Diese Möglichkeit erlaubt die Abbildung beliebiger Adressbuchvarianten, weil ihr individueller Aufbau als Teilmenge für jeden Benutzer frei vereinbar ist. Ist einmal eine Definition festgelegt, können beliebige Adressdaten daraufhin geprüft werden, ob sie mit der XML-Vorgabe übereinstimmen. Abweichungen von der vorgegebenen Struktur sind dann nicht mehr möglich. Autoren, die an verschiedenen Standorten arbeiten, können auf diese Weise Dokumente erstellen, die zumindest strukturell zusammenpassen. Dies bedeutet nicht, dass die Dokumente sich auf gleiche Inhalte beziehen.

2.2.2   XML-Struktur

Die Hauptkonstruktionsmerkmale von HTML und XML ähneln sich sehr stark. Ein wesentlicher Unterschied zwischen beiden Beschreibungssprachen liegt in ihrem Umgang mit unscharfen Definitionen.

Während HTML-basierte Browser aus historischen Gründen sehr tolerant gegenüber fehlerhaften Definitionen oder fehlenden Tags sind, verlangt XML wohldefinierte Dokumente:

```
<OL>
      <LI> HTML erlaubt <B><l> unsaubere Rekursio-
nen</B<</l>
      <LI> HTML erlaubt Start- ohne Endtags, wie z.B. <BR>.
      <LI> HTML erlaubt Attributdefinitionen ohne Hoch-
komma
<OL>
```

Die meisten HTML-Browser dürften diesen Ausschnitt wie beabsichtigt darstellen. In XML handelt es sich dennoch um ein nicht wohldefiniertes Dokument:

```
<OL>
      <LI> XML verlangt <B><l> saubere Rekursio-
nen</B<</l></LI>
      <LI> XML verlangt, dass leere Tags durch einen ab-
schließenden / gekennzeichnet werden, wie z.B.
<BR/></LI>.
      <LI> HTML erlaubt die Festlegung von Attributwerten
nur in Hochkommata </LI>
<OL>
```


Weitere Unterschiede zwischen HTML und XML liegen in folgenden Bereichen :

> **Hierarchische Elementstruktur**: XML-Dokumente besitzen einen strikt hierarchischen Aufbau. Zur Sicherstellung dieses Merkmals entspricht jedem Start- ein Ende-Tag. Damit ist die folgende Sequenz nicht XML-konform:

```
<LI> HTML erlaubt <B><l> unsaubere Rekursio-
nen</B<</l>
```

während die Sequenz

> ```
> <LI> XML verlangt <B><I> saubere Rekursio-
> nen</B<</I></LI>
> ```

der XML-Konvention genügt.

> ➤ **Leere Tags**: Diese Konstrukte sind ebenso wie in HTML er-
> laubt, verlangen aber zur Identifikation ein abschließendes
> „/".

In diesem Sinne ist der nachfolgende Auszug nicht XML-konform:

> ```
> <LI> HTML erlaubt Start- ohne Endtags, wie z.B. <BR>.
> ```

wohl aber :

> ```
> <LI> XML verlangt, daß leere Tags durch einen ab-
> schliessenden / gekennzeichnet werden, wie z.B.
> <BR/></LI>.
> ```

> ➤ **Eindeutige Dokumentenwurzel**: XML-Dokumente besit-
> zen nur ein Wurzelelement. Diese Beschränkung erleichtert
> die Verifikation von Dokumenten.

> ➤ **Attributwerte in Hochkommata**: Alle Zuweisungen von
> Werten zu Attributen müssen diese Konvention einhalten.

> ```
> <FONT COLOR="990CC"> XML verlangt
> Hochkommata </FONT>
> ```

Einige weitere Differenzen betreffen in erster Linie das Layout und die
Bedienung:

> ➤ **Case-Sensitivität**: XML unterscheidet zwischen Groß- und
> Kleinschreibung. Während HTML die folgende Zeile akzep-
> tiert:

> ```
> <H1> HTML ist nicht case-sensitiv!</h1>
> ```

muss sie in XML lauten:

```
<H1> XML ist case-sensitiv!<H1>
```

> **Behandlung von Leerzeichen**: Leerzeichen innerhalb des Textes zwischen den Tags ist für XML bedeutsam. Im Gegensatz dazu werden Leerzeichen innerhalb der Tags oder innerhalb der in Hochkommata eingeschlossenen Attributwerte ignoriert:

```
<Prosa form-„free  „>

    XML im Wandel der

    Zeiten

</Prosa>
```

entspricht :

```
<Prosa

 form-„free„>

    XML im Wandel der

    Zeiten

</Prosa>
```

> **Zeichensatz**: XML erlaubt die Spezifikation unterschiedlicher Zeichensätze. Der verwendete Code muss allerdings in einer Deklaration angegeben werden. UTF-8 steht für einen 8 Bit-Unicode.

```
<?xml version="1.0" encoding="UTF-8" ?>
```

> **Sonderzeichen** : Mehrere Zeichen gehören zur syntaktischen Definition von XML und können dementsprechend nicht in ihrer originalen Form verwendet werden. Die Ersatzzeichenfolgen zeigt folgende Tabelle:

Sonderzeichen	Ersatzzeichenfolge
<	<
&	&
>	>
'	&apos
"	"

Semantische Unterschiede

Der Hauptunterschied zwischen HTML und XML liegt aber im semantischen Bereich, d.h. in der freien Definition weiterer Tags, die für die Interpretation und Beschreibung der Daten sinnvoll sind. Neue Tags müssen grammatikalischen Regeln gehorchen, die in der Document Type Declaration (DTD) niedergelegt werden. Sie spezifizieren, welche Tags innerhalb anderer Tags erlaubt (Schachtelung) und welche Tags und Attribute optional sind. DTDs enthalten jedoch keine inhaltliche Beschreibung der Tags. Die Verwendung von DTDs impliziert folglich nicht zwangsläufig die inhaltliche Interpretation von XML-Dokumenten. DTD's werden auf unterschiedliche Weise in XML-Dokumente eingebunden:

Verweis auf DTD's

> Verweis auf ein DTD

> Einbindung eines DTD als Teil des XML-Dokumentes

> Ignorieren einer DTD. Ohne eine DTD kann ein XML-Dokument nur auf Wohldefiniertheit aber nicht auf Gültigkeit geprüft werden; denn Gültigkeit erreicht ein XML-Dokument nur durch eine Verbindung zur Definition seiner speziellen Tags, deren Bedeutung allein die DTD kennt.

2.2.3   DTD's im Detail

DTD's bilden eine Grammatik, innerhalb derer die in einem XML-Dokument zulässigen Tags und Attribute definiert sind. Sie sind entweder in einem <!DOCTYPE>-Tag oder als externer File mit einer entsprechenden Referenz verfügbar. Durch diese fixierte Struktur wird es möglich, mittels Parser die Einhaltung der Vereinbarung für ein XML-Dokument zu überprüfen.

Zur Festlegung der erlaubten XML-Konstrukte verwendet die XML-Spezifikation die EBNF (Extended Backus-Naur-Form). Diese zeigt auf der linken Seite das zu definierende Konstrukt und auf der rechten seine entsprechende Ausprägung. Eine E-Mail-Adresse gemäß EBNF könnte folgendermaßen aussehen:

$$\text{Person} ::= (\text{name e-mail}^*)$$

mit einer äquivalenten DTD-Definition:

```
<!ELEMENT Person(name,e-mail*)>
```

Diese DTD-Anweisung definiert ein Element mit Namen Person, das aus einer Namensangabe und einer optionalen E-Mail-Adresse besteht:

		Typ	Element-Declaration	Element Inhalt	
<	!	ELEMENT	Person	(name,e-mail*)	>

Elemente in DTD-Anweisungen

Ein Element ist allgemein als eine Gruppe einer oder mehrerer Subelemente oder –gruppen, als Charakterdaten, EMPTY oder ANY definiert. EMPTY zeigt an, dass das Element keine Subelemente oder Charakterdaten enthält, aber mit Attributen versehen sein kann. Eine Graphik wird typischerweise durch eine Platzhalter angezeigt, wobei ein Attribut das Format beschreibt, während die Bildunterschrift durch ein gesondertes Element dargestellt wird.

ANY besagt, dass das Element kein oder mehrere Subelemente eines gültigen Typs enthalten darf.

Der Element-Inhalt einer Gruppe oder deren Subelemente gestattet weitere Interpretationsmöglichkeiten:

Element-Inhalt	Bedeutung
A?	Ein oder kein Auftreten, optional
A+	Ein oder mehrere Auftreten von A
A*	Kein oder mehrere Auftreten von A
A | B	Auftreten von A oder B, aber nicht beide gleichzeitig
A, B	Auftreten von A und B in der angegebenen Reihenfolge
(A, B)+	Ein oder mehrere Auftreten von A und B. Die Klammern bilden ein Gruppierungsmechanismus, so dass der Inhalt als Einheit verstanden wird.
#PCDATA	Parsed Character Data, zeigt an, dass der Inhalt dieses Characterstrings auf weitere gültige Tags geprüft wird.

Auch eine Mischung von Charakterdaten und Elementen ist möglich:

```
<!ELEMENT A (#PCDATA | B | C)*>
```

Diese Anweisung besagt, dass PCDATA als erstes in der Gruppe erscheinen muss, aber auch A oder B auftreten dürfen, nur nicht alle gleichzeitig. Der Stern * deutet an, dass die Gruppe keine oder mehrfache Wiederholungen zulässt.

Mit diesen Erweiterungen gelingt es, das DTD des Adressbuchs allgemeiner zu gestalten:

```
<?xml encoding="UTF-8"?>
<!ELEMENT Adressbuch (Person)+>
<!ELEMENT Person (name,e-mail*)>
<!ELEMENT name (Nachname, Vorname)>
<!ELEMENT Nachname (#PCDATA)>
<!ELEMENT Vorname (#PCDATA)>
<!ELEMENT e-mail (#PCDATA)>
```

Diese DTD drückt aus, dass das Adressbuch einen oder mehrere Personeneinträge enthalten darf, wobei jede Person einen Namen besitzt und mehrere E-Mailadressen haben darf.

Wird die DTD in das XML-Dokument aufgenommen, ergibt sich folgende Struktur:

Beispiel

```
<?xml encoding="UTF-8"?>
<!ELEMENT Adressbuch (Person)+>
<!ELEMENT Person (name,e-mail*)>
<!ELEMENT name (Nachname, Vorname)>
<!ELEMENT Nachname (#PCDATA)>
<!ELEMENT Vorname (#PCDATA)>
<!ELEMENT e-mail (#PCDATA)>


<Adressbuch>

    <Person>
        <Name>
        <Nachname> Meyer</Nachname> <Vorname>
        Hans </Vorname>
        </Name>
        <E-Mail>hmeyer@big.com</E-Mail>
    </Person>

    <Person>
        <Name>
        <Nachname>  Mueller</Nachname>  <Vorna-
        me> Franz </Vorname>
        </Name>
        <E-Mail>fmueller@big.com</E-Mail>
    </Person>

</Adressbuch>
```

2.2.4   DTD-Elemente

> ➢ **XML-Deklaration**: In XML-Dokumenten und in externen
> DTD's ist die XML-Deklaration lediglich optional wenngleich
> empfohlen. Wenn sie allerdings vorhanden ist, muss sie die
> erste Vereinbarung innerhalb eines Dokumentes sein und ei-
> nige Regeln erfüllen:

❖ <?xml ist als erste Zeichenfolge des Dokumentes obligatorisch

❖ die Versionsangabe ist optional

❖ bei einer externen DTD wird das encoding-Attribut verlangt.

➤ **Attribute**: Das Schlüsselwort ATTLIST definiert ein oder mehrere Attribute für ein Element. Soll das Attribut Geschlecht zum Element Person hinzugefügt werden, könnte die Basis-DTD-Regel hierfür wie folgt aussehen :

		Typ	Element	Attribut Deklaration	Attributdefinition	
<	!	ATTLIST	Person	Geschlecht	(männlich | weiblich) #IMPLIED	>

Der Ausdruck (männlich \| weiblich) symbolisiert einen Aufzählungstypen, das Schlüsselwort #IMPLIED zeigt an, dass das Attribut optional ist. Attribute können drei Ausprägungen besitzen:

➤ optional (hier kann ein Defaultwert vereinbart werden)

➤ mandatory

➤ mit einem festen Wert belegt (hier muss ein Defaultwert existieren).

Soll das Attribut Geschlecht mit dem Wert „unbekannt" vorbelegt werden, muss dieses der Definition anstelle des #IMPLIED hinzugefügt werden:

		Typ	Element	Attribut Deklaration	Attributdefinition	
<	!	ATTLIST	Person	Geschlecht	(männlich | weiblich | unbekannt) „unbekannt"	>

Das Erzwingen der Angabe des Attributes erfolgt mit dem Schlüsselwort ‚REQUIRED'. Um ein gültiges Dokument zu erzeugen, muss nun eine Angabe des Geschlechtes erfolgen:

		Typ	Element	Attribut Deklaration	Attributdefinition	
<	!	ATTLIST	Person	Geschlecht	(männlich | weiblich | unbekannt) #REQUIRED	>

Verlangt die Definition einen festen, konstanten Attributwert als letzte Belegungsalternative, so wird dies durch die Angabe des Schlüsselwortes #FIXED erreicht.

> ➢ Attributtypen:

>> ❖ Für die Angabe des Geschlechtes definiert das Beispiel einen Aufzählungstypen.

XML lässt noch zwei weitere Möglichkeiten zu:

>> ❖ **CDATA** (character data): Dieser Typ verweist auf einen beliebigen String. Die Belegung eines Attributes Methode mit dem Wert POST entspräche der folgenden Definition:

		Typ	Element	Attribut Deklaration	Attributdefinition	
<	!	ATTLIST	form	Methode	CDATA #FIXED „POST"	>

>> ❖ **Tokenized**: Attribute dieses Types lassen eine feste Menge an Schlüsselworten zu, so dass der Anwender aus einem vorgegebenen Bestand an Begriffen wählen kann.

>> ❖ **ID, IDREF**: Diese Attribute bilden Verweise zwischen Elementen. Aufgrund ihrer Eindeutigkeit können sie unterschiedliche Dokumente miteinander verbinden. Im folgenden Beispiel wird dieser Mechanismus verwendet, um eine hierarchische Beziehung zwischen zwei Personen abzubilden: Meyer ist Vorgesetzter von Mueller.

> ➢ **DTD-Syntax**: Der DTD-Hinweis muss in einem XML-Dokument unmittelbar nach der XML-Deklaration erscheinen. In Abhängigkeit davon, ob die DTD Bestandteil der Do-

kumentdefinition ist oder als File auf einem Rechner liegt, unterscheidet sich die Syntax geringfügig:

		Typ	Name	System	Datei-name	Interne Definition	
<	!	DOCTYPE	Adress-buch	Verweist auf einen Identifikator	ad.dtd	[]	>

Die vollständige Umsetzung des Adressbuches in XML-Syntax hätte folgendes Aussehen:

Beispiel

```
<?xml encoding="UTF-8"?>
<!DOCTYPE Adressbuch SYSTEM „ad.dtd">

<Adressbuch>

        <Person id="H.Meyer" Geschlecht="männlich">
            <Name>
            <Nachname> Meyer</Nachname> <Vorname>
            Hans </Vorname>
            </Name>
            <E-Mail>hmeyer@big.com</E-Mail>
            <link manager="F.Mueller"/>
        </Person>

        <Person id=F.Mueller" Geschlecht="männlich">
            <Name>
            <Nachname> Mueller</Nachname> <Vorname> Franz </Vorname>
            </Name>
            <E-Mail>fmueller@big.com</E-Mail>
            <link subordinate="H.Meyer"/>
        </Person>

</Adressbuch>
```

Kommentar

DTD's dürfen auch Kommentare enthalten. Die Syntax folgt den üblichen Konventionen:

```
<! – Dieses ist ein Kommentar -- >
```

Referenz

Einmal definierte DTD's können als Referenz genutzt werden. Der Vorteil besteht darin, dass bei einer geringfügigen Änderung der Definition des Adressbuches diese Modifikation nicht an allen Stellen ihres Auftretens nachgeführt werden muss, sondern nur in der zentralen Festlegung. Verweise auf bestehende DTD's werden durch ein vorangestelltes & ausgedrückt: &Adressbuch. Liegt die Vereinbarung auf einem anderen Rechner, liefert eine Kombination aus dem Schlüsselwörtern ENTITY und SYSTEM das gewünschte Ergebnis:

```
<!ENTITY Adressbuch SYSTEM http://www.fh-
flensburg.de/XML/Adressbuch.xml>
```

Grafik

Dieser Mechanismus wird bei der Einbindung von Graphiken ausgenutzt. Um die Position zu identifizieren, an der die Graphik erscheinen soll, wird eine Referenz der Form &figure1 angegeben oder eine leeres Element:

```
<graphic source=http://www........figure1.gif type="GIF"/>
```

Das „/"-Zeichen am Ende des Elementes graphic verweist darauf, dass das Programm das Dokument ohne Kenntnis einer DTD lesen kann. In beiden Fällen wird allerdings eine Definition verlangt, die angibt, wie die Daten zu verarbeiten sind. Typischerweise ist hierzu ein Programmodul-Aufruf notwendig:

```
<!NOTATION GIF SYSTEM="C:\windows\system\gif.dll">
```

Die Grammatik der DTD-Vereinbarung erscheint gegenüber HTML-Dokumenten schwerer beherrschbar. Um die Akzeptanz zu erhöhen, strebt die W3C einen weiteren Standard an, der es erlaubt, die Grammatik eines XML-Dokumentes in XML selbst auszudrücken und in einem gesonderten XML-Dokument zu speichern.

Um die Korrektheit der Definition eines vollständigen XML-Dokumentes zu prüfen, werden Parser verwendet (vgl.: http://www.jclark.com). Gültige Vereinbarungen müssen die DTD's enthalten oder im Zugriff haben, eine vollständige Definition umfassen und eine Übereinstimmung zwischen DTD und konkreter XML-Definition darstellen.

Die Ähnlichkeit von HTML und XML legt eine weitere Idee nahe: kann HTML in XML formuliert werden, da XML doch die Definition neuer Tags gestattet? Unter Berücksichtigung der erwähnten syntaktischen Beschränkungen ist dies möglich.

2.2.5   Komponenten von XML

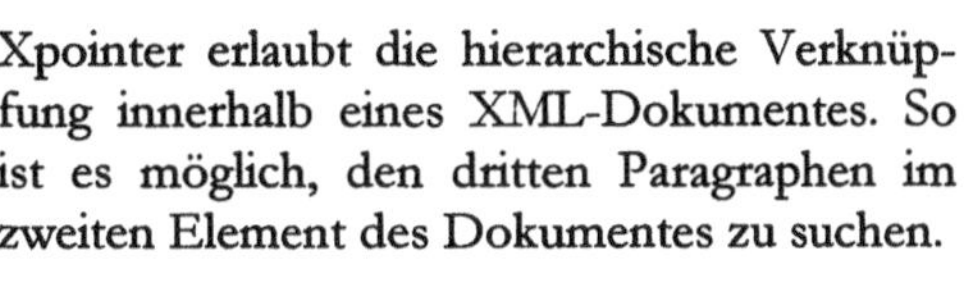

XML Pointer Language

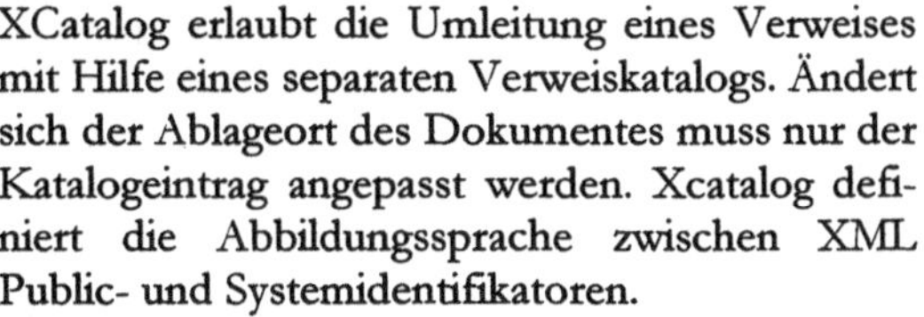

Xcatalog

Xlink

XSL eXtensible Style Language

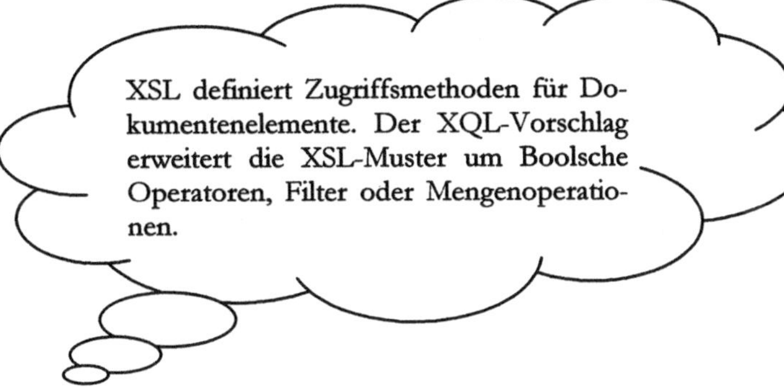

XQL (XML Query Language)

DOM (Document Object Model

XML Namespace

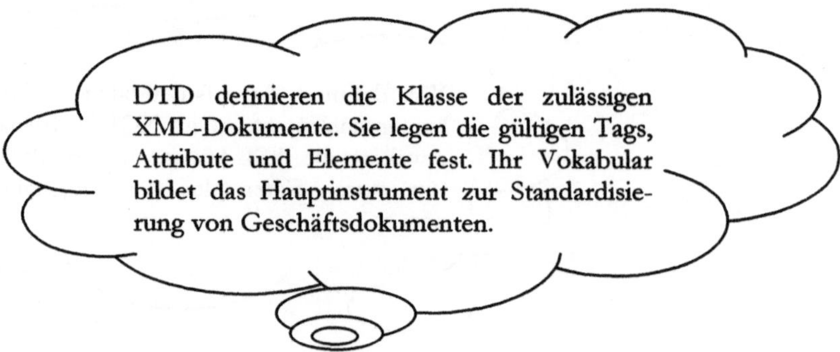

DTD (Document Type Definition)

2.2.6   XQL

XQL[13] definiert Zugriffsmethoden für Dokumentenelemente. Es ist eine einfache Erweiterung der XSL-Syntax und erlaubt in verständlicher Notation die Suche nach Knoten mit besonderen Eigenschaften. Dazu bedient sich XQL Boolscher Operatoren, Filter oder spezieller Erweiterungen wie Vereinigung und Durchschnitt. Die Entwurfsziele lassen sich folgendermaßen charakterisieren [14]:

XQL-Entwurfsziele

> ➤ XQL soll in Zeichenfolgen formuliert werden, die leicht in Programme eingebettet werden können

> ➤ XQL muss leicht überprüfbar sein

> ➤ XQL muss jeden Pfad in einem XML-Dokument ausdrücken können

> ➤ XQL muss jeden Knoten eines XML-Dokumentes eindeutig identifizieren

> ➤ XQL-Anfragen sind deklarativ nicht prozedural, in dem Sinne, dass formuliert wird was gesucht wird, nicht wie.

XQL-Beispiel

Das Ergebnis einer Suche kann ein Knoten, eine Liste von Knoten, ein XML-Dokument oder eine andere Struktur sein. XQL definiert folglich nicht das Rückgabeformat, sondern eher das logische Konstrukt.

Ein einfacher String wird in XQL als Elementnamen interpretiert. Der Operator „/" zeigt eine Hierarchie an. Die Abfrage **Ansicht/Autor** erzeugt alle Autoren, die Elemente von Ansicht sind. Ähnlich wie in Betriebssystem-Umgebungen verweist der isolierte Operator „/" auf die Wurzel des XML-Dokumentes. Diese kleine Beispiel verdeutlicht, dass

XQL sich an einer Baumstruktur des XML-Dokumentes orientiert. Das Dokument enthält jeweils eine eindeutige Wurzel kann aber auch durch Verarbeitungsanweisungen oder Kommentare ergänzt sein. Pfade beschreiben den Weg von der Wurzel zum Zielelement. Der Inhalt eines Elementes oder der Wert eines Attributes wird durch einen Gleichheitsoperator angezeigt:

> Ansicht/Autor="Thomas Mann"

Attribute beginnen mit einem „@":

> Ansicht/Autor/Adresse/@Typ='E-Mail'

XQL-Operatoren

Der Abstiegsoperator „//" steht für eine beliebige Anzahl von Zwischenebenen. Adressen unterhalb des Elementes Ansicht werden daher folgendermaßen selektiert:

> Ansicht//Adresse

Der Filteroperator „[]" isoliert die Menge der Knoten basierend auf dem Klammerinhalt. Er ist vergleichbar dem SQL-Operator SELECT mit WHERE-Klausel und enthält eine Teilanfrage, die für jedes Element der fraglichen Dokumente geprüft wird. Das folgende Beispiel gibt Adressen zurück, die das Attribut „Typ" besitzen, dessen Wert „E-Mail" ist:

> Ansicht/Autor/Adresse[@Typ='E-Mail']

Mehrere Bedingungen können durch boolsche Operatoren verknüpft werden:

> Ansicht/Autor="Thomas Mann" [@Geschlecht=männlich' and @Schuhgröße='42']

Klammern können auch für die Auswahl von Abschnitten genutzt werden. Das folgende Beispiel selektiert Abschnitt 0, 3, 4, 5 und 8, sowie den letzten:

```
Abschnitt[0, 3 to 5, 8, -1]
```

Mittels dieser einfachen Operatoren sollen im Folgenden am einem einfachen Rechnungsbeispiel XQL-Anfragen formuliert werden:

Beispiel

```
<?xml Version="1.0"?>
<invoicecollection>
<invoice>
   <customer>
      Wilhelm Meyer, Hamburg
   </customer>
   <annotation>
      Der Kunde möchte die Liefermengen bis zu einem bestimmten
      Datum garantiert haben.
   </annotation>
   <entries n=2>
      <entry menge=2  gesamtpreis="134.00">
       <product       hersteller="ACME"        produktname="Zange"
       preis="18.00"/>
      </entry>
      <entry menge=1  gesamtpreis="20.00">
       <product       hersteller="ACME"        produktname="Lampe"
       preis="15.00"/>
      </entry>
   </entries>
</invoice>

<invoice>
   <customer>
      Heinz März, Berlin
   </customer>
   <entries n=2>
      <entry menge=2  gesamtpreis="42.00">
       <product       hersteller="ABC"        produktname="Hammer"
       preis="16.00"/>
      </entry>
      <entry menge=1  gesamtpreis="13.00">
       <product   hersteller="ABC"   produktname="Schraubenzieher"
       preis="5.00"/>
      </entry>
   </entries>
</invoice>
</invoicecollection>
```

An dieses XML-Dokument werden drei Anfragen gestellt :

```
Query

  //customer


Ergebnis
  <xql:result>
    <customer>
    Wilhelm Meyer, Hamburg
    </customer>
    <customer>
    Heinz März, Berlin
    </customer
  </xql:result>
```

```
Query

  //product [@hersteller='ABC']


Ergebnis
  <xql:result>
    <product      hersteller="ABC"      produktname="Hammer"
    preis="16.00"/>
    <product   hersteller="ABC"   produktname="Schraubenzieher"
    preis="5.00"/>
  </xql:result>
```

```
Query

  //invoice[customer='Wilhelm Meyer, Hamburg]//product


Ergebnis
  <xql:result>
    <product      hersteller="ACME"      produktname="Zange"
    preis="18.00"/>
    <product      hersteller="ACME"      produktname="Lampe"
    preis="15.00"/>
  </xql:result>
```

2.2.7   XSL (Extensible Style Sheet Language)

XML zeichnet sich durch eine strikte Trennung des Inhaltes von der optischen Darstellung der Dokumente aus. Analog zu SGML wird das Layout durch externe Mechanismen definiert. Der Vorteil ist offensichtlich: Ein Versandhaus kann auf diese Weise Kataloge je nach Anforderung in gedruckter Form, als CD-ROM oder als Internetanwendung präsentieren, ohne inhaltliche Anpassungen vornehmen zu müssen. Voraussetzung sind lediglich Formatvorlagen für jedes einzelne Ausgabemedium. Diese Style Sheets beschreiben Regeln für die Darstellung einer Klasse von XML-Dokumenten.

Abbildung 2.1:
XSL-Integration

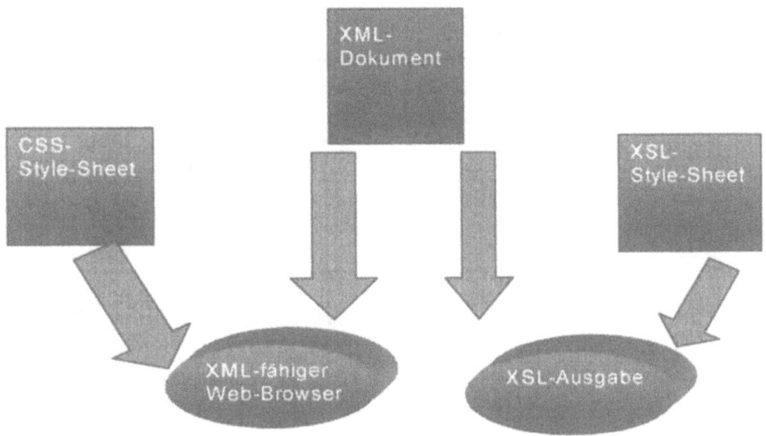

XSL-
Komponenten

XSL setzt sich aus zwei Teilen zusammen:

> Eine Transformationssprache definiert Regeln, wie ein XML-Dokument in ein anderes XML-Dokument überführt werden kann. Das transformierte Dokument kann die Tags und die DTD des Originals verwenden oder auf einen vollständig anderen Satz von Tags zurückgreifen. Die Fähigkeit des Wechsels der Darstellung lässt XML als ideales Medium des E-Commerce erscheinen. Darüber hinaus können XML-Daten in HTML-Dokumente konvertiert werden, Berechnungsergebnisse und Kapitelnummerierungen eingefügt oder ein automatisches Inhaltsverzeichnis ergänzt werden.

> Eine Formatierungssprache definiert ein XML-Vokabular und Tags für das Layout

Eine XSL-Transformation benötigt das XML-Dokument und ein XSL-Stylesheet. Grundlage der Bearbeitung ist ein wohldefiniertes XML-

Dokument in Baumstruktur. XSL nimmt an, dass ein XML-Dokument aus sieben verschiedenen Knoten bestehen kann:

> Wurzel

> Elementen

> Text

> Attributen

> Namen

> Verarbeitungsanweisungen

> Kommentaren

Die DTD und die Dokument-Deklaration gehören nicht dazu. Ein einfaches Beispiel für zwei Elemente des Periodensystems könnte folgendermaßen aussehen [11]:

Beispiel

```
<?xml version="1.0"?>

<?xml-stylesheet type="text/xml" href="14-2.xsl"?>

<Periodensystem>
    <ATOM Zustand="GAS">
    <NAME>Hydrogen</NAME>
    <SYMBOL>H</SYMBOL>
    <ATOM-MUMMER>1</ATOM-NUMMER>
    <ATOMGEWICHT>1.00794</ATOMGEWICHT>
    <SCMELZPUNKT
    UNITS="Kelvin">20.28</SCHMELZPUNKT
    </ATOM>

    <ATOM Zustand="GAS">
    <NAME>Helium</NAME>
    <SYMBOL>He</SYMBOL>
    <ATOM-MUMMER>2</ATOM-NUMMER>
    <ATOMGEWICHT>4.0026</ATOMGEWICHT>
    <SCMELZPUNKT
    UNITS="Kelvin">4.216</SCHMELZPUNKT
    </ATOM>
```

Der zugehörige Baum zeigt folgenden Aufbau:

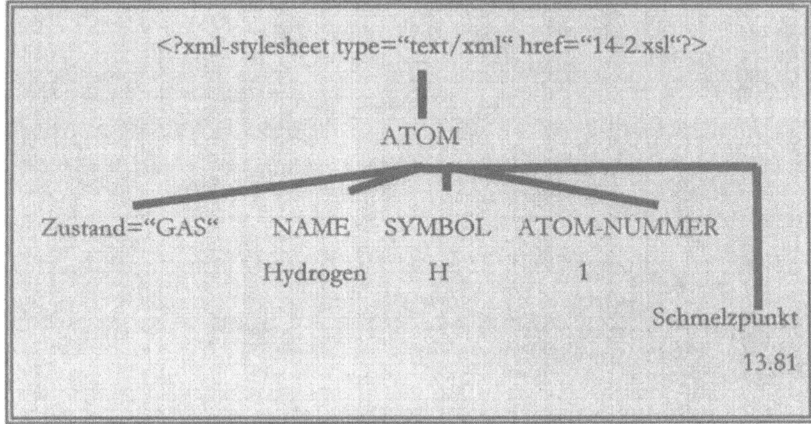

Die XSL-Transformation erlauben die Auswahl bestimmter Knoten dieser Baumstruktur, ihre Umordnung und ihre Ausgabe. Das folgende Listing zeigt ein einfaches XSL-Stylesheet mit zwei Templates. Das erste Template bezieht sich auf die Wurzel und ersetzt diese durch HTML-Elemente. Der Inhalt der HTML-Tags ist das Ergebnis der Auswertung des zweiten Templates, das sich an das ATOM-Element richtet. Es ersetzt jede dieser Komponenten durch ein „p", wobei der Inhalt aus dem Text des entsprechenden ATOM-Elementes besteht.

```
<?xml version="1.0"?>
<?xml-stylesheet version="1.0" xmlns:xsl=http://www.w3.org.1999-/XSL/Transform>
<xsl: template match="Periodensystem">
   <html>
   <xsl: apply-templates/>
   <html>

   <xsl: template match="ATOM">
   <P>
   <xsl: apply-templates/>
   </P>
</xsl: template>
</xsl: Stylesheet>
```

Das Ergebnis dieser Transformation ergibt eine einfache Ausgabe:

```
<html>
   <P>
      Hydrogen
      H
      1
      13.81
   </P>
   <P>
      Helium
      He
      2
      4.216
   </P>
```

Das Hinzufügen eines XSL Stylesheets zu einem XML-Dokument ist sehr einfach. Die Angabe der xml-stylesheet-Verarbeitungsanweisung im Prolog unmittelbar nach der XML-Deklaration reicht dazu aus. Sie sollte über ein Type-Attribut mit dem Wert text/xml und einen Verweis auf eine URL verfügen.

Templates, definiert durch das Element: xsl: template, sind der wichtigste Teil eines Stylesheets. Durch das match-Attribut spezifizieren sie den Knoten, der bearbeitet werden soll. Ein Template kann sowohl Text, der zur Ausgabe dienen soll, als auch XSL-Anweisungen, die Daten vom Quell- ins Zieldokument verschieben, enthalten. Das folgende Beispiel zielt auf die Wurzel des XML-Dokumentes:

```
<xsl : template match="/">
   <html>
      <head>
      </head>
      <body>
      </body>
   </html>
</xsl : template>
```

Die Ausgabe dieses Textes ist ein wohldefiniertes HTML-Dokument:

```
<html>
    <head>
    </head>
    <body>
    </body>
</html>
```

Um Knoten jenseits der Wurzel zu bearbeiten, ist eine andere Anweisung notwendig. Um den Inhalt der Folgeknoten zu verändern, ist eine rekursive Prüfung der XML-Struktur notwendig, die mit der Anweisung xsl: apply-templates erreicht wird. Dadurch wird jeder Knoten des Quelldokumentes mit dem entsprechenden Element des Stylesheets verglichen und bei einer Übereinstimmung die Ausgabe gemäß der xsl-Vorgabe angepasst. Dieser Prozess lässt auch Schachtelungen von xsl: apply-templates zu:

Rekursion

```
<?xml version="1.0"?>

<?xml-stylesheet version="1.0" xmlns:xsl=http://www.w3.org.1999-/XSL/Transform>
<xsl: template match="Periodensystem">
   <html>
   <xsl: apply-templates/>
   <html>

</xsl: template>

<xsl: template match="Periodensystem">
   <body>
   <xsl : apply-templates/>
   </body>
</xsl: template>

<xsl: template match="ATOM">
   Ein Atom
</xsl: template>

</xsl: stylesheet>
```

Die Anwendung dieser Anweisungsfolge auf das Ausgangsbeispiel ergibt mehrere Bearbeitungsschritte:

1. Der Wurzelknoten wird zunächst mit dem Stylesheet verglichen und die <html>-Tags ausgegeben.

2. Das xsl: apply-templates-Element veranlasst die Bearbeitung der Folgeknoten. Der zweite Folgeknoten der Wurzel entspricht dem xml-stylesheet, so dass der <body>-Tag ausgegeben wird.

3. Das xsl apply-templates-Element im Bodyteil veranlasst die weitere Verarbeitung der Knoten. Das Hydrogen-ATOM-Element wird verglichen und trifft auf die dritte Regel zu, so dass der Text „Ein Atom" ausgegeben wird. Gleiches gilt für das zweite Periodenelement Helium.

4. Die Bearbeitung schließt mit der Ausgabe des </body>- und des </html>-Tags:

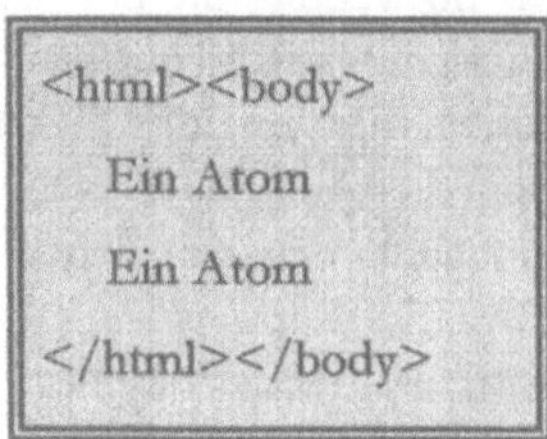

```
<html><body>
  Ein Atom
  Ein Atom
</html></body>
```

Um den Text „Ein Atom" durch den Namen des Elementes zu ersetzen, mus der entsprechende Knoten herangezogen werden. Dies geschieht mit dem Attribut select:

```
<?xml version="1.0"?>
<?xml-stylesheet version="1.0" xmlns:xsl=http://www.w3.org.1999-
/XSL/Transform>
<xsl: template match="Periodensystem">
   <html>
   <xsl: apply-templates/>
   <html>
</xsl: template>
<xsl: template match="Periodensystem">
   <body>
   <xsl: apply-templates/>
   </body>
</xsl: template>
<xsl: template match="ATOM">
   <xsl: apply-templates select="NAME"/>
</xsl: template>
</xsl: stylesheet>
```

Der gleiche Effekt wird durch die Anweisung xsl: value-of anstelle von xsl: apply-templates erreicht. Die Werte der sieben Knotentypen werden auf ähnliche Weise ermittelt:

Knotentyp	Wert
Root	Wert des Wurzelelementes
Element	Das Zusammenfügen aller Symbole die das Element beinhaltet
Text	Knotentext
Attribute	Der normalisierte Attributwert wie er in der XML-Spezifikation festgelegt ist
Namen	Der URI-Name
Verarbeitungsanweisung	Der Wert der Anweisung ohne seinen Namen und die Symbole <, > und ?.
Kommentar	Der Text des Kommentars ohne <!—und →.

2.2.8   XLL (Extensible Linking Language)

XLL bezeichnet ein Modell zur Integration von Links in XML-Dokumente, das weit über die Möglichkeiten von HTML hinausgeht. Dazu werden zwei Submodelle unterschieden:

> **Xlink** übernimmt die Linkerstellung analog zu HTML, ergänzt diese aber um die Möglichkeit bi- und multidirektionaler Verweise. Im Gegensatz zum gerichteten Link von einem Quell- zu einem Zielknoten referenzieren bidirektionale Links in beide Richtungen bzw. verweisen multidirektionale Varianten auf mehrere Zielknoten. Darüber hinaus unterstützt Xlink die Verwaltung der Verweise dadurch, dass diese nicht mehr dokumentenbezogen, sondern in einer separaten Datei gepflegt werden. Ändert sich eine Adresse müssen nicht mehr alle Dateien nach ihrem Vorkommen durchsucht, sondern lediglich der zentrale Verweis an einer zentralen Stelle angepasst werden.

> **Xpointer** erhöhte die Verweisflexibilität durch die Fähigkeit, nicht nur ein bestimmtes Dokument oder einen Rechner zu referenzieren, sondern auf ein Element innerhalb eines Dokumentes zu zeigen. Auf diese Weise kann eine Literaturquelle oder ein Zitat direkt mit der originalen Textquelle verbunden werden.

2.2.9   Trends und Entwicklungsperspektiven

Im Gegensatz zur relationalen Datenbank als dem Rückgrat der transaktionsorientierten Massendatenverarbeitung, stellen XML-Dokumente eine neue Art von Informationen dar. Dem Dokument liegt nicht mehr die Sicht eines Datensatzes als Abbild der Realität zugrunde, dem hierarchische Strukturen und Querverweise fremd sind. Dementsprechend modifiziert sich auch die Rolle von SQL. Die Konvertierung von XML-basierten Abfragen in SQL-Statements lässt sich zwar prinzipiell erreichen, für hochvolumige Tansaktionen stellt diese Anpassung aber keine geeignete Lösung dar. Die Verarbeitung und Speicherung von XML-Daten verlangt daher eine eigenständige Technologie, die auf die mit XML verbundenen Anforderungen zugeschnitten ist. Im Idealfall lassen sich unternehmensweit alle Daten im XML-Format, d.h. mit XML-Tags versehen, speichern. Diese können dann sowohl von den betrieblichen Anwendungen direkt verarbeitet als auch auf verschiedenen Medien wie Internet, Papier oder CD ausgegeben werden. Ein strukturierter Datenaustausch mit Geschäftspartnern wird ebenso möglich wie die Nutzung von Informationsdiensten über Browser und Suchtechnologien.

DOM Nutzung

Um den E-Commerce-Anforderungen entgegenzukommen, dient das Document Object Model (DOM), das eine Menge sprachunabhängiger Schnittstellen, die den programmtechnischen Zugriff auf die logische Struktur von XML-Dokumenten gestatten, definiert. DOM erlaubt also die interaktive Einflussnahme des Nutzers auf den angezeigten Inhalt und dessen gezielte Veränderung. So können z.B. die Positionen der Inhalte einer Web-Seite vom Betrachter individuell arrangiert, Tabellen sortiert oder Objekte ausgeblendet werden.

DOM Möglichkeiten

DOM kann ferner dazu genutzt werden, Anwendungsprogrammen alle Dokumentendaten über eine logische Baumstruktur zugänglich zu machen. Dieser Baum stellt die Abhängigkeiten der Tags voneinander in einer hierarchischen Form dar. Damit Programme Dokumententeile unabhängig von ihrer Position direkt bearbeiten können, muss das vollständige Dokument allerdings im Speicher liegen. DOM definiert unabhängig von Programmiersprachen eine Reihe von Funktionen, die eine wahlfreie Navigation im Dokumentenbaum erlaubt. Darüber hinaus bietet es sich an, XML-Dokumente in ihre Textbestandteile zu zerlegen und diese zu speichern. Jeder Knoten eines Dokumentes würde dann einen Datensatz darstellen, was den Vorteil hat, dass die einzelnen Passagen von mehreren Autoren bearbeitet werden können, ohne dass das gesamte Dokument für konkurrierende Benutzer gesperrt ist.

Eine zukünftige umfassende XML-Architektur könnte folgendermaßen aussehen [8]:

2.3   Literatur

[1] Behme, H., Mintert, S.: XML in der Praxis, Addison-Wesley, 1998

[2] Hantl, P.: XML und Lotus Notes/Domino, in: Notes Magazin, Heft 5, 1999, S. 96 – 98.

[3] Rieger, W.: SGML für die Praxis, Springer, 1995

[4] Seidt, M.: Remis, in iX, Heft 4, 1994, S. 184-189.

[5] Scheckenbach, R.: Web-EDI – EDI für kleine und mittelständische Unternehmen, DEDIG, 1999

[6] Software AG: Tamino – White Paper, 1999.

[7] Szillat, H.: SGML - Eine praktische Einführung, Internat. Thomson Publishing, 1995

Web-Sites

[8] Byran, M.: The need for an European XML/EDI-Pilot-Project unter: http://www.sgml.u-net.com

[9]   Allgemeine   XML-Informationen,   unter: http://www.oasis-open.org/cover

[10]   Generally   Markup,   Tutorial,   unter: http://pdbeam.uwaterloo.ca/~rlander/XML-Tutorial

[11]   Harold,   E.:   The   XML   Bible   unter: http://metalab.unc.edu/xml/books/bible

[12] Pfeiffer, R.: XML Tutorials for Programmers, unter: http://www.software.ibm.com/xml/education

[13] Robie, J.: XQL-Tutorial unter: http://metalab.unc.edu/xql

[14] Robie, J., Lapp, J., Schach, D.: XML Query Language (XQL) unter: http://www.w3.org/TandS/QL/QL98/pp/xql.htm

Die Informationssuche stellt ein Grundbedürfnis jeglicher Informationsverarbeitung dar. Sie reicht historisch gesehen von der Suche nach Zeichenmustern und Dateinamen auf Betriebssystemebene bis zu umfassender komfortabler Retrievalfunktionalität in allen Komponenten integrierter Systeme. Textverarbeitung, Tabellenkalkulation oder Groupware gehören dazu. Verstärkte Aufmerksamkeit erfährt das Information Retrieval allerdings gegenwärtig durch die Popularität des Internets und hier insbesondere des WWW (World Wide Web). Das Dilemma der Informationssuche ist hier der Wildwuchs. Es existieren keine Regeln oder Straßenschilder, nach denen ein ortsunkundiger Nutzer gezielt suchen kann. Dies ist die Lücke für Suchmaschinen, die derzeit zu den attraktivsten Adressen des WWW gehören. Mehr als die Hälfte der Internetnutzer orientieren sich vermutlich auf diese Weise im schier unerschöpflichen

Eigenschaften Datenmeer. Durch

> einen aussagekräftigen Systemvergleich mittels spezifischer Gütemaße

> unterschiedliche Möglichkeiten der Indexierung von Dokumenten aller Art

> einfache und effiziente Suchverfahren

> eine schnelle Ablage der recherchierbaren Dokumente

wird das Information Retrieval zu einer Basistechnologie des Internets.

In ihrer allgemeinen Definition beinhaltet *IR (Information Retrieval)* die Darstellung, die Speicherung und die Organisation von Informatio
Definition nen sowie den Zugriff auf diese und geht damit über die rein suchorientierte Sichtweise der Anwendungen deutlich hinaus. Als Suchgegenstand bezieht sich das Retrieval auf jegliche Form von Dokumenten, d.h. Briefe, Bücher, Zeitungsartikel oder Protokolle, die in einer Dokumentensammlung zusammengefasst vorliegen. Diese Interpretation schließt Audio- und Videoinformationen aus, es sei denn, sie sind durch Suchbegriffe beschrieben.

Die *Aufgabe* einer Suche besteht darin, alle relevanten vorhandenen Dokumente einer Dokumentensammlung mittels einer Suchanfrage nachzuweisen:

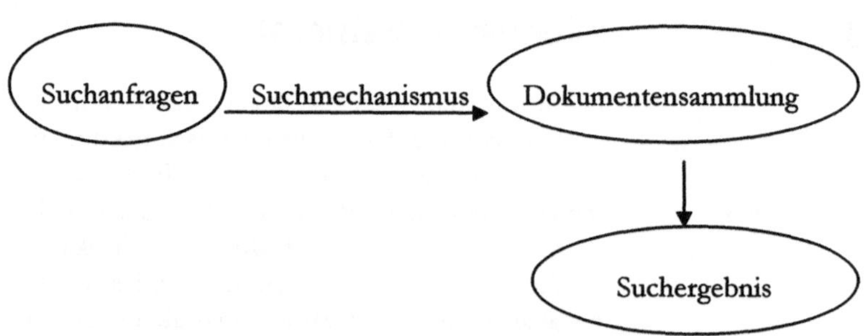

Abbildung 3.1:
Grundlegende
Struktur einer
Retrievalaufgabe

Die Gegenüberstellung einer Literaturrecherche mit und ohne Retrievalmechanismen verdeutlicht die Unterschiede:

Dokumentensuche ohne IR	Dokumentensuche mit IR
Klassifikation von Dokumenten nach Ordnungskriterien	Dokumentenerschließung mittels Deskriptoren
Suche mit Schlag-/Stichwörtern oder Katalogen	Recherche mit Suchanfragesprache in Datenbanken

Die Systemarchitektur eines vollständigen Retrievalsystems umfasst in seiner allgemeinen Ausprägung vier Säulen:

Basiskomponenten des Information Retrieval

> ➤ eine Komponente zur Dokumentenerfassung

> ➤ *das Indexieren* als das Kennzeichnen und Feststellen des Dokumenteninhaltes über ausgewählte, das Dokument repräsentierende Begriffe, sog. Deskriptoren. Jedes Dokument erhält „ein Etikett", das über seinen Inhalt Auskunft gibt.

> ➤ eine Recherchekomponente zum gezielten Suchen und Wiederauffinden von Dokumenten.

> ➤ ein Speichermodul zur Ablage von Dokumenten, Deskriptoren und Verweisen zwischen beiden.

3.1 Grundlagen und Prinzipien

Für Nutzer von Information Retrieval-Systemen steht zunächst die Frage im Vordergrund, anhand welcher Kriterien sie die Güte des vorhandenen oder auszuwählenden Retrievalsystems einschätzen können.

3.1.1   Technische Beurteilung

Die technische Beurteilung orientiert sich an DV-Kriterien wie sie für alle Anwendungssysteme gelten. Hierzu zählen: Speicherplatzverbrauch, Antwortzeitverhalten, Stabilität, Software-Ergonomie, Zuverlässigkeit, Erweiterbarkeit, Wartbarkeit oder Aufbau der Suchdateien. Diese Aspekte werden durch spezielle Information Retrieval Gesichtspunkte ergänzt, die sich in drei Hauptbereiche gliedern:

Leistungsparameter

> die Leistungsparameter der Dokumentenerfassung. Hierzu zählen:

> ❖ die Fehlerrate bei der Erfassung

> ❖ die Zeitverzögerung zwischen Erscheinen und Aufnahme eines Dokumentes

> ❖ die Sachgebietsabdeckung als dem Anteil relevanter Dokumente an allen relevanten des Sachgebietes. So wäre eine juristische Urteilssammlung ohne hohe Sachgebietsabdeckung praktisch wertlos.

 Hinweis

> Der Nutzen einer Dokumentensammlung ist abhängig von:
>
> > *der Aktualität* = einer zeitnahen Dokumentenaufnahme
> >
> > *der Vollständigkeit* = einer Aufnahme aller relevanten Dokumente

Implementations-parameter

> die implementationsabhängigen Parameter. Dazu zählen:

> ❖ *Indexierungsmöglichkeiten* unter Einschluss eines Begriffswörterbuches in Form eines sog. Thesaurus und einer Liste mit Wörtern gleicher Bedeutung zur Vereinheitlichung der ausgewählten Deskriptoren

> ❖ eine *Suchanfragesprache*, die die Art der formulierbaren Suchen mittels vorgefertigter Elemente oder durch die Eingabe von SQL (Structured Query Language)-ähnlicher Syntax vorgibt.

> die Gütemaße. Sie beschreiben die Einschätzung der Qualität von Information Retrieval-Systemen durch zwei Faktoren [4, S. 43], [5, S. 174ff.]:

Gütemaße

> ❖ *Precision* als Anteil aller relevanten Dokumente an den selektierten Dokumenten einer Suchanfrage

❖ ***Recall*** als Anteil aller relevanten Dokumente an der Gesamtzahl relevanter Dokumente der Dokumentensammlung.

Eine Recherche teilt eine Dokumentensammlung im Ergebnis damit in selektierte und nichtselektierte Dokumente und unter logischen Gesichtspunkten in relevante und nicht relevante:

Abbildung 3.2: Definition von Recall und Precision

selektierte relevante Dokumente A	nicht selektierte relevante Dokumente C
selektierte irrelevante Dokumente B	nicht selektierte irrelevante Dokumente D

Dokumentensammlung

$$\text{Precision} = \frac{A}{A+B} = \frac{\text{Zahl selekt. relev. Dok.}}{\text{Gesamtzahl selekt. Dok.}}$$

$$\text{Recall} = \frac{A}{A+C} = \frac{\text{Zahl selekt. relev. Dok.}}{\text{Gesamtzahl relev. Dok.}}$$

Die Maße Recall und Precision bilden entscheidende Kennzahlen für ein IR-System. Ein ideales System würde in einer Suchanfrage alle relevanten Dokumente einer Dokumentensammlung unter Ausschluss nicht zutreffender Dokumente selektieren, so dass die Bereiche B und C leer blieben. An dieser Idealkonstellation richten sich die Gütemaße aus:

➤ Die Werte beider Maße liegen zwischen 0 und 1.

Eigenschaften der Gütemaße

➤ Werden keine irrelevanten Dokumente selektiert, gilt B=0 und folglich Precision = 1.

➤ Werden alle relevanten Dokumente selektiert, folgt C=0 und Recall = 1.

> ***Spezifische Deskriptoren,*** als sehr speziell gewählte Beschreibungsmerkmale, führen in einer Suchanfrage tendenziell zu weniger irrelevanten selektierten Dokumenten ($B \to 0$), d.h. die Precision wächst.

> ***Erschöpfende Deskriptoren,*** als weitgespannte Suchkriterien, weisen alle potentiell relevanten Dokumente nach ($B \to 1$, $C \to 0$). Das bedeutet, dass der Recall steigt, aber die Precision sinkt.

> Precision und Recall sind negativ korreliert. Im Optimum liegen die Werte beider Gütemaße nahe 1.

> Liegen für jedes Dokument der Dokumentensammlung bezüglich jeder Suchanfrage Relevanzangaben vor, bereitet die Berechnung beider Gütemaße keine Schwierigkeiten. Da dies lediglich den idealtypischen Fall darstellt, bleibt die Ableitung aussagekräftiger Maße ein systemimmanentes Problem.

> Für den Vergleich zweier Suchanfragen i und j gilt:

> ❖ ($Recall_i < Recall_j$) AND ($Precision_i < Precision_j$) → Suchanfrage j ist besser als Suchanfrage i.

> ❖ Bei gemischten Ergebnissen muss der Benutzer entscheiden, welche Suchanfrage er vorzieht.

> Ein großer Aufwand besteht in der Bildung einer Rangfolge der selektierten Dokumente für jede Suchanfrage. Maßstab können Ähnlichkeitskoeffizienten sein, die den Grad der Übereinstimmung zwischen Suchanfrage und Deskriptoren widerspiegeln.

3.1.2   Problematik der Gütemaße

Die theoretische Bedeutung der Gütemaße Recall und Precision wird zwar allgemein anerkannt; dennoch einzündet sich an ihrer unscharfen Bestimmungsmöglichkeit Kritik:

> Beide Maße beziehen sich auf eine Dokumentensammlung. Demzufolge ist kein Leistungsvergleich unterschiedlicher Systeme für unterschiedliche Dokumentensammlungen und Benutzergruppen möglich.

> Beide Maße verändern sich mit dem Umfang der Dokumentensammlung, da relevante und irrelevante Dokumente im Allgemeinen eine ungleichmäßige Entwicklung nehmen.

> Die Relevanzeinstufung der Dokumente ist subjektiv. Daher sind beide Maße weitgehend personengebunden und kein objektives Leistungskriterium.

> Die potentiellen Suchmöglichkeiten bestimmen das Meßergebnis, so dass die Suchanfragesprache entscheidend den Wert beider Maße beeinflusst.

3.1.3   Benutzerbeurteilung

Die Form der Ergebnisrepräsentation spielt für die Benutzerakzeptanz eine bedeutende Rolle:

> Der Suchaufwand in Form der Zahl notwendiger Suchanfragen kann als Gradmesser der Benutzereffizienz dienen.

> Die Softwareergonomie des Gesamtsystems inklusive Bildschirmaufbau, Ergebnisdarstellung, Benutzerführung, Hilfemöglichkeiten u.ä. spiegelt den Zufriedenheitsgrad des Benutzers wider.

Anzahl selektierter Dokumente	relevante Dokumente	Recall	Precision
1	x	0.2 C=4	1.0 B=0
2	x	0.4 C=3	1.0 B=0
3	-	0.4 C=3	0.67 B=1
4	x	0.6 C=2	0.75 B=1
5	-	0.6 C=2	0.60
6	x	0.8 C=1	0.67
7	-	....	....
8	-	....	.....
9	-	.....	....
10	-	0.8 C=1	0.4

3.2   Deskriptorbestimmung

Ein Kerngesichtspunkt von Information Retrieval-Systemen besteht in
der Identifizierung sinn- und bedeutungstragender Begriffe eines Dokumentes, die dem Benutzer als Suchkriterien bei der Formulierung seiner
Anfrage dienen. Voraus gehen dieser Begriffsfindung zwei Fragen:

> ➢ Welche Begriffe sind als Deskriptoren überhaupt geeignet?
> Die Antwort hierauf ist sicher auch in Abhängigkeit von der
> Sprache zu sehen.

> ➢ Geben Deskriptoren den Dokumenteninhalt zutreffend wie-
> der? Hier steht die Qualität der beschreibenden Begriffe im
> Mittelpunkt.

Aufbereitung der Information

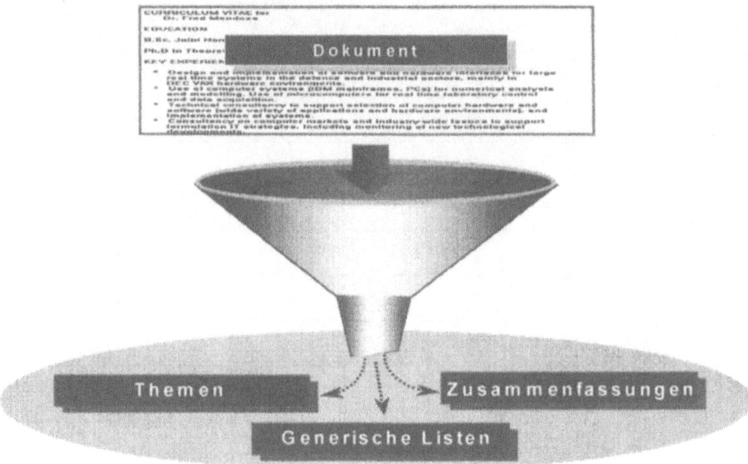

Abbildung 3.3:
Informationsgewin-
nung

Deskriptorformen

Nach ihrer Herkunft lassen sich die beschreibenden Begriffe in zwei Klassen teilen:

> ➤ **formale Deskriptoren** verwenden Autor, Ort, Titel, Stichwörter und ähnliche Begriffe, die keinen Bezug zum Dokumenteninhalt besitzen, für die Suche [7, S. 27-30]. In vielen Anwendungen werden zu ihrer Erfassung automatisch Formulare eingeblendet, in denen Auswahllisten hinterlegt oder Kann- und Muss-Felder definiert sind. Dies schafft die Möglichkeit, Dokumente so abzulegen, wie es dem Unternehmen oder dem Einsatzgebiet entspricht.

> ➤ die **inhaltliche Erschließung** vergibt inhaltsabhängige Suchbegriffe für eine inhaltsbezogene Suche bis zur Volltextrecherche. Sie trifft auf die Schwierigkeiten insbesondere der deutschen Sprache, Wortstämme und semantische Bezüge zu entwirren und nur sinntragende Worte zu isolieren.

Deskriptorbestim-
mung

Auch die **Verfahren zur Bestimmung der Suchbegriffe** lassen zwei Varianten zu:

> ➤ **die manuelle Indexierung** [3, S. 85] wird von Experten mittels Terminologielisten und ähnlichen Regelwerken kontrol-

lierten Vokabulars durchgeführt; sie gestattet eine Sprachanalyse individueller Formulierungen und eine Synonymvergabe, besitzt aber den Nachteil, dass sie aufwendig, langsam und teuer ist, ihre Qualität von der konsistenten Arbeitsweise des Personals abhängt und der vordefinierte Deskriptorwortschatz statisch ist. Zudem muss der Benutzer das Indexierungsvokabular kennen, um Dokumente zu recherchieren. Eine besondere Ausprägung dieser Indexierungsform ist die Kategorisierung der Internetadressen in bestimmte Wissensgebiete oder Rubriken. Einige der bekanntesten Suchmaschinen (Yahoo, Lycos) setzen dieses Verfahren ein, um dem Benutzer ein bibliotheksähnliches Angebot zu schaffen. Allerdings bedarf es eines hohen Personalaufwandes, um die Adressen den entsprechenden Gebieten zuzuweisen. Dabei ist, und das beeinträchtigt das Suchergebnis, nicht gewährleistet, dass alle Sortierer alle Informationen gleich interpretieren. Gehört der Begriff Kino z.B. in die Kategorie Kunst oder Unterhaltung?

> *die automatische Indexierung* verläuft als computergestützte Indexierung mit beliebigem Vokabular, so dass die gesamte Bandbreite der Sprache mit allen Mehrdeutigkeiten und Fehlinterpretationen analysiert wird; sie unterstützt die Eliminierung häufig wiederkehrender Begriffe und die Analyse von Wortstämmen, ist schnell und preiswert.

Deskriptoraufbau

Werden keine Einzelbegriffe in Form von Stichwörtern zur Beschreibung des Dokumenteninhaltes verwendet, sondern Deskriptoren kombiniert, existieren zwei Möglichkeiten des *Deskriptoraufbaus*:

> *Präkoordination* als Kombination komplexer kontextbezogener Deskriptoren zu einem Indexierungsbegriff, z.B. „Information Retrieval" als Mehrwortbegriff anstelle zweier Einzeldeskriptoren.

> *Postkoordination* als Verknüpfung von Einzeldeskriptoren zu Mehrwortbegriffen mittels Kontextoperatoren, z.B. „Information ADJ Retrieval" (ADJ=adjacent).

Verfahren zur automatischen Deskriptorbestimmung

Die Herausforderung des Information Retrieval besteht nun darin, *Verfahren zur automatischen Indexierung* zu entwickeln, die eine gute Retrievalleistung im Sinne von Precision und Recall liefern. Nach steigender Leistung unterscheidet man drei an den Gütemaßen orientierte Konzepte:

> Der *zeichenkettenorientierte Ansatz* beinhaltet die isolierte Betrachtung einzelner Wörter, wobei alle „nicht trivialen Wör-

ter" das Indexierungsvokabular bilden. In seiner reinen Ausprägung erbringt er nur eine geringe Retrievalleistung.

> Der *statistische Ansatz* erfasst die Häufigkeitsverteilung der Begriffe in den Dokumenten einer Dokumentensammlung und stellt auf dieser Basis eine Beziehung der Dokumente untereinander her. Daraus ergibt sich eine gezieltere Dokumentenauswahl, insbesondere wenn die gefundenen Dokumente in eine Relevanzreihenfolge gebracht werden.

> Der *linguistische Ansatz* steigert die Retrievalleistung durch eine syntaktische Dokumentenanalyse und eine Grund- und Wortstammreduktion der Begriffe. Dabei ist vor allem auch an eine Behandlung von Wortzusammensetzungen gedacht. Erste Varianten sind für die englische Sprache bereits verfügbar, für die deutsche Sprache existieren bisher nur Prototypen. In diesem Zusammenhang sind einige Definitionen von Interesse, die die sprachlichen Möglichkeiten ausdrücken, das Indexierungsvokabular zu reduzieren [4, S.49]:

> ❖ die **Grundform** bildet die lexikalische Form eines Wortes, z.B. Infinitiv

> ❖ das **Derivat** leitet sich aus der Grundform ab z.B. Schönheit aus schön.

> ❖ die **Flexion** beinhaltet die Deklination oder Konjugation eines Wortes

> ❖ die **Stammform** umfasst den Teil des Wortes, bei dem Grundform und Derivat identisch sind, z.B. programmieren, Programmierer ➜ Stammform: Programm.

Stammformreduktion

Das Ziel insbesondere der Stammformreduktion ist durch mehrere Aspekte motiviert:

> eine Verringerung der Komplexität sämtlicher Wörterbücher wie des Thesaurus.

> die Verbesserung der statistischen Grundlage der Deskriptorwahl durch Reduktion der Begriffsvielfalt.

> eine Steigerung der Benutzerfreundlichkeit, da sonst ein hohes Maß an Einsicht in die Morphologie einer Sprache erforderlich ist.

Automatische Verfahrensansätze

Automatische Verfahren um diesem Anspruch gerecht zu werden, sind je nach Sprache in unterschiedlicher Ausprägung entwickelt worden:

> In der englischen Sprache lassen sich ca. 90 % der Begriffe über Suffixe durch Algorithmen abtrennen und auf diese Weise Grund- oder Stammformen erzeugen.

> Für die flexionsreiche deutsche Sprache existiert kein einfaches Verfahren. Erste Ansätze sind SALEM und MORPHIX der Universität Saarbrücken, PASSAT der Firma SNI und Versuche, eine automatische Reduktion von Grund- in Stammformen mittels einer Suffixliste zu erreichen.

In allen Sprachen bereiten allerdings Wortzusammensetzungen Probleme. Sie erzeugen viele spezielle Begriffe, wie z.B. Programmiersprache, -umgebung, -technik und eine hohe Spezifität der Deskriptoren, die Recallverluste und eine steigende Komplexität des Thesaurus verursachen.

Dennoch gibt es bei der Verarbeitung natürlicher Sprache große Fortschritte [1]. Die generative Transformationsgrammatik [2] bildet durch ihre Analyse von Sprachprozessen hierfür die wissenschaftliche Grundlage mit dem Ziel, die in einem Satz enthaltenen Aussagen abstrakt zu erfassen und abzubilden.

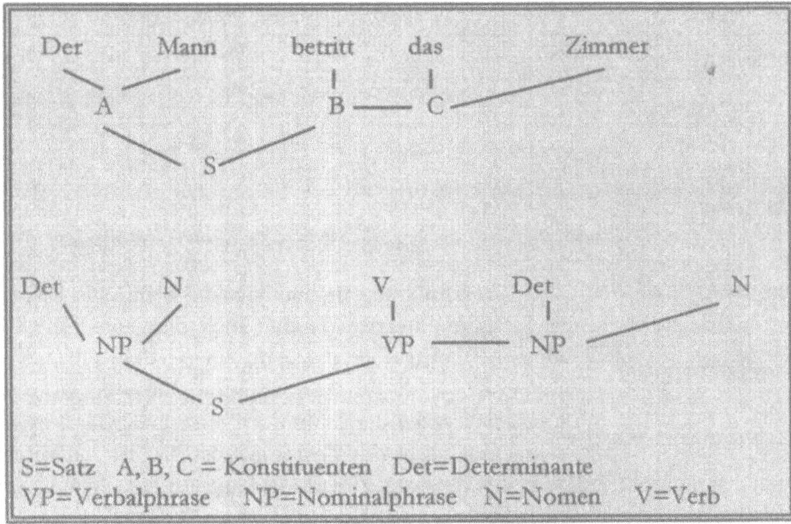

Abbildung 3.4: Strukturbaum eines einfachen Satzes

Aus der Analyse vieler Sätze lassen sich Regeln ableiten, die letztlich die Grundlage für das Inhaltsverständnis eines Zusammenhanges werden. Folgende einfache Regeln der Textzerlegung zeigt das Beispiel:

> S → NP + VP

> VP → V + NP

> NP → Det + N

Hinzu kommen Lexikonregeln, die die Worte in Kategorien einordnen:

> Determinante: der, die, das, den, ...

> Nomen: Onkel, Wanderer, Auto, Datenbank, Lampe, Computer,....

> ➤ Verben: bemalt, gelaufen, singt, liest,....

Mit diesen Hilfsmitteln lässt sich eine Art Minimaldiagramm erstellen:

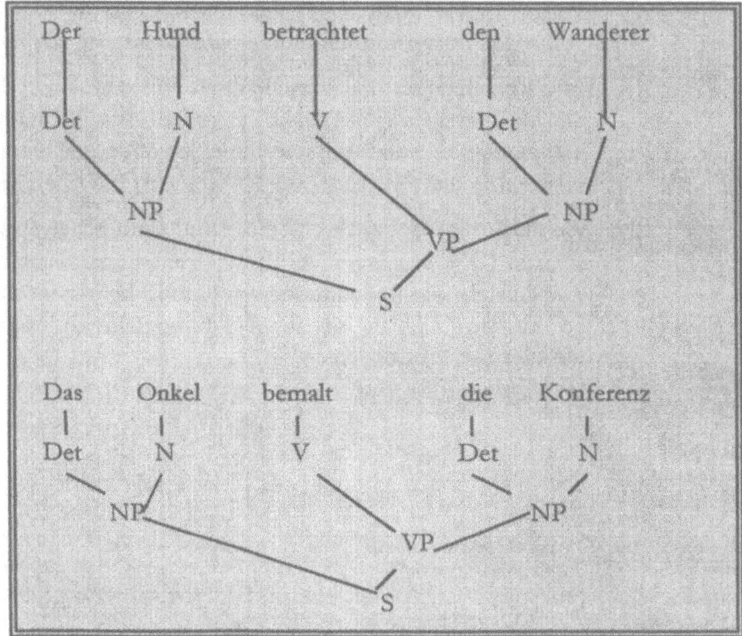

Abbildung 3.5: Sätze auf Basis einer einfachen Grammatik

Diese Beschreibung verdeutlicht die hierarchische Stellung eines Wortes im Satz. Sie unterstreicht aber auch, dass eine reine Strukturbeschreibung keine Auskunft über den Sinn eines Satzes gibt, so dass weitere Regeln notwendig sind. Eine semantische Subkategorisierung soll dabei „Unsinnsätze" verhindern. Mit der Feststellung des Textes ist allerdings noch kein Verständnis des Textes erzielt. Dies ist die Aufgabe der Diskursanalyse, die Sätze im Zusammenhang untersucht und folgende Fragen versucht zu beantworten:

> ➤ Was ist das Thema des Textes?
> ➤ Was sind die Grundaussagen des Textes?

3.3   Deskriptorerzeugung

Das Ziel von Information Retrieval-Systemen, Verfahren vorzuschlagen, die gute Deskriptoren im Sinne der Gütemaße erzeugen, lässt sich theoretisch in mehrere Phasen gliedern und auf den einzelnen Stufen nahezu beliebig verfeinern. Als Ausgangspunkt dient zunächst ein sehr einfacher Ansatz, der lediglich Worthäufigkeiten in seine Überlegungen einbezieht.

3.3.1   Zipfsches Gesetz

Das Zipfsche Gesetz konstruiert eine Begriffsrangfolge auf der Grundlage der Häufigkeit innerhalb eines Dokumentes und leitet daraus ein Indiz für die Entscheidungsstärke eines Begriffes ab:

1.   Die Wörter eines Dokumentes werden absteigend nach ihrer Häufigkeit geordnet

2.   Dann gilt [5, S. 65]:

$$\text{Häufigkeit} * \text{Rang} \cong \text{konstant}$$

3.   Wären Wörter im Dokument gleich verteilt, wäre kein quantitatives Unterscheidungsmerkmal beobachtbar.

Die Entscheidungsstärke beschreibt nun die Fähigkeit des Deskriptors, relevante Dokumente zu selektieren bzw. irrelevante zu erkennen. Die entscheidungsstärksten Deskriptoren liegen dem Zipfschen Gesetz zufolge im mittleren Häufigkeitsbereich, da sehr häufig auftretende Begriffe das Dokument wenig beschreiben und gegenüber anderen abgrenzen und selten vorkommende Wörter eine Charakterisierung eher zufällig erscheinen lassen.

Selektion relevanter Dokumente

Aber auch der Kontext, in dem die einzelnen Begriffe stehen, ist von Bedeutung. Der Begriff „Computer" findet sich häufig in einer Dokumentensammlung über Informatikthemen und bildet daher gemäß der Entscheidungsstärke keinen verwertbaren Deskriptor; tritt er allerdings in einer elektotechnischen Sammlung auf, stellt er auf Grund seiner Seltenheit einen verwertbaren Deskriptor dar.

Hinweis

Ein entscheidungsstarker Deskriptor kommt in wenigen Dokumenten häufig und in vielen selten vor.

Definitionen

Um das bisherige Verfahren zu verbessern, werden Wortunterscheidungen getroffen:

> *Stopwörter* sind Wörter mit einen niedrigen Rangplatz gemäß der Häufigkeitsverteilung in einer Dokumentensammlung, i.a. Funktionswörter wie: und, aber, auf, wie, der, die, das etc.

Aufgrund des Zipfschen Gesetzes sind sie als nicht bedeutungstragend einzuordnen und werden in einer Stopwortliste zusammengefasst.

> **Frequenz** bezeichnet die Begriffshäufigkeit in einem Dokument. Sie bildet die Basis für ein Ranking, d.h. das Ergebnis einer Suche wird nach dessen Relevanz geordnet: Je häufiger ein Suchbegriff in einem Dokument auftaucht und je weiter vorn er im Text steht, desto weiter oben steht das Dokument in der Ergebnisliste. Unbestechlich sind Rankings allerdings nicht. Insbesondere wenn sie auf sog. Keywords beschränkt werden, kann der Verfasser durch eine willkürliche Vergabe dieser Suchbegriffe ungerechtfertigterweise eine hohe Trefferquote herbeiführen.

> **Dokumentfrequenz** gibt die Anzahl der Dokumente der Dokumentensammlung an, in denen der Begriff vorkommt.

Fasst man die bisherigen Erkenntnisse zusammen, lässt sich bereits die erste Form eines automatischen Indexierungsverfahrens [5, S. 66] formulieren:

1. Bestimmung der Häufigkeit des Begriffes k im Dokument i: **FREQ**$_{ik}$

2. Bestimmung der Häufigkeit des Begriffes k in der gesamten Dokumentensammlung n:

3. $$\textbf{TOTFREQ}_k = \sum_{i=1}^{n} \textbf{FREQ}_{ik}$$

4. Ordne die Begriffe nach abnehmender TOTFREQ. Eliminiere alle Begriffe ober- und unterhalb eines Schwellenwertes gemäß des Zipfschen Gesetzes, da diese Begriffe von minderer Entscheidungsstärke sind.

5. Alle übrigen Wörter kommen potentielle Deskriptoren in Frage.

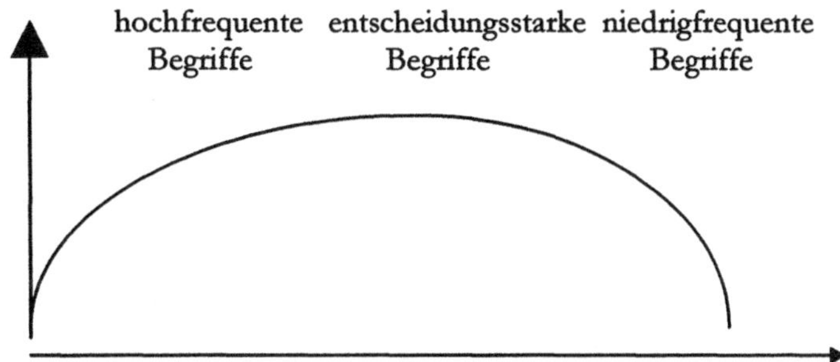

Abbildung 3.6:
Entscheidungsstarke
Begriffe

3.3.2   Statistisches Verfahren zur Deskriptorgewichtung

Eine Möglichkeit den Begriff der Entscheidungsstärke weiter auszubauen besteht darin, eine Beziehung zwischen der Auftretenshäufigkeit eines Begriffes im Dokument einerseits und in der Dokumentensammlung andererseits herzustellen. Diese Interpretation ist weitreichender, da nicht nur ein absoluter Wert das Auswahlkriterium bildet, sondern eine Relation:

Gewichtsfunktion IDF_{ik} = inverse Dokumentfrequenz des Begriffes k im Dokument i

$$IDF_{ik:} = \frac{FREQ_{ik}}{\text{Dokumentfrequenz des Begriffs k}}$$

Die inverse Dokumentfrequenz kann als Gewichtsfunktion zur Deskriptorauswahl herangezogen werden.

Hinweis

> Gute Deskriptoren weisen eine hohe Frequenz bei niedriger Dokument-
> frequenz auf. Je höher der IDF-Wert ist, desto bedeutungstragender ist
> der Deskriptor zu beurteilen.

Mittels der IDF lässt sich eine weitere Variante eines automatischen Indexierungsverfahrens formulieren:

1. Verwende das Verfahren auf Basis des Zipfschen Gesetzes.

2. Berechne IDF_{ik} für jeden verbleibenden Begriff bezüglich jeden Dokumentes.

3. Wähle diejenigen Begriffe k als Deskriptor für ein Dokument i, deren IDF_{ik} einen Schwellenwert überschreitet.

3.3.3   Diskriminanzwert

Einer weiteren Verfahrensverbesserung liegt die Idee der Entwicklung eines „natürlichsprachlichen" Anfragemodells, das die Suchanfrage des Benutzers mit den Deskriptoren der Dokumente in der Dokumentsammlung in Beziehung setzt, zugrunde. Der Anfrageprozess vergleicht dabei den „Deskriptorvektor" der Suche mit demjenigen der Dokumente auf der Grundlage von Ähnlichkeiten (mathematisch: Skalarprodukt) und ordnet die selektierten Dokumente nach abnehmender Ähnlichkeit = **Ranking**. Dieses Verfahren wurde Ende der sechziger Jahre von G. Salton im Rahmen des SMART-Projektes vorgeschlagen und ist unter dem Namen **Vektorraummodell** zum wahrscheinlich bekanntesten Modell des Information Retrieval geworden [5, S. 72f.]:

Vektorraummodell

> ➤ *Voraussetzungen:* Die Berechnung der Ähnlichkeit der Deskriptoren zweier Dokumente D_i und D_j erfolgt nach der Formel:

Ähnlichkeit

$$\text{Ähn}(D_i, D_j) = 1/n \sum_{k=1}^{n} g_{ik}\, g_{jk} \qquad n \text{ Anzahl der Deskriptoren}$$

g_{ik} Gewicht des Deskriptors k im Dokument D_i

Die Wahl der Gewichte ist beliebig. Die einfachste Form ist diejenige als Binärvektoren, die bei Auftreten des Deskriptors eine Eins, sonst eine

Null enthält. Ein Vektor eines Dokumentes D_i hätte dann die Form: (1,1,1,0), falls drei der vier möglichen Deskriptoren der Dokumentenbasis vorhanden wären, ein zweiter Vektor für das Dokument D_j den Wert: (0,0,1,1), falls nur die letzten beiden Deskriptoren in diesem Dokument vorkämen. Diesem Aufbau liegt folgende einfache Interpretation zugrunde:

Ähnlichkeitsvergleich

❖ $\ddot{A}hn(D_i,D_j) = 0$ bei keiner Übereinstimmung von Suchanfrage und Deskriptoren des Dokumentes;

❖ $\ddot{A}hn(D_i,D_j) = 1$ bei völliger Übereinstimmung von Suchanfrage und Deskriptoren;

❖ $\ddot{A}hn(D_i,D_j) < 1$ bei partieller Übereinstimmung.

Ähnlichkeitsinterpretation

Werden für die Gewichte die inversen Dokumentfrequenzen verwendet, erschwert sich die Interpretation, da die Ähnlichkeit dann außerhalb des Intervalls [0, 1] liegt.

➢ Interpretation

❖ Spezielle Begriffe als Deskriptoren verringern die Ähnlichkeit zwischen den Dokumenten, weil ihre Auswahl als Deskriptor seltener erfolgt.

❖ Allgemeine Begriffe steigern die Ähnlichkeit, weil sie in vielen Dokumenten als Deskriptoren verwendet werden.

❖ Begriffe mit „geeigneter Spezifität" besitzen daher eine mittlere Auswahlhäufigkeit und gliedern eine Dokumentensammlung tendenziell in inhaltlich verwandte Dokumentengruppen = Clusteringeffekt.

➢ Diskriminanzwertverfahren

Verfahrensablauf

1. Ermittlung eines „zentralen Dokumentes" Z als Zentroid mit $Z=(z_1,...z_n)$ bezeichnet und

$$z_k = 1/m \sum_{j=1}^{m} g_{kj} \qquad k=1,...,n$$

z_k = durchschnittliches Gewicht des Deskriptors k einer Dokumentensammlung mit m Dokumenten und n Deskriptoren.

2. Bestimmung des Diskriminanzwertes DW_k des Deskriptors k:

$$Q = \sum_{i=1}^{m} \ddot{A}hn(D_i,Z)$$

$$Q_k = \sum_{i=1}^{m} \text{Ähn}(D_i, Z)$$

Ähnlichkeit ohne den Deskriptor k

$$DW_k = Q_k - Q$$

Deskriptoren und Diskriminanzwert

➢ Interpretation

❖ allgemeine Begriffe als schwache Deskriptoren erzeugen einen negativen Diskriminanzwert; die Dokumente werden einander ähnlicher gemacht.

❖ spezielle, indifferente Begriffe haben einen Diskriminanzwert nahe 0, da ihr Fehlen die Ähnlichkeit zwischen Dokumenten unmaßgeblich beeinflusst.

❖ Begriffe „geeigneter Spezifität" weisen einen positiven Diskriminanzwert infolge des Clusteringeffektes auf.

 **Beispiel**

Gegeben sei eine Dokumentensammlung , in der die Begriffe „Information" und „Retrieval" als einzige Deskriptoren in zwei Dokumenten D_1 und D_2 mit ihrer Auftretenshäufigkeit als Gewichtung vorkommen: $D_1=(2,3)$; $D_2=(0,2)$. Bei einer Anfrage „Information Retrieval" gilt: $q=(1,1)$ und die Ähnlichkeiten wären durch: $\text{Ähn}(q,D_1)=q*D_1=5$ und $\text{Ähn}(q,D_2)=q*D_2=2$ gegeben. Dieses Ergebnis ist insofern interpretationsbedürftig als im zweiten Dokument der Suchbegriff „Information" gar nicht auftritt. Da Dokument D_1 nach der Ähnlichkeitsfunktion eine bessere Antwort als D_2 ist - Ranking: D_1 vor D_2 -, würde bei einer Häufigkeit von 6 des Begriffes Retrieval das Ranking umgekehrt, ohne dass „Information" im zweiten Dokument vorkommt.

In kommerziellen Anwendungen sind die Vektoren naturgemäß oftmals lang und auch andere Eigenschaften jenseits der Begriffshäufigkeit können zur Dokumentcharakterisierung herangezogen werden. Beispielsweise kann die Fundstelle Titel oder Text berücksichtigt werden. Denkbar sind auch Ähnlichkeitsfunktionen, die einen komplizierteren Aufbau als das einfache Skalarprodukt besitzen.

Ein Nachteil des Diskriminanzwertverfahrens liegt in seiner Abhängigkeit vom Umfang der Dokumentensammlung. Durch das Hinzufügen weiterer Dokumente verändert sich laufend der Zentroid und damit sämtliche Ähnlichkeiten, was einen permanenten Anpassungsaufwand zur Folge hat. Vor diesem Hintergrund scheint es angebracht, über ein Approximationsverfahren nachzudenken, das die Auswahl der Deskriptoren auf pragmatische Weise einschränkt:

> Begiffe mit einer Dokumentfrequenz unter m/100 (m = Umfang der Dokumentensammlung) sind sehr speziell. Sie sollten mittels eines Thesaurus in allgemeinere Begriffe transformiert werden.

> Begriffe mit einer Dokumentfrequenz über m/10 sind aufgrund der Entscheidungsstärke ungeeignet. Abhilfe schafft hier eine Transformation in Mehrwortbegriffe.

> Begriffe mit positivem Diskriminanzwert haben eine Dokumentfrequenz zwischen m/100 und m/10. In diese Klasse fallen ca. 26% aller Textwörter.

Abbildung 3.7: Approximationsverfahren der Deskriptorauswahl

indifferente Deskriptoren	gute Deskriptoren	schlechte Deskriptoren
$DW \approx 0$	$DW > 0$	$DW < 0$

0	m/100	m/10	m

Mit diesen Überlegungen können die ursprünglichen Verfahren wesentlich operationaler gestaltet werden:

1. Ausschluss hochfrequenter Begriffe mittels einer Stopwortliste

2. Reduktion der Worte auf Grund- und Stammform

3. Ermittlung der Dokumentfrequenz für jede Stammform

4. Verwendung von Begriffen als Deskriptoren, deren Dokumentfrequenz zwischen m/100 und m/10 liegt

5. Transformation der Begriffe mit einer Dokumentfrequenz unterhalb m/100 mittels eines Thesaurus in allgemeinere Begriffe

6. Berechnung des IDF für jeden Deskriptor jeden Dokumentes, um eine Rangfolge gemäß ihres Gewichtes herzustellen.

Die Bewertung des Diskriminanzwertes DW und der inversen Dokumentfrequenz IDF lässt folgende Schlüsse zu:

> Die IDF unterstützt tendenziell gute Precisionswerte, da ihr Wert umso höher ausfällt, je spezifischer ein Begriff ist.

> Der DW unterstützt tendenziell einen Kompromis zwischen spezifischen und erschöpfenden Begriffen.

Beispiel

Ende 1989 entwickelte B. Kahle von der Firma Thinking Machines die grundlegenden Konzepte von **WAIS** (Wide Area Information System), die eine gezielte Suche in lokalen und netzweiten Datenbanken des Internets zulassen. Die Basis bildet das **Vektorraummodell**. Die Bewertung der gefundenen Dokumente erfolgt durch die Relevanz. Abhängig davon, ob, wie häufig und wo (Titel oder Text) Begriffe der Anfrage vorkommen, werden Punkte sog. Scores vergeben. Das Dokument mit der höchsten Punktzahl bekommt den Wert 1000, alle anderen Dokumente werden relativ dazu zwischen 1 und 1000 eingeordnet. Die Ergebnismenge einer Anfrage ist eine Rangliste, in der die Dokumente nach fallender Relevanz-Wahrscheinlichkeit geordnet sind. Die Relevanz drückt einen Retrievalstatus aus, der Auskunft über die Ähnlichkeit zwischen der Anfrage und dem gefundenen Dokument gibt.

Probleme des Vektorraummodells

Obwohl Vektorraummodelle die Retrievalleistung gegenüber anderen Verfahren erheblich steigern, sind sie ergänzungsbedürftig:

> Die Ähnlichkeitsfunktion muss Wort- oder Bedeutungszusammenhänge berücksichtigen. Hierfür bietet sich eine Strukturierung der Dokumenten.

> Die Suche muss sich auf bestimmte Abschnitte oder Felder beschränken. Nur so lässt sich die Anforderung aus dem Pressebereich, in Titeln, Ausgaben einer Zeitschrift, Abstracts oder bestimmten Jahrgängen suchen zu können, abbilden.

3.3.4 Thesaurus

In den vorgeschlagenen Indexierungsverfahren kommt der Thesaurus als Mittel zur Deskriptorverbesserung zum Tragen. Ziel ist es, einen Begriff, der den Inhalt eines Dokumentes nur schlecht oder gar nicht zu beschreiben vermag, so zu modifizieren, dass er als Deskriptor dienen kann. Das Mittel hierzu ist die Begriffsassoziation, d.h. die Verallgemeinerung des Begiffes auf seinen Wortstamm oder seine Spezifizierung auf bestimmte Bedeutungsfelder. Der Thesaurus als ein nach bestimmten Ordnungskriterien aufgebautes Wörterbuch [4, S. 45] beinhaltet das Vokabular für diese Deskriptorverbesserung. Er stellt damit ein sprach-semantisches Gerüst von einzelnen hierarchisch angeordneten Wörtern dar. Seine Verwendung als vordefinierte Deskriptorliste mit kontrolliertem Indexierungsvokabular richtete sich historisch auf die manuelle Indexierung, was seiner computerunterstützten Nutzbarkeit aber nicht im Wege steht. Sein Aufbau setzt Einträge zueinander in Beziehung:

> Hierarchische Verweise mit Ober- und Unterbegriffen; z.B. Gitarre → Musikinstrument; Kühlung → Konvektions-, Verdampfungskühlung

> assoziative Verweise: **siehe-Verweise**, die den Eintrag für Begriffe spezifizieren, die nicht in der Indexierungssprache existieren, z.B. Verkehrsflugzeug siehe Flugzeug. **siehe-auch-Verweise**, die Verweise zwischen Gruppen verwandter Begriffe herstellen, z.B. Unfall siehe auch Kollision, wobei beide Begriffe zum Indexierungsvokabular gehören.

Probleme ergeben sich vor allem aus folgenden Gründen:

> Der Wortschatz verändert sich ständig, so dass der Thesaurus ein offenes System von Begriffen sein muss.

> Die einzelnen Thesaurusklassen sollten Begriffe enthalten die ungefähr die gleiche Dokumentenfrequenz aufweisen. Dadurch wird verhindert, dass innerhalb der einzelnen Klassen die Precision sinkt.

> Mehrdeutige Begriffe verlangen die Aufnahme von Synonymen, die auf das Themenspektrum der Dokumentensammlung abgestimmt sein müssen.

Je dynamischer sich eine Fachsprache entwickelt, desto schwieriger gestaltet sich die Thesauruspflege, da

> die Integration neuer Begriffe in bestehende Klassen

> die Bildung neuer Thesaurusklassen

> im Extremfall den vollständigen Neuaufbau

gewährleistet werden muss.

Ein erweiterter Ansatz des Thesaurus besteht im concept-based Retrieval, in dem eine Gewichtung für jedes Wort innerhalb des Wortbaumes festgelegt wird. Die Zielvorstellung, die Suchgenauigkeit zu erhöhen, hängt allerdings auch hier von der Definition der Wortbäume, ihrer Implementierung und Pflege ab. Dennoch deutet die Berücksichtigung von Gewichtungen eine sinnvolle Verschmelzung von Synonym-, Wortstamm- und hierarchischer Suche.

3.3.5   Quantitative Aspekte

Beim Entwurf automatischer Indexierungsverfahren spielt naturgemäß auch die Anzahl zu erwartender Deskriptoren eine Rolle. Empirische Untersuchungen haben gezeigt, dass ein Zusammenhang zwischen Wortzahl und Stammform herzustellen ist, der als Type-Token-Relation bekannt ist. Dabei bezeichnet ein *Type* die Anzahl unterschiedlicher Grund-/Stammformen eines Textes und ein *Token* die Anzahl aller Wörter eines Textes, z.B. Haus, Häuser, Häuser, Haus besteht aus 4 Token und 2 Types.

Die empirisch gefundenen Funktionen zur Bestimmung der Type-Token-Relation für Texte eines bestimmten Kontextes lauten:

$$\text{Grundform-Token-Funktion: } G(t)=13.7\ t^{0.5634} - 1200$$
$$\text{Stammform-Token-Funktion: } S(t)=11.6\ t^{0.5634} - 1500$$
$$t = \text{Anzahl der Token}$$

Beispiel

$$t=50\ 000 \rightarrow S(t)=3650 \quad G(t)=4883$$

3.4   Rechercheinstrumente

Der Benutzer formuliert seine Suche üblicherweise in Form einer Anfrage. Dazu gibt er im einfachsten Fall lediglich seinen Suchbegriff ein oder kombiniert bei komplexeren Anfragen seine Suchbegriffe mit bestimmten Operatoren. Ausgereifte Systeme bieten drei charakteristische Klassen von Suchoperatoren an [8, S. 18-30; 3, S. 99-103]:

Operatorklassen

> ➢ einfache und boolsche Operatoren sowie deren Wertigkeit
>
> ➢ kontextabhängige Suchoperatoren
>
> ➢ sonstige Suchoperatoren

Operatoren aller Klassen sollen im Folgenden anhand von Beispielen dargestellt werden.

Einfache Suche

Die einfachste Form einer Suchanfrage besteht darin, in ein bestimmtes Feld einer Eingabemaske den gewünschten Suchbegriff einzugeben.

Suchanfrage: Information

Ergebnis: Trefferliste der gefundenen Dokumente der Dokumentensammlung. Falls die Trefferliste nur aus einem Dokument besteht, wird dieses sofort angezeigt und der Cursor ist auf dem markierten Suchbegriff positioniert.

Boolsche Operatoren

Diese Suchform unterstützt die Kombination von Suchbegriffen mittels der Boolschen Operatoren AND, OR und NOT.

Suchanfrage: Information AND Retrieval

Dieses ist ein Text, der die Thematik des

Information Retrieval   behandelt.

Ergebnis: Alle Dokumente, die die Begriffe Information Retrieval zusammenhängend oder getrennt enthalten

Kontextsuche

Diese Suchform richtet sich auf Begriffe, die einen bestimmten Wortabstand voneinander entfernt im Text auftreten. Dabei drückt ADJ einen Abstand von Null und Near(Wert) einen Wortabstand in der Größe von Wert aus. INPAR und INSEN beziehen sich auf ein Vorkommen in Absätzen oder Sätzen.

Suchanfrage: Information INPAR3 Retrieval

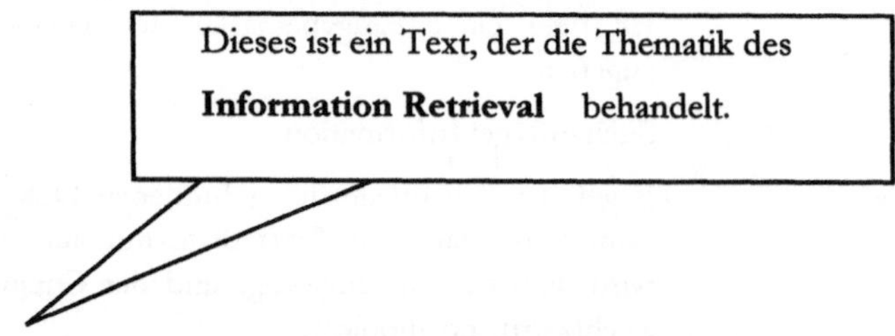

Ergebnis: Information Retrieval dürfen nur drei Paragraphen des Dokumentes auseinanderliegen.

Dieses „Proximity"-Konzept wird mittlerweile auch von Suchmaschinen des WWW unterstützt. Wer den Suchbefehl „Schindler NEAR Liste" in das Suchformular von Altavista einträgt, wird wesentlich genauer bedient als mit dem einfachen Suchbegriff.

Trunkierte Suche

Diese Suche verwendet Platzhalter für unbekannte oder sich häufig wiederholende Wortfragmente. Dabei wird zwischen forward truncation, wenn der Platzhalter hinter dem Suchbegriff, und backward truncation, wenn der Platzhalter vor dem Suchbegriff steht, unterschieden.

Suchanfrage: *land*

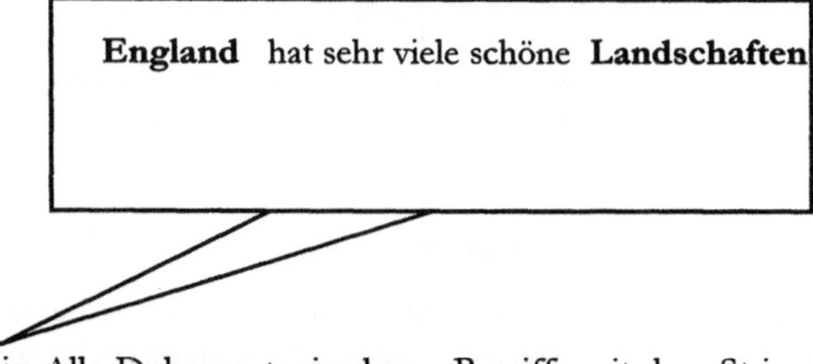

Ergebnis: Alle Dokumente, in denen Begriffe mit dem String LAND vorkommen: England, Landschaften

Die Backward-Trunkierung stellt hohe Anforderungen an die Implementierung, weil hierfür Algorithmen zur Stringanalyse notwendig sind, die sich nicht auf Wortanfänge konzentrieren, sondern jedes Teilmuster erkennen müssen.

Synonymsuche

Die Synonymsuche berücksichtigt alle im Thesaurus als gleichwertig hinterlegten Begriffe.

Suchanfrage: SYNONYM DBMS

ABC ist ein weitverbreitetes **DBMS**.

Die Verwendung einer **Datenbank** ist für ....

Ergebnis: Alle Dokumente, die die Begriffe DBMS, Datenbank, DB System enthalten.

Eine Abwandlung dieser Suchart findet sich wiederum in neuartigen Suchmaschinen des Internet (z.B. Excite). Es werden keine einzelnen Dokumente angeboten, sondern Gruppen zusammengefasster Dokumente zu einem Thema. Diese Gruppen werden automatisch aus Dokumenten, in denen überdurchschnittlich viele Wörter gemeinsam enthalten sind, gebildet. So werden zum Thema „Geld" Dokumente mit vielen Erwähnungen der Begriffe „Bank", „Börse", Aktie" oder „Kassa" gebündelt und damit faktisch als Synonyme behandelt. Zwei Schwächen der reinen Indexsuche werden auf diese Weise gemildert:

➢ ein Suchwort mit mehrfacher Bedeutung erzeugt keinen Fehleintrag in der Ergebnisliste. So führt im obigen Beispiel die Suche nach „Bank" nicht zu Sitzmöbeln, wohl aber zu Sparkassen.

➢ anderslautende Wörter mit gleicher Bedeutung, d.h. Synonyme werden ebenfalls gefunden.

Hierarchische Suche

Diese Suchart orientiert sich an der durch den Thesaurus vorgegebenen Begriffs-Hierarchie. Bei dieser als konzeptbasierten Suche bekannten Abfrageform kommt es nicht auf die zeichengenaue Übereinstimmung mit dem Suchbegriff an, sondern auch sinnverwandte Wörter werden identifiziert.

Suchanfrage: ASPECT Datenbanken

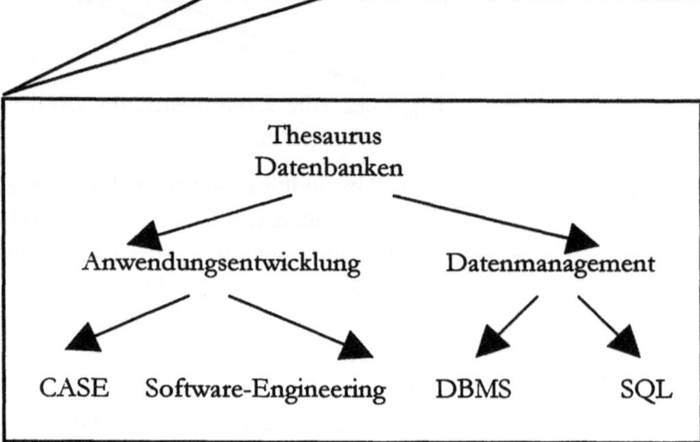

Ergebnis: Alle Dokumente, die die Begriffe Datenbanken, Datenma-
nagement, CASE, Anwendungsentwicklung enthalten

Wortstammsuche

Hier werden Grundform, Derivat, Flexion und Stammform in die Suche einbezogen.

Suchanfrage: ROOT Analyse

Ergebnis: Dokumente, die beispielsweise die Wörter analysieren, Analyse enthalten

Verbesserung von Suchanfragen

Hierbei handelt es sich um Suchanfragen, die frühere Suchanfragen erneut verwenden.

Suchanfrage:

1. Suche: Information

2. Suche: #1 AND Retrieval

Ergebnis: Suchanfragen lassen sich sukzessive verbessern, indem früher formulierte Anfragen mit neuen Operatoren kombiniert werden. In einigen Fällen kann die ursprüngliche Ergebnismenge herangezogen und weiter eingeschränkt werden (AND-Operationen), in anderen muss die Suche neu aufgesetzt werden.

Strukturunabhängige Suche

Diese Suchform verwendet eine Kombination aus Volltextrecherche und formalen Deskriptoren.

Suchanfrage: TEXT = Datenbank AND Jahr > 1990

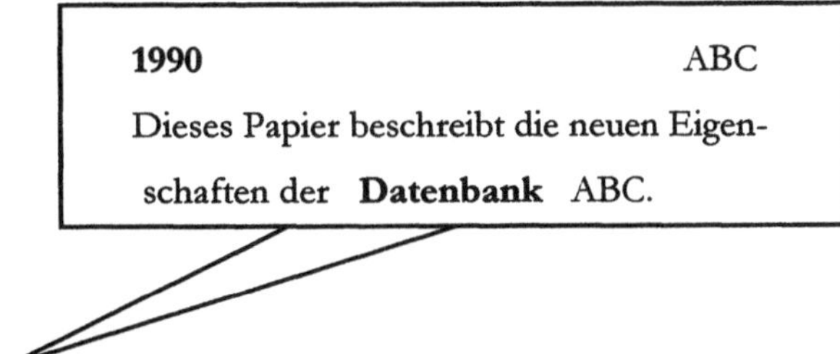

Ergebnis: Diese Recherchemöglichkeit bietet alle Veröffentlichungen zum Stichwort Datenbank seit 1990.

Cross-File-Suche

Diese Suchart versucht gleichzeitig in unterschiedlichen Datenbanken zu recherchieren. Vor allem die Dienste des Internet nutzen diese spezielle Rechercheform.

Weitere Suchoptionen

> Die *phonetische Suche* versucht gleichklingende Begriffe, z.B. Meier, Mayer, Meyer, zu identifizieren.

> ***Benutzerdefinierte Operatoren*** in Form zusammengesetzter Suchoperatoren unterstützen besondere Suchanforderungen, z.B. ASPSYN:= ASPECT AND SYNONYM.

> ***Suchprofile*** als Speicherung einer Gruppe von Anfragen - vergleichbar den Views der Datenbanken - erleichtern das Formulieren wiederholter gleichlautender Anfragen.

> ***Ranking*** erlaubt die Priorisierung der gefundenen Dokumente innerhalb der Trefferlisten.

> Die Suche in vordefinierten Bereichen des Volltextes, z.B. nur in Abstracts, schränkt den Suchbereich ein und erhöht auf diese Weise die Suchgeschwindigkeit.

> Für verschiedenen Benutzergruppen können unterschiedliche Indexe festgelegt werden - ein aus Sicherheitsgründen wichtiger Aspekt. So lässt sich z.B. unterbinden, dass der Vertrieb die Dokumente der Buchhaltung recherchieren kann.

Verarbeitung nicht-alphanumerischer Zeichen

Für die korrekte Berücksichtigung nicht-alphanumerischer Zeichen müssen zusätzliche Optionen vorgesehen sein. So sollen Begriffe, die im Text durch einen Bindestrich verbunden sind, als ein zusammenhängender Begriff erkannt werden. Anderfalls würden sie wie zwei separate Begriffe behandelt, was leicht zu einer missverständlichen Interpretation der Ergebnismenge führen kann. Vor diesem Hintergrund sollte der Benutzer die Möglichkeit besitzen, spezifische Zeichen für Wortverbindungen anzugeben. Zu unterschieden ist der Bindestrich als Verbindungselement innerhalb einer Zeile allerdings auch von seinem Gebrauch als Trennsymbol am Zeilenende. Der Suchalgorithmus muss also die Position des Bindestriches identifizieren und auf Basis dieser Information entscheiden, ob es sich um einen zusammengesetzten oder getrennten Begriff handelt.

WWW und Suchoperatoren

Der zunehmende Gebrauch des WWW dürfte den Zwang zur Nutzung der Rechercheoperatoren verstärken. Gerade die angebotenen Verknüpfungs- und Trunkierungsmöglichkeiten unterstützen eine qualifizierte Suche im Internet. Ohne sie wird der Nutzer in der Regel mit zu vielen oder irrelevanten Informationen überschwemmt. Welche der vorgestellten Operatoren welche Suchmaschinen implementiert haben, zeigt folgende Übersicht [verkürzt nach 10]:

	Alta-vista	Ex-cite	Info-seek	Ly-cos	Ma-gellan	Web-Craw-ler	Yahoo
OR	✓	✓	✓	✓	✓	✓	✓
AND	✓	✓	✓	✓	✓	✓	✓
NOT	✓	✓	✓	✓	✓	✓	✓
ADJ	✓	-	✓	-	-	✓	✓
INPAR/ INSEN	✓	-	-	-	-	✓	-
ROOT	-	-	-	✓	-	-	✓
Rechts-trun-kierung	-	-	-	✓	-	-	✓
Linkstrun-kierung	-	-	-	-	-	-	✓
strukturun-abhängige Suche	✓	-	✓	-	-	-	✓

3.5   Speicherung der Dokumentendateien

Prinzipiell existieren mehrere Konzepte, Dateien für das Information Retrieval aufzubauen. Die gängigsten Ablageverfahren werden im Folgenden vorgestellt [5, S. 13ff.]:

3.5.1   Lineare Listen

Die Zusammenstellung der Dokumente erfolgt ohne Ordnungskriterium in zeitlicher Reihenfolge. Die Suche eines bestimmten Dokumentes mittels formaler Deskriptoren erzwingt ein sequentielles Vorgehen. Alle Deskriptoren müssen gemäß der Reihenfolge der Dokumente geprüft werden. Das bedeutet, dass die Suche die Prüfung von durchschnittlich $(m+1)/2$ Dokumenten bei m Dokumenten in der Sammlung notwendig macht. Das bedeutet, dass:

☺   ein Einfügen neuer und das Löschen alter Dokumente problemlos ist, woraus ein geringer Verwaltungsaufwand resultiert.

☹   der sinnvolle Einsatz stark von der Größe der Dokumenten-sammlung abhängig ist.

Autor	Hansen	Ash	Müller
Titel	Wirtschaftsin-formatik	Systemanalyse	ABAP-Programmie-rung
Sachgebiet	Software Computer	Software Anwendungs-entwicklung	Software SAP
Dokumenten-ID	1	2	3

3.5.2   Sequentiell geordnete Dateien

Die Datei ist bezüglich eines Begriffes z.B. Autor sortiert. Zur Suche auf der Basis dieses Sortierbegriffs eignen sich insbesondere Algorithmen zur Binärsuche. Alle anderen Begriffe bedürfen weiterhin der sequentiellen Suche. Bei durchschnittlich $\log_2(m+1)$ Vergleichen ist diese Methode sehr schnell.

Beispiel

Ein Dokumentenumfang von m=65535 führt spätestens nach 16 Vergleichen zum Erfolg ($2^{16}=65536$).

☹   Die Datei ist nur nach einem Begriff sortierbar. Eine gleichzeitige Ordnung nach mehreren Begriffen ist unmöglich, aber für eine Suche notwendig. Erschwerend kommt hinzu, dass sich dieses Verfahren nur auf formale Deskriptoren stützt, die eine einheitliche Kategorisierung sicherstellen. Die freie Vergabe von Suchbegriffen wie sie eine inhaltliche Erschließung zwingend voraussetzt, wird demzufolge ausgeschlossen.

3.5.3   Indizierte Dateien

Neben der Nutzdatei wird eine Hilfsdatei als Index angelegt, deren Datensätze den Schlüssel der Nutzdatei und einen Adressverweis beinhalten. Dieser Aufbau verbindet das sequentielle mit dem direkten Verfahren.

Bei der Variante des *physisch sortierten Index* entspricht die Reihenfolge der Speicherung dem Index der Sortierreihenfolge mit folgenden Merkmalen:

- ➢ Im Index kann sequentiell gesucht werden, daher: index-sequentielles Verfahren. Es existieren jedoch auch Alternativvorschläge:

    - ❖ binäres Suchen

    - ❖ m-Wege-Suchen

    Bei Elementzugängen werden

    - ❖ die Nutzdaten an die Nutzdatei angehängt

    - ❖ der Index in die Sortierreihenfolge der Indexdatei aufgenommen

- ➢ Die Geschwindigkeit des Verfahrens entspricht der Geschwindigkeit der Indexsuche, d.h. der Suche in der Hilfsdatei. Eine Bewertung zeigt, dass

    - ☺ es sich um ein schnelles Verfahren handelt, da über den Verweis ein direkter Zugriff erfolgt und mehrere Indexdateien für eine Nutzdatei möglich sind.

    - ☺ das Einfügen neuer und das Löschen alter Dokumente sowohl in der Hilfs- als auch in der Nutzdatei berücksichtigt werden muss. Wie im Fall sequentiell geordneter Dateien konzentriert sich dieses Konzept nur auf formale Deskriptoren.

Beispiel

Index

Schlüssel	Adresse
Date	4
Elson	1
Hansen	6
Müller	7
......	....

Nutzdatei

Adresse	Datensatz
1	Elson, Data Structures
...	......
4	Date, Database Systems
...	...
6	Hansen, Wirtschaftsinformatik
7	Müller, AKAD-Skript
...	....

Logisch   sortierter
Index

Bei einem *logisch sortierten Index* wird in der Indexdatei zusätzlich in jedem Datensatz die Adresse des in der logischen Sortierreihenfolge nachfolgenden Satzes gespeichert, denn der physische Nachfolger in der Indexdatei entspricht normalerweise nicht seinem logischen.

Zwei Arten der Umsetzung sind denkbar:

> **Verkettung**: die Indexdatei enthält **einen** weiteren Eintrag

> **Baumstruktur**: die Indexdatei enthält **zwei** weitere Einträge für den rechten und linken folgenden Teilbaum

Beispiel

Index

Adresse	Schlüssel	Verweis
1	Hansen	2
2	Maurer	5
3	Wedekind	4
4	Date	1
5	Müller	3

physische Reihenfolge

Date → Hansen → Maurer → Müller → Wedekind

logische Reihenfolge

☺   Beim logisch sortierten Index müssen weder die Index- noch die Nutzdatei sortiert sein, sondern die Ordnung der Indexdatei wird über die Verweise gewährleistet.

☹   Die Probleme des physisch sortierten Indexes für ein effizientes Retrieval bleiben jedoch unverändert bestehen.

3.5.4   Invertierte Listen

Dieser Vorschlag richtet seinen Schwerpunkt auf die durch inhaltliche Erschließung gewonnenen Deskriptoren. Jeder potentielle Suchbegriff wird in einem geordneten Index mit einer Liste der Dokumente verknüpft, in denen er vorkommt. Die Nutzdatei besitzt keine definierte Ordnung, allenfalls nach Zugangsdatum.

☺   Die Zugriffsgeschwindigkeit steigt, da nur der Index durchsucht werden muss und dann ein direkter Zugriff erfolgt. Gegenüber der index-sequentiellen Speicherung ist nur eine Indexdatei für mehrere Deskriptoren notwendig.

☹   Indexdateien benötigen zusätzlichen Speicherplatz

☹   eine Neuaufnahme oder das Löschen eines bestehenden Eintrages ziehen eine Aktualisierung von Index- und Nutzdatei nach sich

☹   neue Dokumente müssen kontextgerecht in die Indexdatei eingestellt werden. Beim Auftreten neuer Deskriptoren muss der invertierte Index um eine Zeile, bei neuen Dokumenten um eine Spalte ergänzt werden

☹   Änderungen an der Indexierung verlangen einen Neuaufbau der Indexdatei.

☹   Nichtindizierte Begriffe werden nicht gefunden.

Beispiel

Invertierter Index

Computer	1		3		
Information	1	2		4	
Retrieval	1	2		4	5
Systeme	1		3	4	5
Benutzer		2			

Nutzdatei

Doku- menten- ID	1	2	3	4	5
Autor	Hansen	Wegner	Müller	Schmidt	Reich
Titel	Informa- tion Ret- rieval Systeme	Benutzer von In- formation Retrieval	Geschich- te der Computer	Werkzeu- ge des Informa- tion Ret- rieval	Neue Entwick- lungen des Retrieval
Deskrip- toren	Computer Informa- tion Retrieval	Benutzer Informa- tion Retrieval	Computer Systeme	Informa- tion Retrieval Systeme	Retrieval, Systeme

Bitmap-Indizierung

Um die Leistungsfähigkeit des invertierten Index zu erhöhen, bietet die Bitmap-Indizierung eine Alternative. Jedes Dokument wird als „Bitspalte" repräsentiert, wobei die Wörter die Zeilen der Tabelle darstellen. Nun wird geprüft, ob die Wörter der Wortliste im Dokument vorkommen. Trifft dies zu, wird das entsprechende Bit gesetzt, kommt das Wort in der Wortliste nicht vor, wird sie um das betreffende Wort ergänzt. Anstelle der Einzeleinträge der Dokumentennummern tritt damit eine Bitmap. Die obige Tabelle zeigt dann folgendes Aussehen, wenn als Wörter der Dokumente lediglich die Deskriptoren verwendet werden:

Liste der Wörter

Wort im Dokument	Wort-Nr.
Computer	632 851
Information	632 852
Retrieval	632 853
Systeme	632 854
Benutzer	632 855

Lokationsliste

Wort-Nr.	Bitmap entsprechend der Dokumenten-Nr.
632 851	10100
632 852	11010
632 853	11011
632 854	10111
632 855	01001

Die Länge der Bitmap kennzeichnet die vorhandene Anzahl der Dokumente der Dokumentensammlung.

Die Suche in einem mittels invertierter Listen zugänglich gemachten Dokumentenbestand gestaltet sich für die boolschen im Gegensatz zu den kontextabhängigen Operatoren durchweg einfach [5, S. 28/29]:

Beispiel

Information AND Retrieval

> Durchsuche den invertierten Index, um die Verweise auf Dokumente mit dem Begriff „Information" zu finden → Menge 1.

> Wiederhole die Suche für den Begriff „Retrieval" → Menge 2.

> Bilde die Schnittmenge: Menge 1 ∩ Menge 2 → Menge 3.

> Das Ergebnis der Suche bilden die Dokumente, deren Verweis die Menge 3 enthält.

Information OR Retrieval

Gleiches Vorgehen wie bei „AND", nur wird statt der Schnitt- die Vereinigungsmenge benutzt.

Information NOT Retreival

Ebenfalls analoges Vorgehen zu „AND", allerdings mit Bildung der Restmenge der Menge 1 bzgl. der Menge 2, d.h. löschen sämtlicher Verweise aus der Menge 1, die auch in der Menge 2 vorkommen.

Information ADJ Retrieval

> ➤ Vorgehen gemäß „AND".

> ➤ Anschließend werden die referenzierten Dokumente nach
>   dem String „Information Retrieval" durchsucht.

Stringsuche vs.
invertierter Liste

Eine Stringsuche ist sehr rechenintensiv, so dass als Lösung eine **Modifikation** der Indexdatei in Frage kommt. Möglich ist die Ergänzung der Datei um Wortpositionsangaben, wie laufende Wortnummer, Absatz- oder Satznummer. Da der Index üblicherweise als relationale Tabellen abgelegt wird, hängt die Suchgeschwindigkeit auch von der Schnelligkeit der zugrundeliegenden Datenbank ab.

Beispiel

„Retrieval (345,1,2,5)" = Retrieval ist 5. Wort des 2. Satzes des 1. Absatzes des 345. Dokumentes. Für „Information" muss der Eintrag für den ADJ-Operator (345,1,2,4) lauten.

Die **Bewertung** beider Ansätze zeigt, dass eine Stringsuche rechenintensiv ist, aber keine Zusatzeinträge in der invertierten Datei verlangt, während Wortpositionsangaben den Speicherbedarf erheblich steigern, aber eine schnelle Auswertung des ADJ-Operators gewährleisten.

Die invertierte Liste kann um Häufigkeitsinformationen ergänzt werden, um Trefferlisten anzuzeigen und die Basis für statistische Verfahren zur Deskriptorwahl zu liefern.

3.5.5   Verfahrensoptimierungen invertierter Listen

B-Bäume sind Verfahren zur Optimierung der Zugriffe auf die Einträge der Indexdatei. Sie betreffen in erster Linie die Begriffsorganisation zur Verminderung von Vergleichen und damit zur Reduzierung von Plattenzugriffen. Dazu wird der ausgewählte Begriff bezüglich seiner Ordnung sortiert:

Bei einem **B-Baum der Ordnung d** enthält jeder Knoten mindestens $d/2$, maximal d Sortierbegriffe und hat $(d^* +1)$ Zeiger auf die nächstniedrigere Ebene, falls der Knoten d^* Werte besitzt, mit $d/2 <= d^* <= d$. Die **Wurzel** darf weniger als $d/2$ Zeiger besitzen.

Beispiel

B-Baum der Ordnung 4 ➜ d=4, d/2=2, 2<=d*<=4.

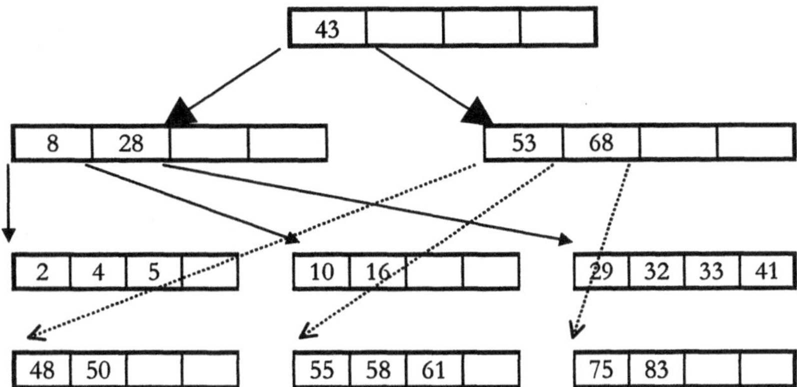

Der B-Baum der Ordnung 4 mit numerischen Schlüsselwerten und einer Sortierung nach Größe zeigt auf der Ebene 2 zweimal 2 Schlüsselwerte, so dass d^* den Wert 3 annimmt.

Da jeder Knoten auf jeder Ebene mindestens d/2 Elemente enthält, ist die Datei immer mindestens zu 50 % belegt. Der B-Baum wird unbalanciert, wenn der Wert der Wurzel zur Einteilung ungleicher Baumhöhen führt. Die Baumhöhe entsteht durch Knotenaufspaltung und der Wahl der Ordnung d. B*-Bäume sind B-Bäume mit Daten als Blätter.

Das Einfügen neuer Begriffe in den entsprechenden Knoten ist problemlos, falls die Anzahl Schlüsselwerte größer als d/2 und kleiner als d ist. Sind allerdings d Schlüsselwerte im Knoten vorhanden, erfolgt eine Einsortierung des neuen Wertes, eine Spaltung des entsprechenden Knotens in die d/2 größten und kleinsten Werte und die Integration des „mittleren Wertes" in den Vaterknoten.

Beispiel

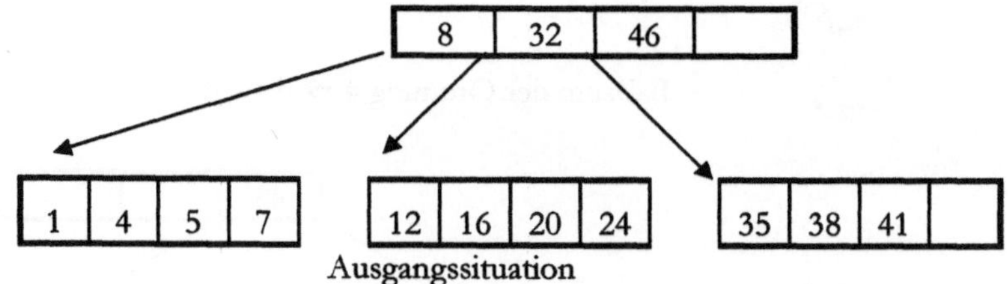

Ausgangssituation

Der Wert 23 kommt neu hinzu:

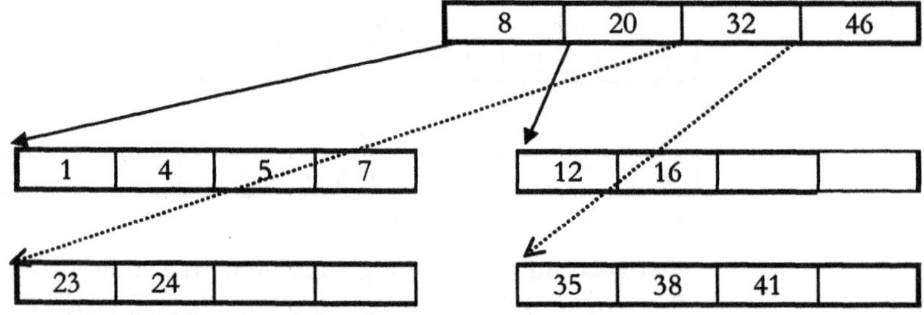

Das Zeichenkettenverfahren von Boyer und Moore stellt ein effizientes Suchverfahren dar, falls der Suchbegriff aus einer Zeichenkette besteht. Daher eignet es sich sowohl in Indexdateien invertierter Listen als auch bei der Auswertung des ADJ-Operators.

Verfahrensablauf

> ➤ Text- und Suchwort werden linksbündig übereinandergelegt.

> ➤ Der Vergleich beginnt mit dem letzten Zeichen des Suchwortes.

> ➤ Bei Zeichenübereinstimmung wird der Vergleich nach links fortgesetzt.

> ➤ Erfolgt keine Übereinstimmung, wird das Suchwort nach rechts verschoben und zwar nach folgender Regel:

Entscheidungsregel

> 1. Bestimme im Suchwort dasjenige Zeichen des Textwortes, das zur Nichtübereinstimmung führt und verschiebe das Suchwort dahin. Existiert dieses Zeichen nicht im Suchwort, wird das Suchwort hinter dieses Zeichen des Textwortes verschoben.

2. Stimmen Such- und Textwort in einer Zeichenkette überein, wird geprüft, ob diese ein weiteres Mal im Suchwort auftritt. Ist dies der Fall, wird das Suchwort an die entsprechende Position des Textwortes verschoben.

3. Die Verschiebung, die die maximale Anzahl Zeichen im Textwort gemäß Regel 1 und 2 überspringt, gilt als optimal.

Beispiel

Suchwort: B A N A N E
Textwort: D E R   D U F T   V O N   B A N A N E N

U≠E und U erscheint nicht im Suchwort → Verschiebung einer Suchwortlänge

Suchwort: B A N A N E
Textwort: D E R   D U F T   V O N   B A N A N E N

N≠E, aber N erscheint im Suchwort. Um das N des Textwortes mit demjenigen des Suchwortes in Übereinstimmung zu bringen, erfolgt eine Verschiebung um ein Zeichen.

Suchwort: B A N A N E
Textwort: D E R   D U F T   V O N   B A N A N E N

Nun stimmt zwar das N überein, da der Vergleich jedoch mit dem letzten Zeichen beginnt, wird das Leerzeichen mit dem E verglichen. Da im Suchwort kein Leerzeichen vorhanden ist, ergibt sich eine Verschiebung um eine Suchwortlänge.

Suchwort: B A N A N E
Textwort: D E R   D U F T   V O N   B A N A N E N
Der anschließende Vergleich ergibt eine vollkommene Übereinstimmung beider Begriffe.

3.6   Fortschrittliche Indexierungstechniken

Traditionelle Retrievalverfahren benutzen meist die boolsche Suchtechnik in Kombination mit invertierten Dateien. Alle Verfahren, die der besseren Unterscheidung in selektierte und nicht selektierte Dokumente dienen, arbeiten mit Gewichten, die für die Deskriptoren eines Dokumentes berechnet werden, um Ähnlichkeitskennziffern abzuleiten. Im Folgenden werden mehrere dieser Ansätze vorgestellt:

3.6.1   Vektorielle Ähnlichkeitsfunktionen

Seien i und j zwei Dokumente mit n Deskriptoren und Gewichten g pro Deskriptor [5, S. 213ff]:

$$DOK_i = (g_{i1},...,g_{in})$$
$$DOK_j = (g_{j1},...,g_{jn})$$

Dann ergeben sich aus der Summe der Gewichte pro Dokument:

$$\sum_{k=1}^{n} g_{ik}$$

und dem elementweisen Vektorprodukt der Gewichte:

$$\sum_{k=1}^{n} g_{ik} * g_{jk}$$

zwei Maßzahlen:

$$\text{ÄHN}(DOK_i, DOK_j) = \frac{2 * \left(\sum_{k=1}^{n} (g_{ik} * g_{jk}) \right)}{\sum_{k=1}^{n} g_{ik} + \sum_{k=1}^{n} g_{jk}}$$

$$\text{ÄHN}(DOK_i, DOK_j) = \frac{\sum_{k=1}^{n} (g_{ik} * g_{jk})}{\sum_{k=1}^{n} g_{ik} + \sum_{k=1}^{n} g_{jk} - \sum_{k=1}^{n} (g_{ik} * g_{jk})}$$

Der erste Koeffizient wird als **DICE-Koeffizient**, der zweite als **Jaccard-Koeffizient** bezeichnet.

Beispiel

$$DOK_i = (3,2,1,0,0,0,1,1) \rightarrow t=8$$
$$DOK_j = (1,1,1,0,0,1,0,0) \rightarrow t=8$$

$$\sum_{k=1}^{8} g_{ik} = 3+2+1+0+0+0+1+1 = 8$$

$$\sum_{k=1}^{8} g_{ik} * g_{jk} = 3*1 + 2*1 + 1*1 = 6$$

$$\text{Dice-Koeffizient} = (2*6)/(8+4) = 1$$
$$\text{Jaccard-Koeff.} = 6/(8+4-6) = 1$$

Die Gewichte g leiten sich meist aus der Häufigkeit ab, mit der ein Begriff k im Dokument j vorkommt: $FREQ_{jk}$

Bewertung von Dice- und Jaccard-Koeffizient

Die Interpretation beider Koeffizienten lässt folgende Aussagen zu:

> Bei Gewichten zwischen 0 und 1 liegt der Wertebereich beider Koeffizienten ebenfalls zwischen 0 und 1.

> Ähnlichkeitskennziffern werden größer, wenn die Zahl oder die Gewichte der gemeinsamen Deskriptoren steigen. Liegen keine gemeinsamen Deskriptoren vor, beträgt die Ähnlichkeit 0. Das gleiche gilt, falls ein Deskriptorvektor der Nullvektor ist.

> Deskriptorgewichte können in den invertierten Index aufgenommen werden.

> Aufgrund des Wertes der Ähnlichkeitskoeffizienten lässt sich eine Rangfolge der Dokumente des Suchergebnisses aufstellen.

3.6.2   Gewichtung in Boolschen Anfragen

Diese Suchform gehört zu den neueren Entwicklungen im Bereich der Volltextdatenbanken. Mit diesem Verfahren lassen sich Prioritäten in Form von Gewichten ausdrücken, die ein entsprechender Suchbegriff innerhalb der Begriffshierarchie besitzen soll. Dabei ist Wahl des Gewichtes durch Gelegenheitsbenutzer naturgemäß problematisch.

Beispiel

> Suchanfrage: $A_{0.33}$ OR $B_{0.66}$
>
> 1. Berechnung der Ähnlichkeit zweier Deskriptoren A und B zu einem Zentroiden als Repräsentant der Dokumentenmenge auf der Grundlage der Ähnlichkeitskoeffizienten.
>
> 2. Eliminierung von zwei Drittel der Dokumente mit dem Deskriptor A, die zu B die größte Distanz bezüglich des Zentroiden aufweisen.
>
> 3. Entfernung des Drittels der Dokumente von B, die die größte Distanz zu A aufweisen.
>
> 4. Die Vereinigung der Restmengen ist das Suchergebnis.

Eine fundierte Bewertung dieses Verfahrens fehlt noch. Zwei Aussagen lassen sich allerdings treffen:

> ➤ Die Ähnlichkeitsberechnung beeinflusst das Suchergebnis ganz wesentlich.
>
> ➤ Die Auswirkungen auf Precision und Recall sind noch unbekannt.

3.6.3 Clusterverfahren

Clusterverfahren [5, S. 228ff.] versuchen, Dokumente zu klassifizieren, so dass ähnliche oder miteinander in Beziehung stehende Dokumente in einem gemeinsamen Dokumentenpool zusammengefasst werden. Dadurch tritt eine Beschleunigung des Suchverfahrens ein, da sämtliche relevanten Dokumente im günstigsten Fall mit einem einzigen Zugriff selektiert werden können. Probleme entstehen aus der Art der Zusammenfassung:

Probleme der
Clusterbildung

> ➤ Die Cluster müssen stabil und vollständig sein.
>
> ➤ Die Zahl der Dokumente in einem Cluster und damit die resultierende Trefferliste kann bei speziellen Dokumentationen mit homogenen Dokumenten sehr hoch sein.

> Im umgekehrten Fall kann die Zahl der Cluster beträchtlich sein, im Extrem können Cluster nur aus jeweils einem Dokument bestehen.

> Die Überschneidungsrate der Zahl der Dokumente, die in mehr als einem Cluster liegen, ist kaum kontrollierbar.

Dokumentensuche im Cluster

Die Dokumentensuche lässt sich in mehrere Schritte zerlegen:

1. Für eine Suchanfrage wird die Ähnlichkeit mit einem Cluster anhand des Zentroiden als Clusterrepräsentanten bestimmt.

2. Der Zentroid symbolisiert das Durchschnittsdokument eines Clusters. Seine Gewichte ergeben sich als Mittelwert der Gewichte eines Deskriptors über alle Dokumente des Clusters.

Für die Dokumentenaufnahme gilt:

Dokumentenaufnahme in ein Cluster

1. Vergleich der Deskriptoren des neuen Dokumentes D mit allen Clusterzentroiden durch die Bestimmung der Ähnlichkeitskoeffizienten $ÄHN(D;C_k)$.

2. Suche des Clusters mit dem maximalen Ähnlichkeitswert und Integration des Dokumentes in dieses Cluster bzw. Zuweisung zu allen Clustern, deren Ähnlichkeit einen vorgegebenen Schwellenwert überschreitet.

3. Anschließende Neuberechnung der Clusterzentroiden.

Beispiel

Gegenseitiger Ähnlichkeitsvergleich von sechs Dokumenten D_1 bis D_6 bei unterschiedlichen Schwellenwerten:

	D_1	D_2	D_3	D_4	D_5	D_6
D_1	-	0.3	0.5	0.6	0.8	0.9
D_2	0.3	-	0.4	0.5	0.7	0.8
D_3	0.5	0.4	-	0.3	0.5	0.2
D_4	0.6	0.5	0.3	-	0.4	0.1
D_5	0.8	0.7	0.5	0.4	-	0.3
D_6	0.9	0.8	0.2	0.1	0.3	-

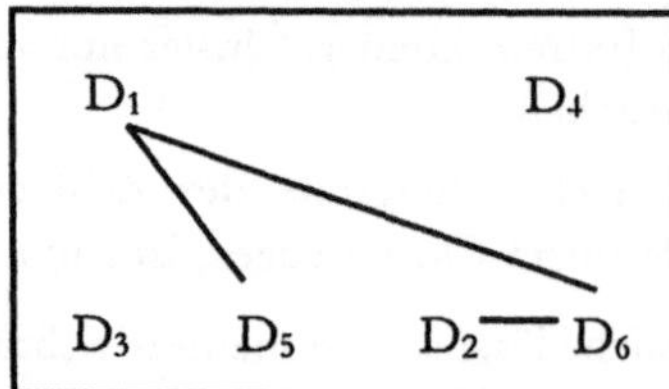

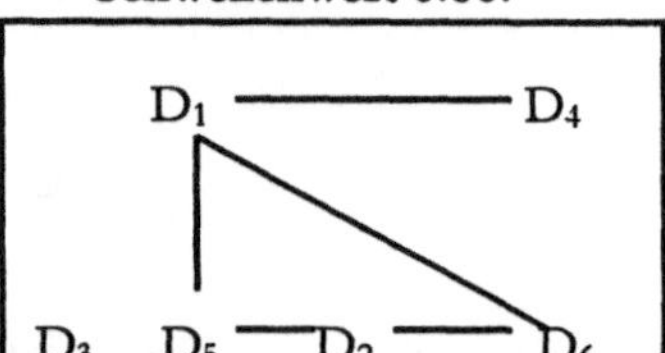

3.6.4   Relevanzfeedbackverfahren

Dieser Ansatz wertet die Relevanzangaben des Benutzers für bereits selektierte Dokumente aus, um die ursprüngliche Suchanfrage neu zu formulieren. Die neue Suchanfrage besitzt dann eine größere Ähnlichkeit zu den vom Benutzer als relevant gekennzeichneten Dokumenten und eine geringere zu den irrelevanten. Dazu werden Deskriptoren der relevanten Dokumente der Ausgangsanfrage hinzugefügt und gleichzeitig einige Deskriptoren der irrelevanten Dokumente entfernt. Das Ergebnis ist eine modifizierte Suchanfrage, die zu einer signifikant verbesserten Dokumentenrecherche führt. Eine Modifikation dieses Konzeptes findet sich im WAIS [6, S. 233]. Dabei können Dokumente des Ergebnisses oder Teile dieser Dokumente als Anfrage erneut verwendet werden.

Verfahrensablauf

Der Ablauf kann folgendermaßen beschrieben werden:

1. Die Ausgangssuchanfrage Q weist eine Dokumentenmenge D_R mit R relevanten und eine Dokumentenmenge D_N mit N irrelvanten Dokumenten nach.

2. Für die neue Suchanfrage Q' wird eine Differenz zwischen relevanten und irrelevanten Dokumenten zur Ausgangsanfrage hinzuaddiert [5, S.224]:

$$Q' = \alpha\, Q + \beta\, (1/R\ \Sigma\ TERM_i) - \gamma\, (1/N\ \Sigma\ TERM_i)$$
$$\qquad\qquad i\in D_R \qquad\qquad i\in D_N$$

mit: α, β, γ Konstanten

Verfahrensbewertung

Das Retrievalergebnis fällt am besten aus, falls die relevanten und irrelevanten Dokumente sich jeweils in Cluster anordnen lassen; die Suche verliert an Relevanz, wenn die selektierten stark mit den nicht selektierten vermischt sind. Wird γ als Antwort auf diesen Sachverhalt sehr klein gewählt, so werden irrelevante Deskriptoren und demzufolge Dokumente entfernt. Eine weitere Möglichkeit könnte darin bestehen, die Suchanfrage zu teilen. Jede Teilsuchanfrage weist dann andere relevante Dokumente nach.

Beispiel

	TERM 1	TERM 2	TERM 3	TERM 4	TERM 5
Q	5	0	3	0	1
D_1	2	1	2	0	0
D_2	1	0	0	0	2

Häufigkeiten der Deskriptoren TERM1... TERM5 in der Ausgangssuchanfrage Q, relevantes Dokument D_1 und irrelevantes Dokument D_2.

Die Modifikation der Suchanfrage mit den Konstanten

$$\alpha = 1;\ \beta = 0.5;\ \gamma = 0.25 \text{ führt zu Q':}$$

$$Q' = Q + 0.5(\sum_{i \in D_R} D_i) - 0.25(\sum_{i \in D_N} D_i)$$

$$Q' = (5,0,3,0,1) + 0.5(2,1,2,0,0) - 0.25(1,0,0,0,2) = 5.75, 0.5, 4, 0, 0.5$$

Die Ähnlichkeitskoeffizienten zwischen dem Suchanfragevektor und den relevanten bzw. irrelevanten Dokumenten haben folgende Werte:

$$\text{ÄHN}(Q,D_1) = (5*2) + (0*1) + (3*2) + (0*0) + (1*0) = 16$$

$$\text{ÄHN}(Q,D_2) = (5*1) + (0*0) + (3*0) + (0*0) + (1*2) = 7$$

$$\text{ÄHN}(Q',D_1) = (5.75*2) + (0.5*1) + (4*2) + (0*0) + (0.5*0) = 20$$
$$\text{ÄHN}(Q',D_2) = (5.75*1) + (0.5*0) + (4*0) + (0*0) + (0.5*2) = 6.75$$

Abbildung 3.8: Ideale Dokumentenverteilung

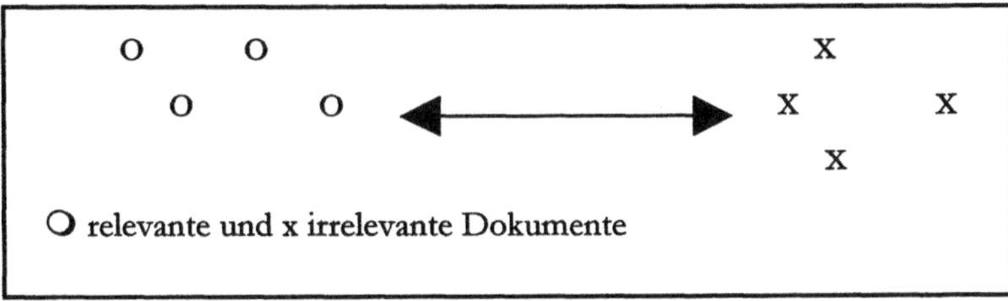

3.7   Information Retrieval und Internet

Die Verbreitung von WWW-Servern und das damit verbundene Informationschaos im Internet unterstreicht die Bedeutung leistungsfähiger Retrievalmechanismen. Suchmaschinen im WWW nutzen die vorgestellten Retrievaltechniken, um im gigantischen Heuhafen des WWW dem

Nutzer zuverlässige, exakte Suchergebnisse zu liefern. Die Qualität der Informationssuche hängt dabei von der Indexierung der Informationsquelle ab. Die älteste Art, Informationen aus dem Internet zu präsentieren, besteht darin, eine einfache Liste von Verweisen anzubieten. Derartige Adressensammlungen befinden sich auf zahllosen Homepages. Vater dieser Suchidee ist der Dienst Yahoo, dessen Inhalte von Redakteuren bewertet und in Kategorien klassifiziert werden. Da diese Tätigkeit zeitintensiv ist und einer manuellen Indexierung entspricht, fehlen oft Verweise auf die neuesten Informationen. Um diesen Zeitverzug auszugleichen, bedienen sich viele Suchmaschinen Softwareprogramme, sog. Robots, Crawler oder Spider, die ähnlich der Arbeit menschlicher Surfer das WWW nach interessanten Informationen anhand von Links durchsuchen, diese sortieren und in eine Datenbank einfügen. Eine ausführliche Textanalyse gestatten sie jedoch nicht. Homonyme, Synonyme, Plurale oder Konjugationen überfordern heutige Software: Wer nach dem Begriff „Film" sucht, muss auch mit Angaben zu Ölfilm oder Photofilm rechnen. In dieser Hinsicht sind manuell bearbeitete Kataloge dank menschlicher Analyseleistung wesentlich leistungsstärker. Die Suchdienst des Internets lassen sich grundsätzlich in drei Klassen einteilen:

> ➤ Suchmaschinen, die das Angebot an WWW-Seiten des Internets selbständig analysieren. Beispiele für diesen Typus sind AltaVista und Lycos.

> ➤ Kataloge, die anders als Suchmaschinen keine automatische Analyse betreiben, sondern von Redakteuren angelegt werden. Für diese Klasse ist Yahoo der herausragende Vertreter.

> ➤ Hybrid-Suchmaschinen, die über keine eigene Datenbasis verfügen, sondern andere Suchdienste nutzen, um eine Anfrage zu bedienen. Meta-Crawler ist der bekannteste Dienst dieser Klasse.

Gemäß der kommerziellen Bedeutung die Suchmaschinen mittlerweile erreicht haben, soll ihre Funktionsweise hinsichtlich der verwendeten Retrievalmechanismen näher beleuchtet werden.

3.7.1 Informationssammlung

Woher wissen Suchmaschinen was sie wissen? Kerninstrumente der Wissensakquisition sind vollautomatische Informationssammler, die den Links der HTML-Seiten Stück für Stück folgen. Die Tiefe der Analysehierarchie unterscheidet sich dabei von Suchmaschine zu Suchmaschine. So steigen Alta Vista und Excite drei und mehr Ebenen herab und schicken den Inhalt gefundener Dokumente zurück, andere wie Infoseek und WebCrawler begnügen sich mit den Links der Startseite. Dieses Vorgehen hat zur Folge, dass Seiten mit tiefer Gliederung nicht gefunden werden. Durch eine sehr strukturierte Einteilung eines Webauftritts können dadurch gerade die informativsten Seiten verdeckt werden, die häufig als Endknoten einer tiefen Schachtelung erscheinen. Da die Sammelprogramme fast ausschließlich den HTML-Tag <a ref="..."> suchen, werden zudem keine Frameset-Seiten oder Imagemaps erreicht. So bleiben dem Suchenden viele Seiten, die nicht mit traditionellen Textverweisen bestückt sind, verborgen. Die Aktualität der präsentierten Information hängt wesentlich davon ab, wie häufig neue Seiten gefunden bzw. bereits gefundene Seiten erneut besucht werden. Die Zyklen, in denen Suchprogramme agieren, variieren zwischen einigen Tagen bis zu mehreren Wochen. Aufgrund des ständig steigenden Angebots an Internetseiten muss der Suchende damit rechnen, nicht immer die aktuellsten Informationen angezeigt zu bekommen. Neben der Suchtiefe orientieren sich die automatischen Roboter an den Angaben der Datei robots.txt, die auf jedem Web-Server im Root-Verzeichnis existieren sollte. Hier kann bestimmt werden welche Verzeichnisse und Dateien für eine Indizierung freigegeben sind. Der regelmäßige Besuch der indizierten Webseiten hat einen weiteren wesentlichen Vorzug: nicht mehr existierende Verweise können entdeckt und gelöscht werden.

Neben den Suchmaschinen haben sich sog. Metasuchmaschinen etabliert, die über keine eigenen Datenbestände verfügen und demzufolge keine Informationen sammeln. Sie übergeben den Suchstring lediglich an verschiedene Partnersuchmaschinen, lassen deren jeweiligen Bestand durchsuchen und bereiten die erhaltenen Treffer zu einer eigenen Trefferliste auf.

3.7.2   Informationssuche

Jede Suche nach neuen Informationen dient dazu, Wissenslücken zu schließen. Das kann einerseits die Suche nach einer Definition sein, um eine unscharfe Begrifflichkeit fester zu umreißen oder der Wunsch, einen umfassenderen Einblick in ein Themengebiet zu gewinnen. Für beide Arten verwendet der Nutzer Wörter, deren entsprechende Darstellung in der Suchmaschine einen Teil der Suchstrategie bestimmen. So sind Stichwörter Begriffe, die im Dokument vorkommen und damit zentrale Bedeutung für den Inhalt haben, Schlagwörter hingegen repräsentieren zentrale Aspekte des Textes, die in ein logisches und hierarchisches Verzeichnis eingeordnet sind. Die Verschlagwortung ist keine einfache Aufgabe und wird von speziell geschultem Personal vorgenommen. Kataloge verwenden Schlagwörter als Suchwort und bilden über diese Kategorien.

Volltextsuchmaschinen kennen diese Unterteilung der Themengebiete nicht und nehmen als Suchbasis den gesamten Index. Yahoo war der erste Suchkatalog des Internets. Die Studenten J.Yang und D. Filo stellten 1994 ihre Bookmarksammlung den Studenten der Universität von Stanford zur Verfügung und schufen damit den Grundstein der Katalogidee.

Verbesserung einer Suchanfrage

Um bereits bei der Formulierung der Suchanfrage möglichst präzise Begriffe zu verwenden, sollte der Suchende folgende Überlegungen ins Kalkül ziehen:

> ➤ Spezielle Begriffe und Fachtermini sind auf ausgewählte Publikationen beschränkt. Je allgemeiner der Suchgegenstand formuliert wird, desto umfangreicher wird sein Vorkommen.

> ➤ Oberbegriffe sind aufgrund ihrer Häufigkeit für eine Volltextsuche ungeeignet. Ihre Verknüpfung mit weiteren einschränkenden Begriffen wird zu einer Notwendigkeit.

> ➤ Stopwörter sollten nicht verwendet werden. Viele von ihnen werden durch die Suchmaschinen automatisch aussortiert.

Formale Sucheigenschaften

Eine Suchanfrage kann sich aber nicht nur auf den publizierten Text erstrecken, sondern auch Felder und damit formale Zusammenhänge und Eigenschaften berücksichtigen. Suchmaschinen können gezielt Datenendungen, Dateimerkmale oder Teile des HTML-Codes interpretieren. Die Anfrage title:Yahoo gibt alle Dokumente zurück, in deren Titel das Wort Yahoo vorkommt. Trotz offensichtlicher Vorteile besitzt diese Analyseform eine gravierende Einschränkung, da sie keine semantische Bewertung erlaubt.

3.7.3   Ergebnisauswertung

Die Suchergebnisse werden für die Anzeige vorsortiert. Dabei ist entscheidend, an welcher Stelle im Dokument das Suchwort vorkommt. Die letztendliche Reihung nach Relevanz hängt aber von der verwendeten Methode der Gewichtung ab. Mehrere Verfahren werden dazu verwendet [11]:

<table>
<tr><td rowspan="2">Tabelle 3..3:
Verfahren zur Relevanzbeurteilung</td></tr>
</table>

Verfahren	Beschreibung
Anzahl übereinstimmender Wörter	Werden mehrere Suchwörter verknüpft, so werden Ergebnisse, die alle Wörter enthalten als relevanter eingestuft.
Häufigkeit des Vorkommens	Je öfter ein Begriff im Dokument vorkommt, desto wichtiger ist er für den Gesamtinhalt.
Position des Auftretens	Die Bedeutung eines Suchbegriffs kann nach der Stellung im Dokument bewertet werden. Unterscheidungskriterien sind: URL, Titel, Überschrift, Meta-Tag oder Dokumentenanfang.
Verweisstruktur	Verweisen viele Links auf die Seite, steigt sie in der Bewertung. Dieser Ansatz hat den Nachteil, dass neue Seiten nur schwer in die Trefferlisten gelangen.

Die Gewichtung wird neben der Reihenfolge bei der Anzeige häufig durch „Scores" ergänzt, die den Grad der Übereinstimmung zwischen Anfrage und Index ausdrücken.

Ranking

Neben diesen an der Dokumentenstruktur orientierten Verfahren zur Relevanzbestimmung gesellen sich im Zuge der wachsenden Kommerzialisierung des Internets zwei weitere Konzepte, die nicht mehr die logische Struktur auswerten:

> Listing gegen Bezahlung: Diese als RealNames bekannte Rankingmethode verknüpft Stichwörter mit Adressen, deren Eintrag in eine Datenbank der Suchmaschine kostenpflichtig ist.

> Nutzeranalyse: Bestimmend für die Qualität des Suchergebnisses ist nun nicht mehr der Autor, sondern der Besucher dessen Verhalten von den Suchmaschinen analysiert wird. Hierunter fällt auch die Aufzeichnung der „Klickhäufigkeit". Besucht ein Nutzer eine Seite, so wird dieser Klick in einer Datenbank registriert und auf diese Weise ein individuelles Beliebtheitsprofil erzeugt, dass den Seitenindex ergänzt. Die beliebtesten Seiten werden mit einem Bonus bedacht und steigen im Ranking. Die Relevanz der individuellen Suchergebnisse wird folglich zu einem erheblichen Teil von anderen Nutzern bestimmt, die eine ähnliche Anfrage bereits früher gestartet haben.

Beispiel

> Eine Suchmaschine in Zahlen [10]: die Alta Vista Indizierungssoftware bewältigt ein Gigabyte Text pro Stunde. Der Gesamtindex beträgt 40 GB. Drei Millionen Seiten werden täglich geprüft. Die Hardware besteht aus 16 Alpha-Servern mit 8 GB Arbeitsspeicher, jeweils 10 Prozessoren und 260 GB Festplattenkapazität.

3.7.4   Grenzen der Suche

Nicht jede Suche im Internet verläuft erfolgreich und zur Zufriedenheit des Nutzers. Der Grund hierfür kann in einer Zahl allgemeiner Beschränkungen liegen, die einerseits technischer Natur sind, aber andererseits auch softwareergonomische Grenzen widerspiegeln [nach 10]:

Tabelle 3..4:
Suchbeschränkungen
im Internet

Merkmal	Beschreibung
Zahl der indexierten Dokumente	Jede Suchmaschinen verfügt nur über eine begrenzte Kapazität. Sie kann daher nur einen Teil der weltweit erreichbaren Dokumente wiedergeben.
Aktualität	Sowohl das Personal zur Dokumentklassifizierung der Kataloge als auch die automatischen Suchmöglichkeiten zur Volltextindizierung können alle Seiten nur mit zeitlicher Verzögerung berücksichtigen.
Suchtiefe	Die Analyse der gesamten Verzeichnisstruktur einer Web-Site überfordert selbst die leistungsfähigsten Suchprogramme.
Seitenausschluss	Jeder Betreiber eines Web-Servers kann bestimmte Verzeichnis- oder Dateistrukturen von einer Indizierung ausschließen.
Dynamisch generierte Seiten	HTML-Seiten, die als Ergebnis einer Datenbankrecherche entstehen, sind aufgrund ihrer temporären Existenz nicht suchbar.
Eingabesyntax	Eigenwillige Formulierung der Suchanfragen erschweren die Bedienung und Akzeptanz der Suchmechanismen.

3.8 Trends und Entwicklungsperspektiven

Im Laufe der Zeit ist an den Retrievalfunktionen und ihren -algorithmen intensiv gefeilt und verbessert worden. Dennoch bleiben Schwierigkeiten bestehen, die Retrievalverfahren aus Benutzersicht kritisch erscheinen lassen:

Probleme des Information Retrieval

> ➢ Da Papier weiterhin das dominierende Informations- und Organisationsmittel darstellt, ist die auflaufende Dokumentenmenge für viele Volltextsysteme zu groß bzw. aufgrund der temporären Natur der Dokumente nicht das geeignete Instrument.

> ➢ Interessantes Material ist über mehrere Medien verstreut, so dass eine Kombination von Volltext- mit Hypertextsystemen die Recherche verkompliziert.

Virtuelle Informationslandschaften hingegen sind ein Versuch, den Benutzer ohne genaue Kenntnis des Indexierungsvokabulars an Inhalte heranzuführen, in denen sich spielerisch navigieren lässt. Anstelle von abstrakten Begriffen treten geometrische 3D-Objekte und Symbole, so dass die Medien Volltextrecherche, Hypermedia und Cyberspace immer mehr verschwimmen. Explorative Suche in 3D-Informationsräumen kann herkömmliches Information Retrieval möglicherweise in der Zukunft ergänzen oder sogar ersetzen.

3.9 Literatur

[1] Computer versteht Texte, in: Oracle Magazin, 1996, S. 47 und 82.

[2] Fanselow, G., Felix, S.: Sprachtheorie: Einführung in die generative Sprachgrammatik, Band 2: Die reduktions- und Bindungstheorie, Tübingen 1987.

[3] Freiburg, D.: Ergonomie in Dokumentenretrievalsystemen, in: Mensch-Computer-Kommunikation, Band 3, de Gruyter, 1987

[4] Jones, S.: Text and Context: Document Processing and Storage, Springer, 1991

[5] Salton, G., Mc Gill, M.: Information Retrieval - Grundlegendes für Informationswissenschaftler, Mc Graw Hill, 1983

[6] Scheller, M.; Boden, K.-P.; Geenen, A.; Kampermann, J.: Internet: Werkzeuge und Dienste, Springer 1994.

[7] Schumann, H.: Eingangspostbearbeitung in Bürokommunikationssystemen, Betriebs- und Wirtschaftsinformatik Band 19, Springer, 1986.

[8] Text Retrieval Technology: Overview, White Paper Software AG, 1991

[9] vom Kolke, E.-G.: WWW, Yahoo, Metacrawler & Savy Search, in: Gateway, Heft 9, 1997, S. 78 - 82.

Web-Sites

[10] Koster, M.: Robots in the Web: Threat or Treat? http://info.webcrawler.com/mak/projects/robots

[11] Suchfibel , http://www.suchfibel.de

4 Hypertext

4.1 Grundlagen und Prinzipien

Hypertext ist eine neue Art der Informationsorganisation und –darstellung, die dem Umstand Rechnung trägt, dass der Einzelne einer zunehmenden Informationsflut ausgesetzt ist. Das individuelle Arbeitsumfeld ist gespickt mit neuen Technologien, die den Umgang mit Informationen in jeglicher Ausprägung durch den Computer ermöglichen. Da die Verarbeitungskapazität des Menschen begrenzt ist, liegt es nahe, nach einem Ausweg in der Organisation des Wissens und der Informationen zu suchen. Auslöser für die hinter Hypertext stehende Idee war zunächst das Anliegen, Notizen wie sie im täglichen Büroablauf auftreten durch assoziative Verknüpfungen zu verbinden. Dies kann einerseits konventionell mit weiteren papiergebundenen Verweisen oder mit einer Ordnung nach ausgewählten Kriterien erfolgen, andererseits legen die wachsenden Möglichkeiten der Informationsverarbeitung es nahe, dieses Problem computergestützt anzugehen. Diese Beschreibung der ursprünglichen Anforderungen an Hypertext lassen sich nur schwer in eine geschlossene Definition überführen. Daher erscheint es naheliegend, Hypertext über drei Eigenschaften zu definieren [6, S. 177]:

Definition

Hypertext

> ➤ verbindet logische Einheiten in nichtsequentieller Form
> ➤ verknüpft Informationsobjekte durch explizite Verweise
> ➤ schafft assoziative Verknüpfungen von Informationen mit modernen softwareergonomischen Mitteln

4.2 Historie von Hypertext

Vor fünfzig Jahren erschien im amerikanischen Magazin „Atlantic Monthly" ein Artikel von Vannevar Bush, einem wissenschaftlichen Berater des Präsidenten Roosevelt, mit dem Titel „As we may think", der als die Geburtsstunde der Hypertextidee angesehen wird [16, S. 55]. Der Autor präsentiert darin ein Dokumentationssystem, das dem Benutzer den assoziativen Zugriff auf sachverwandtes oder ergänzendes Material erlauben soll. Gedacht war an eine Verbindung wissenschaftlicher Literatur mit Fotos und persönlichen Anmerkungen. In Ermangelung der technischen Möglichkeiten jener Zeit blieb nur die Idee aber keine konkrete Realisierung.

Der eigentliche Begriff „Hypertext" geht auf T. Nelson zurück, der sich bereits seit den frühen 60er Jahren mit dieser Thematik auseinandersetzte [16, S. 56]. Die erste Umsetzung in einen Prototypen stellte D. Engelbart 1968 in den USA vor [9, S. 311]. Das System mit dem Namen „AUGMENT" [1, S. 132] verfügte bereits über die heute üblichen Unterstützungsfunktionen in Form von Graphiken, Fenstermechanismus und Mausbedienung. Daran schloss sich eine Phase des Experimentierens an, aus der insbesondere das Produkt „Xanadu" von T. Nelson herausragt. Dieses System gilt dank seines Autors als besonders innovativ, indem es schon frühzeitig die Verwaltung und das Retrieval unstrukturierter, multimedialer Daten unterstützte, über eine Versionskontrolle verfügte und flexible Verknüpfungsmöglichkeiten erlaubte. Diese Elemente näherten die Vision einer weltumspannenden Publikationsumgebung jenseits aller administrativen Schranken.

Allerdings dauerte es bis Mitte der 80er Jahre bis die ersten kommerziellen Produkte den Markt betraten. Hier waren es besonders GUIDE 1986 und HYERCARD 1987, die Hypertext einer breiten Öffentlichkeit vorstellten. Da beide Produkte im PC-Bereich angesiedelt sind, erschlossen sie sich schnell einem großen Anwenderkreis.

4.3 Hypertextelemente

Hypertext besteht im Wesentlichen aus zwei Komponenten: Knoten und Verweisen.

Abbildung 4.1:
Zusammenspiel der
Hypertextelemente
[15, S. 100]

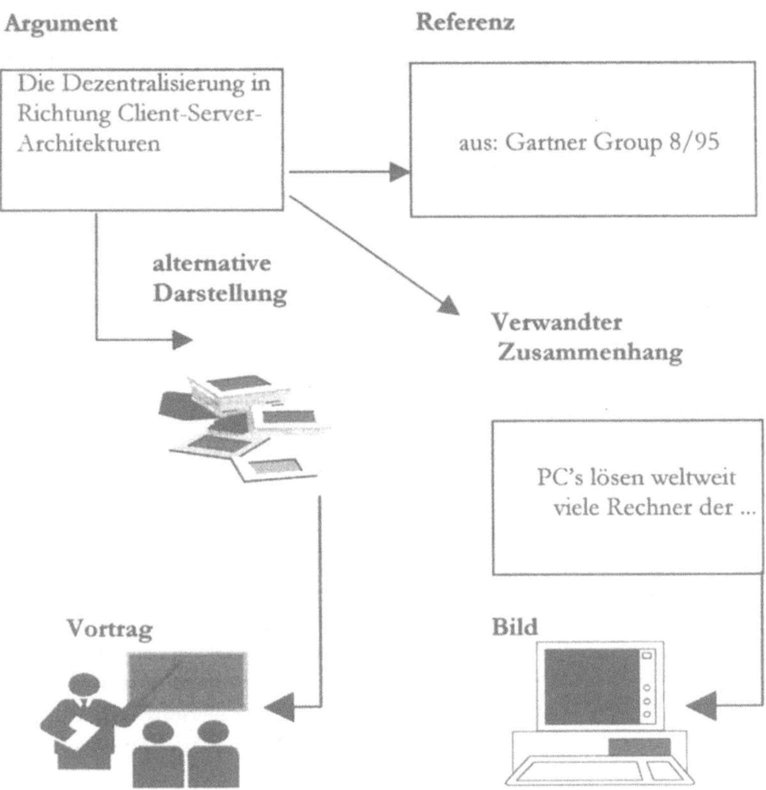

4.3.1   Knoten

Knoten bilden die grundlegenden Informationseinheiten eines Hypertextes, die durch Verweise miteinander verbunden werden. Sie beinhalten darstellbare Daten wie Texte oder Graphiken oder in multimedialer Ausprägung auch Sprache, Musik oder Videosequenzen. Übertragen auf die konventionelle Darstellungsform stellt ein Knoten eine Karteikarte dar. Der Knoten, von dem der Verweis ausgeht, heißt Quellanker oder Quellknoten, der Knoten auf den der Verweis zeigt, heißt Zielanker oder Zielknoten. Die einzelnen Knoten bilden die Basis zum Aufbau eines Verweisnetzes, das den Text unsichtbar überlagert. Der Autor eines Textes hat damit neben der reinen Texterstellung eine weitere wichtige Aufgabe: Er muss die von ihm als wichtig erachteten Informationsfragmente miteinander verbinden. Dies bedeutet für ihn, dass er die Assoziationen seiner Leser bereits vorab „erahnen" muss, um einen akzeptierten Text vorzulegen.

Die abstrakte Darstellung von Hypertext entspricht einem mathematischen Graphen, der bekanntlich ebenfalls aus Knoten und Verweisen besteht, allerdings mit dem geringfügigen Unterschied, dass die Verweise in der Graphentheorie als Kanten bezeichnet werden.

4.3.2   Verweise

Verweise bilden die eigentliche Hypertextstruktur und machen damit den Reiz des Mediums aus. Sie spannen über den Text eine Informationsstruktur, die für den Leser unmittelbar zu einem informellen Mehrwert in dem Sinne führen soll, dass er bisher nicht vermutete Informationen angeboten bekommt.

Verweise sind oftmals keine einfachen Datentypen oder Zeiger wie sie von Programmiersprachen bekannt sind, sondern weitaus komplexer strukturiert. Grundsätzlich können mehrere Klassen unterschieden werden [1, S. 130]:

Verweisklassen nach Struktur

> ➤ *organisatorische Links* verknüpfen Knoten über Vater-Sohn-Beziehungen, so dass Hierarchien analog zu einem Thesaurus entstehen. Problematisch wirkt sich hier die starre Organisation aus, die keine Knotenübergänge jenseits der einzelnen Informationsstränge zulässt. Der Benutzer wird daher in seiner freien Entscheidung zur Informationssuche erheblich beeinträchtigt, zumal für ihn diese Hierarchie nicht transparent ist:

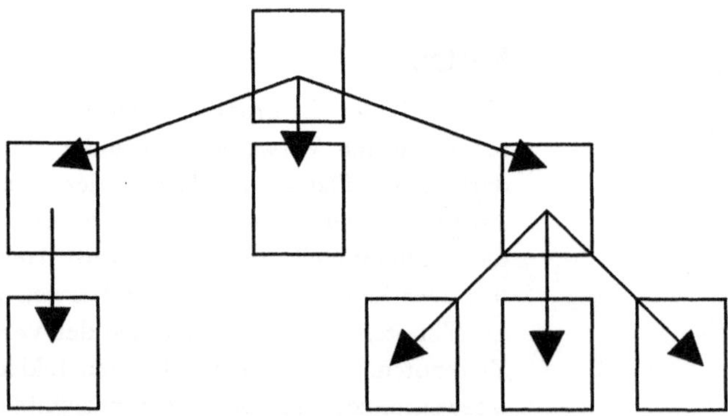

Abbildung 4.2:
Organisatorische
Links

> ➤ *gerichtete Links* verweisen unidirektional auf einen Knoten. Sie entsprechen damit genau dem Bild eines gerichteten Graphen, allerdings mit dem Nachteil, dass der Nutzer keinen

Verweis zurückverfolgen kann. Dies wird allgemein als grobe Einschränkung gesehen, so dass alle heutigen Systeme davon Abstand nehmen:

Abbildung 4.3:
Gerichtete Links

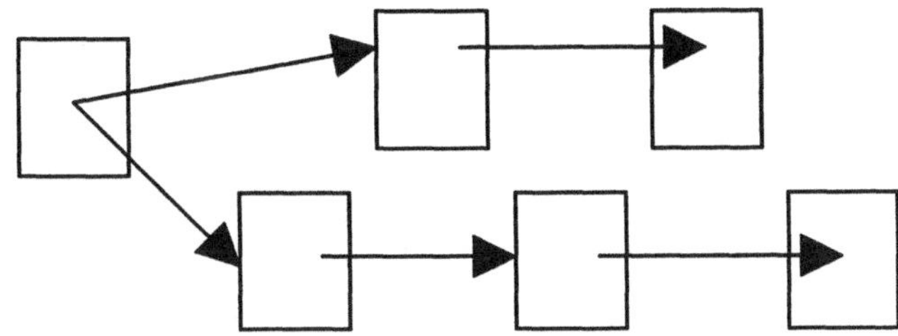

> *ungerichtete Links* (gegenläufig gerichteter Verweis) entsprechen einem doppelt verzeigerten Baum und ermöglichen damit ein komfortables Navigieren zwischen den einzelnen Knoten. Diese Struktur entspricht der Sichtweise heutiger Hypertextsysteme:

Abbildung 4.4:
Ungerichtete Links

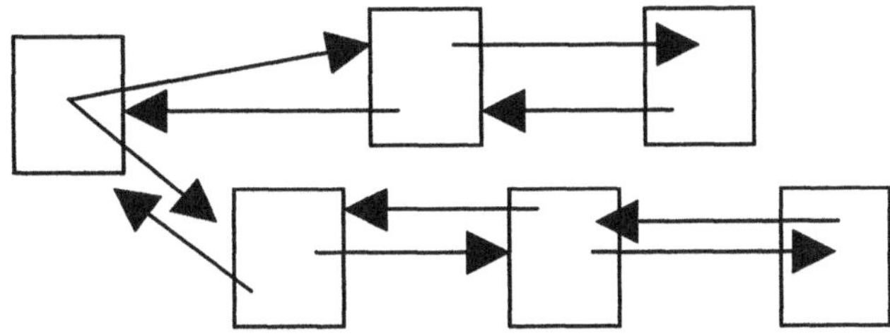

Verweisklassen
nach Herkunft

Verweise lassen sich auch nach ihrer Herkunft klassifizieren:

> *Strukturbeschreibende Verweise* entstammen der Struktur der Dokumentbasis in Form von Kapitelüberschriften oder Gliederungspunkten. Sie sind relativ einfach auch automatisiert zu erstellen.

> *Kontextabhängige Verweise* nutzen Schlüsselwörter, Fußnoten oder Erläuterungen als Ausgangspunkt. Für die Realisierung können umfangreiche Textanalysen notwendig sein.

> *Benutzerorientierte Verweise* werden durch den Nutzer eines Hypertextes angelegt. Beispiele hierfür sind persönliche Anmerkungen oder Verweise auf eigene Notizen.

Verweisklassen
nach Zielbereich

Eine weitere Unterscheidung ergibt sich, wenn man den Zielbereich eines Verweises etwas weiter fasst. Darf der Knoten, auf den verwiesen wird, auch in einer anderen Hypertextbasis liegen, ergeben sich drei Klassen:

> ➤ ***intra-Verknüpfungen*** verweisen auf Knoten innerhalb eines Hypertextes. Dies ist bei einem in Hypertext abgebildeten Handbuch der Fall:

Abbildung 4.5:
Intra-Hypertext-
Verknüpfung

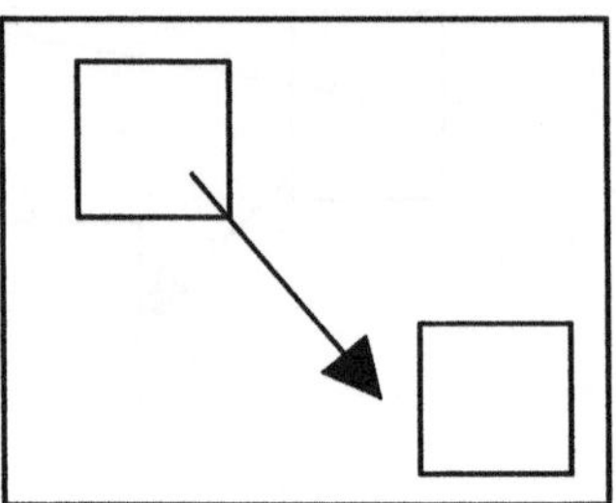

Ein Hypertext

> ➤ ***inter-Verknüpfungen*** verbinden unterschiedliche Hypertexte in einer Hypertextbasis. Diese Form tritt häufig bei technischen Dokumentationen auf, wenn mehrere Handbücher zu unterschiedlichen Themen in einer gemeinsamen Hypertextbasis zusammengefasst werden. Für den Benutzer eröffnet sich dadurch die Möglichkeit, transparent zwischen den einzelnen Handbüchern zu navigieren:

Abbildung 4.6:
Inter-Hypertext-
Verknüpfung

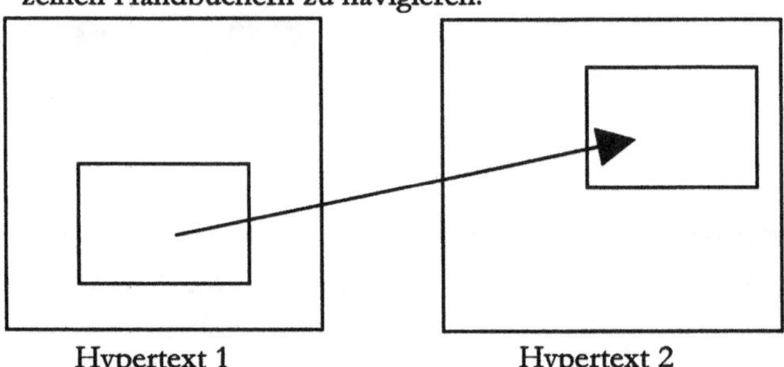

Hypertext 1   Hypertext 2

> ➤ ***extra-Verknüpfungen*** bilden die Verbindung mehrerer Hypertextbasen oder externer Informationssysteme. Der Benutzer wird auf diese Weise in die Lage versetzt, transparent unterschiedliche Hypertextbasen anzusehen. Diese Verknüpfung kommt der Vision einer weltumspannenden Informationsumgebung sehr nahe:

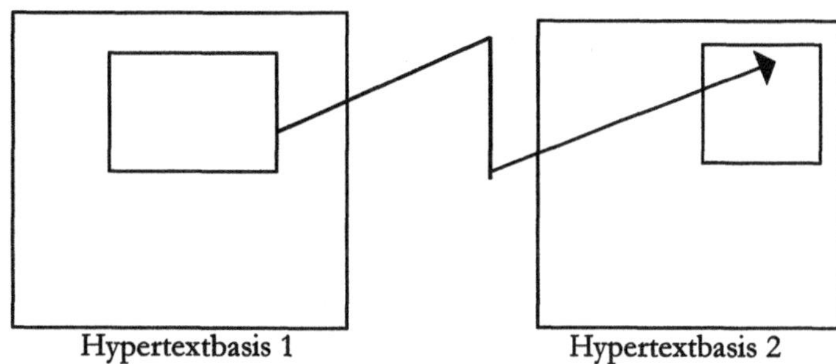

Abbildung 4.7:
Extra-Hypertext-
Verknüpfung

4.4   Architektur von Hypertextsystemen

Hypertextbasis

Um die Erstellung und Nutzung vernetzter Informationen durch Hypertext zu realisieren, sind verschiedene Komponenten notwendig. Neben einem Autoren- und Lesesytem ist eine Informationsablage und eine Programmierschnittstelle zur flexiblen Gestaltung unterschiedlicher Benutzeranforderungen erforderlich.

> Den materiellen Teil, der die Gegenstände des Objektbereichs über vielfältige inhaltliche Beziehungen darstellt, bildet das Hypertext-Managementsystem. Dieses muss darüber hinaus die einfache Verwaltung der Hypertextbasis oder -dateien ermöglichen. Für diese Aufgabe ist häufig ein gesonderter Administrator notwendig.

> Als wesentliche Forderungen an das Management können die Funktionen [15, S. 199]: create, delete, store, retrieve, copy, share, search, index, version, caching, clustering, backup, encrypt und compress angesehen werden.

> Ein Beispiel für diesen Teil der Architektur sind Web-Server als Träger der auf HTML basierenden Internetseiten.

Navigation

Ein interaktives Lesesystem muss dem Benutzer den Zugriff auf die Informationsknoten gestatten. Diese hypertextspezifische Orientierungskomponente - oft als „Browser" bezeichnet - führt den unerfahrenen Gelegenheitsbenutzer durch das System, ohne dass dieser Gefahr läuft, unsachgemäße Bedienungen auszulösen. Durch das rasante Wachstum des Internets haben sich Web-Browser als universelle Schnittstelle zwischen Internet und Gelegenheitsbenutzer etabliert. Sie ermöglichen die komfortable Navigation durch das unübersichtliche Angebot an WWW-Links.

Autorenkomponente

Dieser Teil eines Hypertextsystems ermöglicht es dem Autor / Benutzer, Knoten, Knoteninhalte und Verweise selbständig anzulegen, sie zu verändern oder zu löschen. Der Autor besitzt damit die Verantwortung für die Strukturierung der Hypertextbasis aber auch für seine Aktualisierung. Zu diesem Prozess, an dessen Ende letztlich der fertige Hypertext steht, gehört aber nicht nur der Schreib-, Layout- und Verknüpfungsvorgang, sondern auch die Verwaltung der einmal geschaffenen Knoten und Verweise, eine Aufgabe, die gerade vor dem Hintergrund einer permanenten Aktualisierung sehr komplex sein kann. So benötigt der Autor einen Überblick über die Quellen der einzelnen Knoten und über die durch Verweise erreichten Ziele, um eine stete Konsistenz zwischen beiden herzustellen. Nur auf diese Weise kann er den Schwierigkeiten begegnen, die entstehen, wenn:

> ➢ Zielknoten gelöscht werden, aber Verweise auf diese noch existieren

> ➢ Verweise gelöscht werden und damit die hypertextmäßige Erreichbarkeit von Knoten verhindert wird.

Die meisten Editoren zum Erstellen von Internetseiten erfüllen diese Anforderungen und sind dementsprechend als Ausprägung einer Autorenkomponente anzusehen.

Verweisproblematik

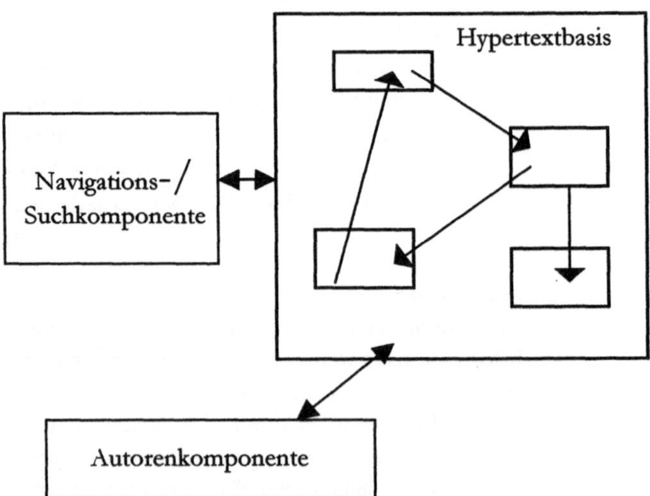

Abbildung 4.8:
Architektur eines
Hypertextsystems

Programmierschnittstelle

Eine Programmierschnittstelle dient zur Einbettung des Hypertextsystems als Subsystem in andere Anwendungen oder ermöglicht die Darstellung, Auswertung und Berechnung einer über die übliche Funktionalität hinausgehenden Anforderung. Hierzu können die Strukturen einer Programmiersprache oder das Potential der Betriebssystemumgebung erforderlich sein. Solange für diese Einbindung aber keine verbindlichen Standards festgelegt sind, kommen hier nur proprietäre Lösungen mit all ihren Nachteilen in Frage. Insofern ist bei Nutzung dieser Schnittstelle einige Vorsicht geboten.

Aus der bisherige Diskussion schälen sich vier Aspekte heraus, die einen Hypertext charakterisieren [6, S. 178]:

> ➤ ***Struktureller Aspekt***: Hypertext bildet ein Netz von Knoten und Verweisen. Knoten stellen Inhaltsfragmente dar, von denen mehrere Verweise auf andere Knoten zeigen können.

> ➤ ***Operationaler Aspekt***: Erzeugen und Navigieren in Hypertext sind nichtlineare Tätigkeiten. Für den Nutzer sind daher geeignete Navigations- und Orientierungshilfen erforderlich.

> ➤ ***Medialer Aspekt***: Hypertext ist nur computergestützt denkbar.

> ➤ ***Visueller Aspekt***: Um die Akzeptanz auch gegenüber dem Gelegenheitsbenutzer zu erhöhen, existiert die Notwendigkeit einer softwareergonomisch guten graphischen Präsentation. Oft bildet diese Schnittstelle zum Benutzer den einzigen Beurteilungsmaßstab für Hypertextsysteme.

4.5 Hypertextspezifische Orientierungshilfen

Die Informationsgewinnung unterscheidet zwei Richtungen. Ausgangspunkt ist häufig das ungezielte „Herumstöbern" in einem Informationspool, das als **Browsing** bezeichnet wird. Je gezielter ein Benutzer Informationen ansteuert, umso eher bewegt er sich vom Browsing zur **Navigation**. Dabei steht Navigation in Hypertext für das zielgerichtete Verfolgen von Verweisen. Beide Begriffe lassen sich in vier Kategorien einteilen [1, S. 131]:

Browsing vs. Navigation

> ➤ ***ungerichtetes Browsing*** lässt keine konkrete Suchstrategie erkennen. Der Nutzer ist sich im Unklaren über zu suchende Information. Er wandert ziellos umher (Globetrotting).

> ➤ ***assoziatives Browsing*** beschreibt die gezielte Suche mittels Assoziationsketten, wobei allerdings zu bedenken ist, dass lange Assoziationsketten zu Desinteresse und Desorientierung

führen. Diese Suchart wird auch als Scanning (Breitensuche) bezeichnet.

> *gerichtetes Browsing (Navigation) mit Mitnahmeeffekt* konzentriert die Suchausrichtung auf ein Ziel (bestimmtes Buch). Dieser Vorgang ist begleitet vom Entdecken thematisch verwandter Information und verleitet zum Verfolgen der ursprünglichen Suche unter Mitnahme neuer Information.

> *gerichtetes Browsing (Navigation) mit Überraschungseffekt* überlagert die gezielte Suche durch zufällig gefundene Information. Damit wird die Grenze zwischen chaotischem und kreativem Suchverhalten fließend. Im positiven Fall verschafft sich der Benutzer einen Überblick über das Sachgebiet (Exploring).

Für den Leser von Hypertext steht das Potential der inhaltlichen Basis und der Komfort bei der Informationssuche im Vordergrund. Der Vergleich mehrerer Hypertextsysteme zeigt, dass ihm hierfür ein sehr unterschiedliches Angebot zur Verfügung steht. Dieses ist oft gleichzusetzen mit der Qualität des angebotenen Hypertextes an sich. Insofern sind die Werkzeuge zur Navigation und Orientierung auch ein wesentlicher Maßstab zur Beurteilung und zur Akzeptanz. Kaum ein Produkt weist alle der im folgenden vorgestellten Möglichkeiten auf:

Übersicht über Orientierungs- und Navigationshilfen

> *Graphische Übersichten* sind Übersichtsdiagramme, die die globale Netzstruktur der Hypertextbasis mittels graphischer Elemente darstellen. Die Visualisierung wird durch Knotenüberschriften ergänzt, die durch eine farbliche Markierung den aktuellen, die bereits besuchten und die noch nicht angesteuerten Knoten hervorheben. Die Darstellung der Verweisstruktur selbst erfolgt analog zu Netzplänen anhand sog. Fisheye-Views. Diese versuchen, ein Gleichgewicht zwischen lokalen Details und globalen Zusammenhängen herzustellen und wie bei einer Zooming-Funktion einen Kompromiß zwischen einer Übersichtskarte der Knoten und der nahen Umgebung einzelner Knoten zu finden. Dennoch kann eine Unausgewogenheit dazu führen, dass eine Übersicht mit Verweisen überfrachtet wird und das sog. „Spaghetti-Syndrom" entsteht.

> *Autorendefinierte Übersichtsmittel* erlauben dem Benutzer, persönliche Übersichten mittels angeschlossener Graphikprogramme zu erstellen. Ein Nachteil ist allerdings die Notwendigkeit der manuellen Aktualisierung bei Veränderungen des Hypertextes.

Pfadtypen

> ***Pfade*** bilden das Nutzungsangebot an die Anwender. Da sie als Verweise organisiert sind, können alle drei Arten von Links auftreten. Grundsätzlich kann der Autor zwischen unterschiedlichen Pfadtypen zur Erschließung des Hypertextes wählen:

    ❖ ***sequentielle Pfade*** stellen eine geordnete Reihenfolge von Knoten ohne Verzweigungen dar

    ❖ ***verzweigende Pfade*** ermöglichen es dem Benutzer, die angebotenen Verzweigungsmöglichkeiten zu verfolgen

    ❖ ***bedingte Pfade*** knüpfen die Wahl des Folgeknotens an Bedingungen:

        ⇒ ***prozedurale Bedingungen*** hinterlegen ein Stück Programmcode im Knoten, um z.B. die Rückkehr zum Einstiegspunkt zu gewährleisten.

        ⇒ ***programmierbare Bedingungen*** verwenden Variablenwerte zur Knotenwahl. Die Verzweigung hängt dann möglicherweise von den bisher ausgewählten Knoten ab.

Die Abarbeitung der Knotenreihenfolge ist grundsätzlich in zwei Formen denkbar:

    ❖ schrittweise durch Kommandoeingabe oder Mausklicken

    ❖ automatisch wobei der Benutzer nur noch die Präsentationsgeschwindigkeit bestimmt.

> ***Guided Tours*** sind kontrolliert geführte Verweisketten. Der Autor legt dabei einen Pfad durch die Hypertextbasis im Vorhinein fest. Der Benutzer hat dann nur noch die Möglichkeit, diesem Pfad zu folgen. Auf diese Weise kann ein Lehrstoff den Lernenden in optimaler Reihenfolge angeboten werden. Aber auch Vorwissen und Lernerfolg können durch Kontrollfragen erfasst und in programmierbaren Knoten ausgewertet werden. Kritiker weisen zu Recht darauf hin, dass durch die Einschränkung der Wahlmöglichkeiten des Benutzers wieder ein linearer Textfluß entsteht, der keinen Freiraum zum Erforschen des Dargebotenen gibt.

> ***Suchhistorien*** sind Orientierungshilfen, die dem Benutzer veranschaulichen, auf welchem Pfad er einen bestimmten Knoten erreicht hat. Zwei Darstellungsarten existieren:

❖ ***Backtrack-Funktionen***, die ein schrittweises Zurück-verfolgen des eingeschlagenen Suchweges ermögli-chen.

❖ ***Historylisten***, die eine Speicherung und Editierung früherer Suchpfade gestatten. Als Knotenidentifikator dient eine entsprechende Überschrift. Jeder einzelne in dieser Liste verzeichnete Knoten kann direkt ange-wählt werden. Die Ablage dieser Listen unter eigenem Namen erlaubt ferner, ähnlich wie bei Views in Da-tenbanken, die Aktivierung einer komplizierten Such-anfrage per Mausklick.

➢ ***Leserdefinierte Fixpunkte*** sind selbstdefinierte Lesezeichen, die zur übersichtlichen Gestaltung des persönlichen Informa-tionsbedarfs dienen. Da sie unter eigenem Namen gespeichert werden, markieren sie wichtige Textstellen mit einer soforti-gen Einsprungmöglichkeit.

➢ ***Markierung gelesener Bereiche*** bezeichnet die automati-sche Kennzeichnung von bereits gesehenen Knoten, um un-freiwilliges wiederholtes Ansteuern zu vermeiden. Die Mar-kierung erfolgt häufig über eine farbliche Hervorhebung.

➢ ***Anmerkungen des Benutzers*** ermöglichen das Hinzufügen und individuelle Verwalten persönlicher Informationen zu be-stimmtem Knoten. Hierunter sind insbesondere Randbemer-kungen und Notizen des Lesers zu verstehen. Da diese ge-speichert werden können, erlauben sie die eingangs postulierte Verknüpfung von persönlichen Notizen mit allgemeinen Do-kumenten.

➢ ***Kontextuelle Nachbarschaft*** drückt das Bestreben aus, be-nachbarte Knoteninformation auszuwerten, um gezielt in eine andere Umgebung zu springen.

Alternativdefinition

Die Beschreibung der bisherigen Eigenschaften erlaubt eine formale Definition von Hypertext:

➢ referentieller Teil:= Deskriptoren wie im Information Retrie-val

➢ informativer Teil:= zusammenhängende, untereinander ver-bundene Information

➢ informationelle Einheit:= informativer + referentieller Teil eines Hypertextes

➢ informationelle Funktion:= Navigations- und Orientierungs-hilfen

Hinweis

> Hypertext := informationelle Einheit + informationelle Funktion

4.6   Nutzen von Hypertext

Hypertext ist eine moderne Technik der Wissensverarbeitung. Worin liegt ihr Reiz begründet?

> ➢ Die Struktur eines Hypertextdokumentes als nichtlineares Dokument kommt der menschlichen Organisation von Wissen nahe. Intellektuelle Prozesse und Gedankengänge beim Menschen verlaufen in der Regel nicht linear. Hypertext unterstützt hierin den Menschen, der viel leichter als in klassischen Texten seinen Assoziationen folgen kann.

> ➢ Das Information Retrieval Matching Paradigma in Form einer exakten Suche eines vorgegebenen Begriffes wird zugunsten des explorativen Paradigmas, d.h. einer erforschenden Suche hinsichtlich eines Informationsangebotes aufgegeben.

> ➢ Die hohe Adaptivität von Hypertext ermöglicht eine Anpassung an vielfältige Verwendungszwecke und bedeutet eine große Flexibilität bei der Wissensdarstellung

> ➢ Die Geschwindigkeit der Informationslokalisierung ist bei stark gestreuter Information in Hypertext deutlich höher als bei Papier. Papier hingegen besitzt bei kompakter Information Vorteile, insbesondere, wenn die papiertypischen Metainformationen (Index, Kapitelüberschriften, ...) greifen [17, S. 188].

> ➢ Weitere Vorteile von Hypertext gegenüber papiergebundenen Medien bestehen in folgenden Punkten [6, S. 180]:
>
>> ❖ semantisch zusammengehörige Objekte können auch gemeinsam dargestellt werden
>>
>> ❖ Hypertext kann ausführbar sein - Animationen abspielen oder Lernsituationen auswerten
>>
>> ❖ verwandte Zusammenhänge können eingebunden werden

4.7   **Problematik von Hypertext**

Offensichtlich erweist sich Hypertext als ein sinnvolles Medium für das effiziente Recherchieren bezüglich einer unklar umrissenen Problemstellung in einem umfangreichen Dokumentenbestand. Allerdings gibt es auch einige Probleme und Ansatzpunkte für Kritik. Es sind nicht nur technische Probleme, sondern auch Probleme rechtlicher oder gar ethischer Natur:

> ➤ Eine wesentliche Eigenschaft von Hypertext, die Vernetzung zahlreicher Texte und Informationen unterschiedlicher Autoren, kann urheberrechtliche Schwierigkeiten hervorrufen. So bedürfen Veränderungen des Originaltextes und Verweise auf diesen der Zustimmung des Autors.

> ➤ Jeder von einem Leser angesteuerte Knoten zwingt ihn zur Abschätzung seines Informationsgehaltes und der Bedeutung seiner Umgebungsinformation. Daher wird vom Leser indirekt eine Bewertung der Nachbar- und Folgeknoten verlangt, was eine hohe Konzentration und Gedächtnisleistung erfordert.

> ➤ Die Größe der in Hypertext hinterlegten Dokumentenbasis kann zu einer Desorientierung führen, wenn der aktuelle Standort im Verhältnis zur Gesamtinformation unklar ist. Beim Lesen oder Durchblättern eines Buches hat der Nutzer durch Seitenzahlen und andere Hilfsmittel einen Eindruck davon, wo er sich momentan befindet: am Buchanfang, in der Mitte oder bereits am Ende. Auf Grund des Umfangs erlaubt Hypertext diese visuelle Einschätzung nicht.

> ➤ Dem Benutzer bleibt unklar, ob er den optimalen Hypertextpfad zur Befriedigung seines Informationsbedürfnisses eingeschlagen hat; denn die Verweisstruktur ist für ihn nicht transparent, sondern nur dem Autor bekannt.

> ➤ Eine intensive Nutzung des Verweisangebotes kann zu Schwierigkeiten führen, früher Gesehenes wiederzufinden und zu erkennen. Viele Hypertextsysteme markieren aus diesem Grund bereits einmal angewählte Knoten farbig.

> ➤ Der Gelegenheitsbenutzer eines Hypertextes ist bezüglich des Informationsangebotes unsicher, da er keine Suchanfragen stellen kann. Anders als beim Information Retrieval und seiner eindeutigen Antwort auf eine Suchoperation bleibt hier die Unsicherheit, einen vermuteten Knoten zu finden.

> ➤ Der Benutzer besitzt keine Möglichkeit, die Aktualität der Information zu beurteilen. Anders als bei einem Buch, wo das Erscheinungsdatum und das Literaturverzeichnis über Da-

tumsangaben verfügt, können in Hypertext Knoten oder Seiten einzeln aktualisiert werden, so dass für den Hypertext insgesamt keine Aussage hinsichtlich seiner allgemeinen Aktualität getroffen werden kann.

> Der Autor eines Hypertextes hat die Schwierigkeit der Wartbarkeit von Links und deren Pflege zur Gewährleistung eines konsistenten Zustandes.

4.8 Verhältnis: Text - Hypertext

Bevor über die Beziehung zwischen Text und Hypertext nachgedacht wird, stellt sich die Frage, ob und warum die Transformation eines speziellen Textes in Hypertext sinnvoll sein kann. Dazu sind folgende Punkte zu klären:

> Existiert ein informeller Mehrwert von Hypertext gegenüber der Information auf Papierform?

> Besitzen Hypertextbenutzer Vorteile in der Informationsgewinnung gegenüber Nutzern anderer Medien?

> Kann Hypertext automatisch aus Text generiert werden?

> Gibt es Hypertexteigenschaften, die in gedruckten Texten nicht zu realisieren sind?

Transformation: Text nach Hypertext

Während die ersten beiden Fragen oftmals bejaht werden können, ist dies für die Umwandlung von Hypertext in Text weitaus schwieriger. Die Gewinnung von Hypertext aus bestehendem Text lässt sich auf zwei Arten bewältigen:

> Durch Rückgriff auf vorhandene Quellen, d.h. auf bereits vorhandenen Text und dessen Erfassung. Über eine OCR-Umwandlung in eine ASCII-Datei wird zunächst die Hypertextbasis geschaffen, die anschließend durch Hinzufügen von Verweisen zu einem vollständigen Hypertext erweitert wird.

> Durch die komplette Neuerstellung ohne Rückgriff auf eine bestehende Textbasis entsteht eine vollständig neue textuelle Basis, die erst durch eine entsprechende Verweisauswahl zu einem Hypertext wird.

Metainformation

Merkmal linearer Texte ist die Benutzung von Signalen und Metainformationen, um die inhaltliche Struktur und die Beziehungen zu externen Informationen zu verdeutlichen. Zu diesen Metainformationen gehören:

> *Inhaltsverzeichnisse*, die eine direkte Einstiegsmöglichkeit in den Text darstellen und als solches ein nicht-lineares Mittel

sind. Diese Referenzleistung wird in Hypertext durch Verweise verfügbar gemacht.

> ➤ ***Register*** als klassische Form einer nichtlinearen Einstiegsfunktion ähneln der Indexdatei des Information Retrieval. Sie entsprechen einem direkten Zugriff durch Hypertext Verweise.

> ➤ ***Glossar*** als Verzeichnis der Begriffsdefinitionen wird in Hypertext durch spezielle Hinweisfenster nachgebildet.

> ➤ ***Fußnoten*** als Textergänzungen eignen sich ideal für den Zugriff durch Verweise.

> ➤ ***Querverweise*** mit ihrem Hinweis auf frühere Textpassagen lassen sich ebenfalls leicht in Hypertext abbilden.

Eine Bewertung dieser Texteigenschaften führt zu dem Ergebnis, dass ein Text sich nur dann eignet, wenn er die folgenden Merkmale aufweist:

1. Texte, deren Abschnitte leicht zu isolieren sind und die anschließend durch inhaltliche Verweise wieder zusammengefügt werden können.

2. Texte mit häufiger Verwendung von Metainformation.

Hypertextgeeignete Textsorten

Aus diesen Überlegungen ergeben sich für Hypertext besonders geeignete Textsorten:

> ➤ Texte, deren Inhalte sich in kleine inhaltsbezogene Blöcke gliedern, wie Lexika oder Handbücher

> ➤ Texte, die einem einheitlichen Kategorisierungsschema folgen, wie ein Thesaurus

> ➤ Texte mit viel struktureller Metainformation, wie Register, Glossar, Abkürzungen oder Index

> ➤ Texte mit statischen und damit weitgehend unveränderlichen Wissensstrukturen

> ➤ Lerntexte mit aus didaktischen Gründen wenig externen Referenzen.

Hypertextungeeignete Textsorten

Auf der anderen Seite stehen Textsorten, deren Überführung in Hypertext problematisch erscheint:

> ➤ große Texte, bei denen durch Entlinearisierung ein unübersichtliches Knotennetz entsteht, das zur Desorientierung des Benutzers beiträgt

> ➤ Texte mit dynamischen Wissensstrukturen, deren hoher Aktualisierungsaufwand zwar wünschenswert aber in vielen Fällen nicht durchführbar ist

> argumentative Texte, die einen gewissen Lesefluß voraussetzen.

Beispiel

> Die Flut von Gesetzen und Vorschriften erlauben es nur mit großem Aufwand, Rechtsvorschriften als Hypertext abzubilden. Kriminalromane sind als Textart deshalb für Hypertext ungeeignet, weil sie eine sequentielle Leserichtung voraussetzen.

Hinweis

> Statische, in kleine Blöcke gegliederte Texte sind besser als argumentative dynamische Texte in Hypertext umzusetzen.

4.9   Hypertextanwendungen

Hypertext hat sich in der Vergangenheit schnell einen großen Kreis von Anwendungen erschlossen.

> Dokumentationen zu großen Softwaresystemen werden durch Hypertext abgebildet.

Beispiel

> Die Dokumentation zu SAP R/3 und die gesamten technischen und betriebssystemspezifischen Handbücher der IBM zu ihren RS/6000-Rechnern sind hypertextmäßig erschlossen.

> Ausbildungs- und Lernsysteme stützen sich auf den Hypertextgedanken. Hier steht das günstige Preis-/Leistungsverhältnis mit einer erheblichen Reduktion des vortragsbasierten Schulungsaufwandes im Vordergrund.

> Hilfesysteme stellen den sanften Einstiegspunkt in Hypertextsysteme dar. Kaum eines der neuentwickelten Softwareprodukte verzichtet auf eine Online-Hilfe auf Hypertextbasis. Der Gelegenheitsbenutzer macht häufig über diese Systeme erste Bekanntschaft mit Hypertext und kann sich einen Eindruck von Sinn und Komfort machen.

> Informationssysteme stellten die ersten kommerziellen Anwendungen von Hypertext dar. Mittlerweile präsentieren sich viele Museen und Firmen über Point-of-Information-Systeme (POI) oder Point-of-Sales-Systeme (POS) ihren Besuchern bzw. Kunden.

> Zur größten und bekanntesten Anwendung ist das WWW (World Wide Web) des Internet geworden. Sehr viele Unternehmen, Hochschulen und öffentliche Institutionen präsentieren sich und ihre Dienstleistungen in diesem Medium. Die Entwicklung der Navigations- und Orientierungshilfen des WWW geben einen guten Überblick über die wachsenden Möglichkeiten und Ansprüche der Technik einerseits und der Benutzer andererseits. Waren die „Browser" zunächst nur mit reiner Verweisverfolgungsfunktionalität ausgestattet, werden zunehmend weitere Werkzeuge integriert und die Verarbeitung von Audio- und Videosequenzen zum Standard.

Das gesamte Spannungsfeld von Hypertext von der Erstellung bis zur Nutzung fasst folgende Graphik zusammen:

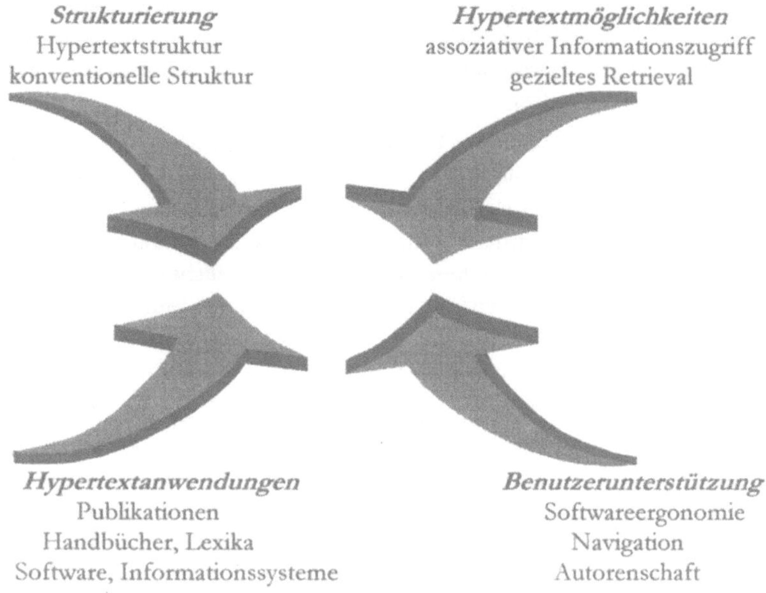

Abbildung 4.9:
Spannungsfeld von
Hypertext

4.10 WWW (<u>W</u>orld <u>Wi</u>de <u>We</u>b)

Das World Wide Web ist der zur Zeit am schnellsten wachsende und am weitesten fortgeschrittene Dienst im Internet zur Erschließung von Dokumentenressourcen. Der Begriff Dokument beschränkt sich nicht nur auf Text, sondern bezieht sich auch auf Graphiken, Videos, Animationen und Sprache und damit die gesamte Palette multimedialer Dienste.

4.10.1 Grundlagen und Prinzipien

Historie

Das WWW geht auf ein Softwareprojekt am Kernforschungszentrum CERN in Genf zurück. 1989 noch als Informationssystem für Hochenergiephysik gedacht, zeigte sich bald seine universelle Eignung für das Internet. Die Schwierigkeit, in der Vielfalt der gespeicherten Informationen einfach, komfortabel und zielgerichtet zu navigieren und die oftmals sehr unterschiedliche Hard- und Softwareausstattung inspirierte T. Berners-Lee und R. Cailliau, ein hypertextbasiertes System auf Client-/Server-Architektur zu entwerfen. Weltweit verfügbare Server bieten einen Dokumentenbestand an, der von geeigneten Clients direkt abrufbar ist. Der Zugriff erfolgt über Browser, deren erste Entwicklung 1993 das NCSA (National Center of Supercomputing Applications) Mosaic von M. Andreessen von der University of Illinois war. Mittlerweile ist die Anzahl öffentlicher und kostenfreier im Internet zugänglicher Browser stark angestiegen. Dazu zählen Netscape Navigator oder MS Internet Explorer.

WWW selbst wurde 1990 als Prototyp auf einem NeXT-Rechner vorgestellt. Mitte 1991 folgte die Präsentation des Basismodells, das Ende 1991 durch das „CERN Newsletter" einer breiten Öffentlichkeit bekannt wurde. Anfang 1992 erfolgte die Ankündigung eines Browsers, und Mitte 1992 schloss sich die Veröffentlichung als Softwarepaket im Internet an. Seitdem hat dieser Dienst eine stürmische Entwicklung genommen und ist seit Mitte der neunziger Jahre der am attraktivsten und sich am dynamischsten entfaltende Dienst der Internetgemeinde.

HTTP-Protokoll

Wie läuft die Kommunikation zwischen Client und Server prinzipiell ab? Die Grundlage bildet das TCP/IP-Protokoll, auf das eine WWW-spezifische Schicht, das HTTP-Protokoll (HyperText Transfer Protocol) aufsetzt. HTTP ist ein zustandsloses, objektorientiertes Protokoll für die Übertragung von Hypermedia-Informationen zwischen WWW-Server und WWW-Client. Es unterscheidet vier Basisoperationen [14, S. 295-299]:

HTTP-Operationen

> *Connection:* Aufbau einer Client-Verbindung über TCP und den Port 80 zum Server, die durch diesen bestätigt wird.

> *Request:* Anfrage des Clients. Sie umfasst neben der Protokollversion und der URL (Uniform Resource Locator) noch eine beliebige Anzahl von Feldern, über die der Client dem Server Mitteilungen machen kann, z.B. From: Mailadresse des Anwenders oder Accept: MIME-Typenangabe

> *Response:* Antwort des Servers an den Client. In einer Statuszeile wird die HTTP-Version des Servers und ein Status zurückgegeben, der in der Reasonzeile näher spezifiziert wird.

> *Close:* Verbindungsabbau durch den Client oder durch den Server nach Übertragungsende

Teil des HTTP ist der URL, der als Erweiterung des Dateinamenkonzeptes auf das gesamte Internet zu verstehen ist und die Zieladresse eines Hypertextlinks darstellt. WWW wird damit zu einem hypertextbasierten System, das seine Knoten auf weltweit verfügbaren WWW-Servern findet. Zwei Eigenschaften zeichnen WWW aus, die es auch für die moderne Informationsverarbeitung zu einem unverzichtbaren Bestandteil machen:

> das hypertextorientierte Konzept

> die tag-orientierte Beschreibungssprache ihrer Dokumente in Anlehnung an SGML (vgl. Kapitel 2).

4.10.2   Hypertext-Bezug

Die Idee des Hypertext verbindet zwei Knoten über einen Verweis miteinander und stellt auf diese Weise eine Verknüpfung isolierter Informationsfragmente, Notizen, Fachbegriffe oder Anmerkungen her. Stellt diese allgemeine Betrachtung keinerlei Anforderungen an die Knoten und Verweise als Basiselemente, interpretiert das WWW den Zielknoten in Form einer Dokumentenadresse. Diese als Uniform Resource Locator bezeichnete Adresse stellt das Verbindungsglied zwischen den einzelnen Dokumenten her. WWW schränkt die Sicht des Verweisziels damit auf ein gesamtes Dokument ein, das sich auf einem Server befinden muss, der weltweit über die URL identifizierbar und erreichbar ist. Der Aufbau

URL-Aufbau · der URL wird nicht nur durch einen Namen und ein Verzeichnis, sondern auch durch die Zugriffsmethode (=Protokoll) und den Rechnernamen beschrieben [3]:

> http://www.fh-flensburg.de/home.html
> Protokoll   Rechnername   Dateiname

Diese URL-Schreibweise hat sich zu einem Standard der Quellenangabe im Internet entwickelt. Da sich die Verweisquelle nicht nur auf lokalen, sondern beliebig öffentlich zugänglichen Rechnern befinden kann, spricht man von einem weltweit verteilten Hypertextsystem.

Der URL dient aber nicht nur als Verbindungsglied zwischen Dokumenten, sondern kann auch Einstiegspunkt in das WWW schlechthin sein.

Beispiel

> Möchte ein Student sich vorab Informationen über seine Hochschule oder seinen Hochschulstandort beschaffen, so wird er mit etwas Glück durch die Eingabe der Adresse: http://www.hochschulbezeichnung.de erfolgreich sein. Ähnliches trifft für das Informationsangebot vieler Firmen zu. http://www.Firmenname.com verspricht Erfolg bei international operierenden, http://www.Firmenname.de bei national agierenden Unternehmen.

Da WWW auch andere Internetdienste unterstützt, kommen als Zugriffsmethode durchaus auch ftp, gopher oder news als weitere Nutzungsangebote in Betracht.

Hypertextspezifische Problematik des WWW

Doch an der Art wie WWW Hypertext adaptiert ist durchaus Kritik angebracht. Die URL's identifizieren nur Dokumente und die Verweise geben keine Auskunft über die Art des Bezugs. Die Folgen sind evident: Seiten verschwinden oder verändern ohne Warnung ihren Inhalt, das Verfolgen von Verweisen ist zeitraubend und das Zitieren einer WWW-Seite ist ein Risiko, da niemand verifizieren kann, ob es die Seite jemals gab und das Zitat korrekt ist. In einem zuverlässigen, kommerziell nutzbaren Informationssystem darf es solche Unwägbarkeiten nicht geben. Jedes Dokument muss einen eindeutigen Autor, ein Veröffentlichkeitsdatum, einen Titel, eine inhaltliche Erschließung und weitere Eigenschaften besitzen. Gerade die letzte Forderung entwickelt sich immer mehr zu einem unlösbaren Problem. Angesichts der Menge an täglich neu hinzukommenden Seiten scheint es aussichtslos, mittels Suchmaschinen überhaupt ein aktuelles Informationsangebot bereitstellen zu können. Als die Problemlage verschärfend kommt hinzu, dass es keine Konventionen über die Verwendung formaler Deskriptoren für Dokumente gibt. Suchmaschinen liefern demzufolge unterschiedliche und täglich andere Ergebnisse. Eine Aufgabe der Zukunft dürfte deshalb der Entwurf von Anforderungen sein, die die Basis eines stabilen, handhabbaren Informationssystems bildet.

4.10.3   SGML-Bezug

Die hypertextfähigen Dokumente werden durch eine eigene Sprache HTML (HyperText Markup Language) beschrieben. Hierbei handelt es sich nicht um eine Seitenbeschreibung wie PostScript oder eine Formatvorlage eines Textverarbeitungsprogramms, sondern um die Möglichkeit, die Struktur eines Dokumentes und nicht sein Layout zu beschreiben. Durch die Trennung von Dokumenteninhalt und -erscheinungsbild kann das Aussehen schnell und leicht individuellen Bedürfnissen angepasst werden. Das gleiche Dokument kann für unterschiedliche Zwecke - Druck, Reference Cards oder Hilfetexte - jeweils eine eigene Darstellung besitzen.

Die Visualisierung übernimmt ein Hypertext-Browser des Clients, der das angewählte HTML-Dokument interpretiert, d.h. die HTML-Information prüft und formatiert auf den Benutzerbildschirm bringt. Unterschiedliche Browser können daher das gleiche Dokument in unterschiedlicher Form präsentieren.

HTML basiert auf SGML, der ISO-Norm 8879 von 1986 zur Definition strukturierter Dokumententypen. HTML-Anweisungen werden in das darzustellende Dokument eingebettet. Entsprechend der SGML-Spezifikation sind HTML-Befehle (=tags) durch spitze Klammern eingeschlossen. Das tag muss direkt ohne Leerzeichen nach der öffnenden Klammer folgen. Groß- und Kleinschreibung werden ignoriert, so dass <a> dieselbe Funktion erfüllt wie <A>. Öffnende Anweisungen besitzen die allgemeine Form: <Name Attribut=Wert>. Es wird zwischen standalone und paarweisen tags unterschieden. Standalone tags wie z.B.
 für einen neuen Absatz können überall im Text auftreten. Paarweise tags wie z.B. <B> für fette Schrift schließen Text ein, und zwar in der Form <B>...</B>. Verschachtelte tags als Kombination paarweiser tags müssen in umgekehrter Reihenfolge des Öffnens wieder geschlossen werden:

HTML-Struktur

Beispiel

```
<HTML>
<HEAD>
<TITLE>Was ist HTML? </TITLE>
</HEAD>

<BODY>
<H1> Hypertextdokumente erzeugen </H1>
<H2> HTML<H2/>
Die <I>Hypertext Markup Language </I> ist die WWW-
konforme ....
</BODY>
</HTML>
```

HTML-Doku-
mentenstruktur

Jedes HTML-Dokument beginnt mit dem tag <HTML> und schließt mit </HTML>. Im von <HEAD> umschlossenen Bereich befindet sich der Dokumententitel, der nicht Bestandteil des eigentlichen Textes ist, sowie weitere Angaben zum gesamten Dokument wie beispielsweise die Hintergrundfarbe. Der Dokumentenrumpf - der Hauptteil und die für den Betrachter sichtbare Information - beginnt und endet mit <BODY>. Die Hervorhebung des Titels erfolgt durch die beiden Formatierungsanweisungen <H1> und <H2>, die Einstellung von Schriftgröße oder kursiver Schrift über <I>. Mit dem Befehl <A> für Anchor:
<A HREF=„http://www.fhflensburg.de/home/home.html“>
        HTML-Einführung </A>

wird über den Begriff *HTML-Einführung* ein Verweis auf die Einstiegsseite des WWW-Servers der Fachhochschule Flensburg hergestellt. Damit der Benutzer erkennt, dass sich an der Textstelle *HTML-Einführung* eine Referenz befindet, werden die Begriffe, die den Verweis beschreiben, in Abhängigkeit von den Fähigkeiten des Client-Browers farblich, unterstrichen oder invers markiert.

HTML-Grenzen

Wo liegen die Grenzen von HTML? Die gewohnten Formatierungsmöglichkeiten auf Absatz- oder Zeichenebene sind erheblich eingeschränkt und auch die Definition eigener Tags wird nicht unterstützt. Die Arbeit mit Tags mag im Zeitalter des WYSIWYG etwas archaisch erscheinen, denn ihre Verwendung bedeutet gleichzeitig einen Verzicht auf die WYSIWYG-Ansicht, da jeder Browser bezüglich der Seitendarstellung gewisse Freiheiten besitzt.

HTML-Vorteile

Wo liegen Vorteile?

> ➤ Jedes HTML-Dokument zeichnet sich durch einen geringen Umfang aus. Transfervolumen und -zeit bleiben damit gering sind.

> ➤ HTML-Dokumente sind geräteunabhängig und damit hochportabel. Der Benutzer benötigt nur einen Browser für seine Hardware-Plattform, um sich die Funktionalität von HTML zu erschließen.

HTML-Designregeln

Für die Umsetzung eines Textes oder den Neuentwurf von Seiten im WWW gelten die gleichen Voraussetzungen wie für Hypertext. Dokumente sollten:

> ➤ klar und konsistent strukturiert sein

> ➤ logisch aufeinander aufbauen

> ➤ sparsam Layoutmittel verwenden

> ➤ die Information auf einer Seite gruppieren

> ➤ nur sinnvolle und stets aktuelle Verweise enthalten

4.11 Trends und Entwicklungsperspektiven

Die Architektur WWW-basierter Hypertextsysteme lässt sich optimal auf die dreistufige Client-/Server-Architektur abbilden, in denen der WWW-Browser die Präsentationsebene, der WWW-Server mit seinen Erweiterungsprogrammen die Anwendungsschicht und der Datenbankserver als Back-End fungiert. Dieses Modell verlagert die Anwendungs- und Datenlast von den Clients verstärkt zu den Servern getreu dem Motto „ thin clients, fat server". Diese Architektur, bei der WWW-Browser Daten mit dem WWW-Server über HTTP austauschen, der seinerseits über die

WWW-basierte Client-/Server-Architektur

CGI (Common Gateway Interface)-Schnittstelle eine Datenbank anspricht, könnte aber bereits überholt sein, bevor sie sich richtig etablieren konnte. Dies liegt einerseits an den Nachteilen von HTTP als zustandslosem Protokoll, das nach jeder Übertragung die Verbindung trennt, andererseits an den Beschränkungen von CGI. Abhilfe wird darin gesehen, WWW-Browser in Plattformen für clientseitig ausgeführte Applets zu transformieren und zusätzlich eigene Scriptsprachen für Browser zu schaffen. Dermaßen veränderte Browser sind dann in der Lage, unter Umgehung von HTTP direkte Verbindungen zu den WWW-Servern aufzubauen. Auf der Serverseite hingegen wird die Stellung von CGI zunehmend von der Programmiersprache JAVA übernommen mit dem Trend, die gesamte Serverfunktionalität in ein Betriebssystem zu integrieren. Die Folge ist, dass auch der eigentliche WWW-Server als Architekturkomponente an Bedeutung verliert.

Für den Bereich der betrieblichen Informationsverarbeitung stellt das WWW eine Revolution dar. Produktinformationen, betriebswirtschaftliche Transaktionen wie Bestellungen, Tagungsanmeldungen, Tageszeitungen oder Aktienkurse bilden nur einen kleinen Ausschnitt dessen, was über das WWW abgewickelt wird. Selbst der Austausch elektronischer Nachrichten und zukünftig verstärkt Groupware-Funktionalität wird in WWW-Browser integriert, so dass sich kaum jemand einer Berührung mit Hypertextelementen mehr entziehen kann. Dies mag der Anstoß zu einer grundsätzlichen Umgestaltung des Büroarbeitsplatzes sein, und ein Mosaikstein mehr auf dem Weg, Büroarbeit durch die Präsenz elektronischer Medien aufzuwerten, ganz zu schweigen von der wachsenden Abhängigkeit jeder Organisation von einer funktionsfähigen EDV-Infrastruktur.

4.12　Anhang: HTML-Tags auf einen Blick

HTML-Tags beziehen sich nicht nur auf Text, sondern auf Tabellen, Graphiken, Verweise und v.m. [8, S. 46-48]:

Tabelle 4.1:
Allgemeine Tags

Tag	Attribute	Bedeutung
<HTML> </HTML>		Anfang und Ende des HTML-Codes
<HEAD> </HEAD>		Kopfteil
<TITLE> </TITLE>		Titel – Angabe innerhalb des Kopfteils
<BODY> </BODY>		Kennzeichnung des Seiteninhalts
	bgcolor	Hintergrundfarbe
	text	Textfarbe
	link	Nicht besuchte Links
	vlink	Bereits besuchte Links
	alink	Aktive Links
	back-ground="bild.gif"	Hintergrundbild
<!->		Kommentar
<base>target="Name"		Standardzielfenster bei Frames
<meta>http-e-quiv="refresh"content=x: URL=http://www.new.de		

Tabelle 4.2:
Absatzauszeichnung

Tags	Attribute	Bedeutung
<H[1-6]> </H[1-6]>	align=left center right justify	Überschriften und deren Ausrichtung
<P> </P>	align=left center right justify	Textabsatz
<HR>	width=x Size=y align=left center right	Trennlinie mit Höhe, Breite und Ausrichtung
<CENTER> </CENTER>		Zentrierter Bereich
 		Zeilenumbruch
<NOBR> </NOBR>		Kein automatischer Zeilenumbruch
<OL> </OL>	type=a A i I start=x	Nummerierungszeichen: kleine, große oder römische Buchstaben; Startwert der Zählung
<LI>	value=xxx	Neuer Wert der Nummerierung
<UL> </UL>	type=square circle disc	Aufzählungsliste mit Symbolauswahl
<DL> </DL>		Definitionsliste
<DT> </DT>		Innerhalb von Definitionslisten zu definierender Ausdruck
<BLOCKQUOTE> </BLOCKQUOTE>		Zitat
<ADDRESS> </ADDRESS>		Adresse

Tabelle 4.3:
Textauszeichnung

Tags	Attribute	Bedeutung
<B> </B>		Fettdruck
<I> </I>		Kursivdruck
<TT> </TT>		True Type (Schreibmaschinenschrift)
<BIG> </BIG>		Schrift vergrößern
<SMALL> </SMALL>		Schrift verkleinern

<SUP> </SUP		Zeichen hochgestellt
		Zeichen tiefgestellt
<BASEFONT>	size=1|2|3|4|5|6|7	Normalschriftgröße (7 Stufen)
<FONT> </FONT	color=#xx, face=yy, Size=z (sieben Stufen)	Schriftgröße, -farbe und -art

Tabelle 4.4:
Grafikeinbindung

Tags	Attribute	Bedeutung
<IMG>	src="URL"	Bildquelle
	alt="Text"	Alternativtext
	width=x	Bildbreite
	height=y	Bildhöhe
	border=z	Rahmenbreite
	hspace=x vspace=y	Abstand zwischen Grafik und Umgebung in Pixel
	align=left | right	Ausrichtung des Bildes mit umfließenden Text
	lowsrc="URL"	Alternatives Bild kleinerer Größe zuerst laden
	use-map="#Mapname"	Bild als Imagemap einbinden
<MAP> </MAP>	name="Mapname"	Bereichsdefinition für ein Imagemap
<AREA>	shape=rect | circle | polygon co-ords=x,y,z,.. href="URL"	Beschreibung der Bereiche einer Imagemap

Tabelle 4.5:
Verweise

Tags	Attribute	Bedeutung
<A> Text </A>	name="Name"	Sprungziel in gleicher Datei definieren
	href="URL"	Sprungziel über URL festlegen
	File://...	Absolute lokale Adresse
	http://...	WWW-Adresse
	mailto:...	E-Mail-Verweis

Tabelle 4.6:
Tabellen

Tags	Attribute	Bedeutung
<TABLE> </TABLE>		Auszeichnung einer Tabelle
	border=x	Außenrahmen
	cellspacing=y	Zellenabstand
	cellpadding=z	Innenrand von Zellen
	width=x	Tabellenbreite
	height=y	Tabellenhöhe
	align=left | center | right	Ausrichtung
	hspace=x vspace=y	Horizontaler und vertikaler Abstand zum Text
<TR>	height=x	Tabellenzeile und Höhe der Zeile in Pixel
<TD>	width=x	Spaltenbreite in Pixel
	align=left | center | right	Horizontale Ausrichtung der Zeile
	valign= top | middle | bottom	Vertikale Zeilenausrichung
	colspan=x	Zellen spaltenweise verbinden
	rowspan=y	Zellen zeilenweise verbinden
<CAPTION> >/CAPTION>	align= top | bottom | left | right	Position: Überschrift, Unterschrift Überschrift links oder rechts

Tabelle 4.7:
Frames

Tags	Attribute	Bedeutung
<FRAMESET> </FRAMESET>	rows | cols="x,x%,*"	Frameset definieren – Angabe der waagerechten und senkrechten Frames in Pixel, Prozent oder mit Wildcards
	bordercolor=#xxxx	Rahmenfarbe
<FRAME>	src="URL"	In den Frame zu ladende Datei
	name="Fenstername"	Feste Definition eines Frames
	noresize	
	target=_blank	Zielfenster
	target=_parent	Übergeordnetes Fenster
	target=_top	Gesamtfenster

Tabelle 4.8:
Formulare

Tags	Attribute	Bedeutung
<FORM> </FORM>	Action=[mailto:Adresse, CGI-Script oder method=get post	
<INPUT>	size=x maxlength=y value="Text"	Einzeiliges Eingabefeld
<INPUT>	type=password size=x maxlength=y	Passworteingabe
<TEXTAREA> </TEXTAREA>	cols=x rows=y wrap=virtualphysical readonly	Größe des Bereichs in Zeilen und Spalten, mehrzeilige Eingabe, nur Leseberechtigung
<SELECT> </SELECT>	name="Elementname"	Anfang und Ende einer Mehrfachauswahl
<OPTION>	selected multiple value=xx	Defaulteinträge
<INPUT>	type=radio name="Name""checked	Radiobutton
<INPUT>	type=checkbox name="Name" checked	Checkbox
<INPUT>	type=submit va-	Submit-Button

	lue="Beschriftung"	
<INPUT>	type=reset va-lue="Beschriftung"	Reset-Button

Tabelle 4.9:
Multimedia

Tags	Attribute	Bedeutung
Microsoft: <bgsound>src="URL ""loop=indefinite		Hintergrundmusik zwischen <HEAD> und </HEAD> von Dateien des Typs WAV, MID oder AU
Netscape: <embed> Loop=true	src="URL" autostart=true hidden=true width=0 height=0	Hintergrundmusik hinter <BODY>-Tag von Dateien des Typs WAV, MID oder AU
<APPLET> </APPLET	code=appletname.class codebase="URL"	Adresse des Applets
	alt="Text"	Alternativtext
	Width=x height=y	Höhen- und Breitenangabe bei Bildern
	align=left | right | top | middle | bottom	Ausrichtung
	hspace=x vspace=y	Abstand zu umgebenden Elementen
	archive="URL"	Angabe, wenn Applet gepackt ist
<PARAM>	name="Name" value="Wert"	Parameterübergabe an Applet

Tabelle 4.10:
Farben

Farben werden in HTML als sechstellige Hexadezimalzahl angegeben. Stellvertretend sind einige häufig verwendete Farben mit einem Namen belegt.

Farbname	Hexadezimalzahl
Black	000 000
Maroon	800 000
Green	008 000
Olive	808 000
Navy	000 080
Purple	800 080

Teal	008 080
Grey	808 080
Silver	C0C 0C0
Red	FF0 000
Lime	00F F00
Yellow	FFF F00
Blue	000 0FF
Fuchsia	FF0 0FF
Aqua	00F FFF
White	FFF FFF

Tabelle 4.11:
Umlaute und HTML-Zeichen

Sonderzeichen	Kodierung
ä	ä
Ä	Ä
ö	ö
Ö	Ö
ü	ü
Ü	Ü
<	<
>	>
&	&
„	"
ß	ß

4.13   Literatur

[1] Bogaschewsky, R.: Hypertext-/Hypermedia-Systeme - Ein Überblick, in: Informatik Spektrum 15 (1992), S. 127 - 143

[2] Cordes, R.; Streitz, N. (Hrsg.): Hypertext und Hypermedia 1992, Springer, 1992

[3] Arbeitstagung des DFN über Rechnernetze - Tutorium: Informationsdienste im Internet, Teilnehmerunterlagen 1994

[4] Gloor, P.; Streitz, N. (Hrsg.): Hypertext und Hypermedia, Informatik Fachberichte 249, Springer, 1990

[5] Glowalla, U.; Schoop, E. (Hrsg.): Hypertext und Multimedia, Springer, 1992

[6] Hofmann, M.: Hypertextsysteme - Begrifflichkeit, Modelle, Problemstellungen, in: Wirtschaftsinformatik, Heft 3, 1991, S. 177 - 185

[7] Informatik-Spektrum, 1989, S. 220/221

[8] Internet Magazin, Heft 4, 1999

[9] Kuhlen, P.: Hypertext, Springer, 1991

[10] Lemay, L.: WEB Publishing with HTML, Sams Publishing 1995

[11] Maurer, H. (Hrsg.): Hypertext / Hypermedia '91, Informatik Fachberichte 276, Springer, 1991

[12] Mühlhäuser, M.: Hypermedia-Konzepte zur Verarbeitung multimedialer Information, in: Informatik Spektrum 14 (1991), S. 281 - 290.

[13] Raggett, D.: Internet Draft: HTML-Specification Version 3.0, in: [http://www.w3.org/pub/WWW/TR/WD-tables-951027.html]

[14] Scheller, B.; Boden, K.-P.; Geenen, A.; Kampermann, J.: Internet: Werkzeuge und Dienste, Springer, 1994

[15] Schoop, E,: Hypertext Anwendungen: Möglichkeiten für den betrieblichen Einsatz, in: Wirtschaftsinformatik, Heft 3, 1991, S. 198 - 206.

[16] Schnupp, P.: Hypertext, Oldenbourg, 1992

[17] Simon, L.: Erfahrungen und Methoden zur Entwicklung von Hypertextapplikationen, in: Wirtschaftsinformatik, Heft 3, 1991, S. 186 - 197

[18] Woodhead, N.: Hypertext and Hypermedia, Addison-Wesley, 1990

5.1   Grundlagen und Prinzipien

Um die ständig wachsende Informationsflut in der betrieblichen Informationsverarbeitung zu bändigen, müssen Daten schnell und unproblematisch bearbeitet, weitergegeben und entsprechend ihrer Bestimmung verwaltet und archiviert werden. Überall ist es aber das Papier bzw. sein Weg durch das Unternehmen, das Tempo, Qualität und Kosten der Vorgangsbearbeitung bestimmt. Diese Dominanz des Papiers als Trägermedium für Informationen ändert sich nur sehr langsam, obwohl bereits ca. 70 % aller Informationen elektronisch gespeichert werden. Zwar ist sein Anteil weiter rückläufig, die herausragende Rolle des Papiers als Medium der Arbeitsorganisation bleibt in naher Zukunft jedoch unangetastet.

Eigenschaften und Lebenszyklus von Dokumenten

Dokumentenmanagement als eines der Lösungskonzepte zur Eindämmung der Papierlawine bedeutet dabei nicht das Wiederbeleben der alten Vision vom papierlosen Büro, sondern verfolgt das Ziel, die Probleme papiergebundener Vorgänge und Informationen zu mildern. Damit wird es zur Schaltzentrale für die Erstellung, Verteilung und Archivierung jeglicher Art von Vorgängen. Schriftlichen Unterlagen stehen mit anderen Objekten der Geschäftätigkeit in Verbindung: mit Bearbeitern und deren Vertretern, mit anderen Dokumenten oder Kunden und Lieferanten. Hinzu kommt, dass jedes papiergebundene Schriftstück einem Lebenszyklus unterliegt, vom Entwurf und der Erstellung über die Verteilung und Weitergabe bis zur Archivierung. Ein Dokument entsteht, muss vor unberechtigtem Zugriff geschützt werden, wird bearbeitet, verwaltet und aktualisiert, anschließend archiviert und schließlich zu einem festgelegten Zeitpunkt gezielt gelöscht. Ein ideales Dokumentenmanagement unterstützt alle diese Schritte in einer konsistenten, für den Benutzer transparenten Form. Ob als Basis ein Datenfile, ein Datensatz oder ein Verweis dient, ist für den Anwender unerheblich. Diese Möglichkeiten verändern aber die Anforderungen an die ehemals papiergebundene Sichtweise. Dokumentenmanagementsysteme müssen den Zustand, die Zusammensetzung, die Form und den Inhalt wiedergeben, den ein Schriftstück bei seiner Erstellung hatte. Durch automatische Aktualisierungen, dynamische Links oder Abhängigkeiten von Darstellung und Laufzeitumgebung erweitert sich einerseits der Begriff des Dokumentes, schafft aber andererseits neue Manipulationsmöglichkeiten. Dokumente wandeln sich damit zu einem umfassenden Objekt, das neben seinem

Neue Anwendungen

Inhalt durch Umfeldparameter und Merkmale, die zum Wiederauffinden oder zur Reproduktion dienen, beschrieben wird.

Digitale Signatur

Eine besondere Qualität gewinnt der Dokumentbegriff durch die digitale Signatur [14]. Ihr soll als Sicherheitsmerkmal zur Gewährleistung der Authentizität des Absenders und der Integrität des Inhaltes die gleiche rechtliche Bedeutung beikommen wie der Unterschrift auf Papier. Durch ein Signaturgesetz hat Deutschland die entsprechenden Rahmenbedingungen dazu geschaffen. Dieses Gesetz sieht ein Schlüsselpaar vor, das sich aus einem geheimen bzw. privaten Teil, der nur dem Schlüsselinhaber bekannt ist, und einem öffentlichen Teil zusammensetzt, der von einer Zertifizierungsstelle verwaltet wird. Der Sender eines Schriftstückes unterschreibt und verschlüsselt dieses mit seinem privaten Schlüssel, der Empfänger öffnet das erhaltene Dokument mit dem öffentlichen Teil und kann sofort die Authentizität des Absenders und des Dokumenteninhaltes feststellen. Manipulationen der Unterschrift oder des Inhaltes werden auf diese Weise sofort sichtbar. Bei breiter Akzeptanz dieses Mechanismusses können ohne den Umweg des Papiers, d.h. ohne Medienbrüche Verträge geschlossen, Bestellungen getätigt oder Rechnungen zugestellt werden. Das rechtswirksame Dokument stellt daher einen entscheidenden Durchbruch für das Dokumentenmanagement dar.

Problematik der Papierverarbeitung

Bevor elektronische Unterschrift und digitale Signatur Wirklichkeit werden, basieren die Büroabläufe weiterhin auf Papier. Papier als Informationsträger bedingt unproduktive Sortier-, Ablage-, Such-, Kopier-, Transport- und Liegezeiten und provoziert aufwendige Medienbrüche.

Abbildung 5.1:
Probleme des Dokumentenmanagements

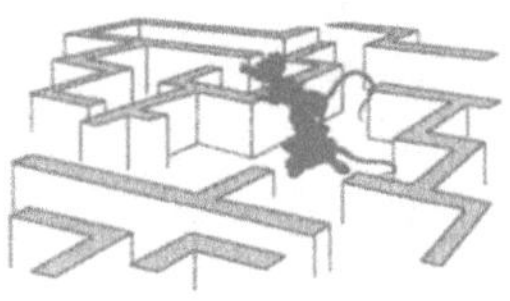

Die **Kritik an der Papierverarbeitung** richtet sich demzufolge auf mehrere Punkte:

> ➤ Papier hemmt die Automatisierung und bedingt viele Medienbrüche
>
> ➤ Papier
>> ❖ geht verloren
>> ❖ ist unvollständig
>> ❖ ist im Umlauf
>> ❖ wird falsch abgelegt
>> ❖ wird langsam transportiert
>> ❖ wird falsch zugestellt
>> ❖ wird kopiert
>
> ➤ Papier verursacht Sortier- und Ablagetätigkeiten mit unterschiedlichem Zeitaufwand pro Medium [9, S. 3]:
>> ❖ Hefter: ca. 50 Blatt/Std
>> ❖ Ordner: ca. 60 Blatt/Std
>> ❖ Mappe: ca. 75 Blatt/Std
>
> ➤ Die Zugriffsgeschwindigkeit auf dokumentierte Information hängt vom Archivtypen ab [9, S. 3]:
>> ❖ Schreibtisch: ca. 1 Min./Rückgriff
>> ❖ Abteilungsablage: ca. 5 Min./Rückgriff
>> ❖ Altarchiv: ca. 30 Min./Rückgriff

Hinweis

> Es entstehen hohe Informationsrückgewinnungskosten pro Büroarbeitsplatz.

Papier als Basisinformationsträger wird logisch zu Akten zusammengefasst, für die weitgehend die gleichen Restriktionen wie für einzelne Blätter gelten. Akten werden gesucht, befinden sich nicht am Arbeitsplatz, sind verlegt oder gerade durch einen Kollegen in Gebrauch. Die

Übersichtlichkeit einer Papierakte unterliegt weiteren Einschränkungen, da sie nur nach einem Kriterium organisiert sein kann. Neben Papier bedarf daher auch eine Akte einer elektronischen Abbildung. Nur so kann die Übersichtlichkeit erreicht werden, die eine flexible Ablage durch eine beliebige Gliederungstiefe erlaubt, die bisher nicht denkbar war. Elektronische Akten gestatten eine benutzerbezogene Sicht (Vertrieb, Buchhaltung, Technik,...) und können Inhaltsbereiche abhängig von der Abteilungszugehörigkeit ausblenden, schützen oder hervorheben. Außerdem sind die Eigenschaften der jederzeitigen schnellen Verfügbarkeit und der steten Vollständigkeit Gesichtspunkte, die zu einer beschleunigten Sachbearbeitung wesentlich beitragen.

Probleme einer Papierakte

Abbildung 5.2:
Dokumentenweg

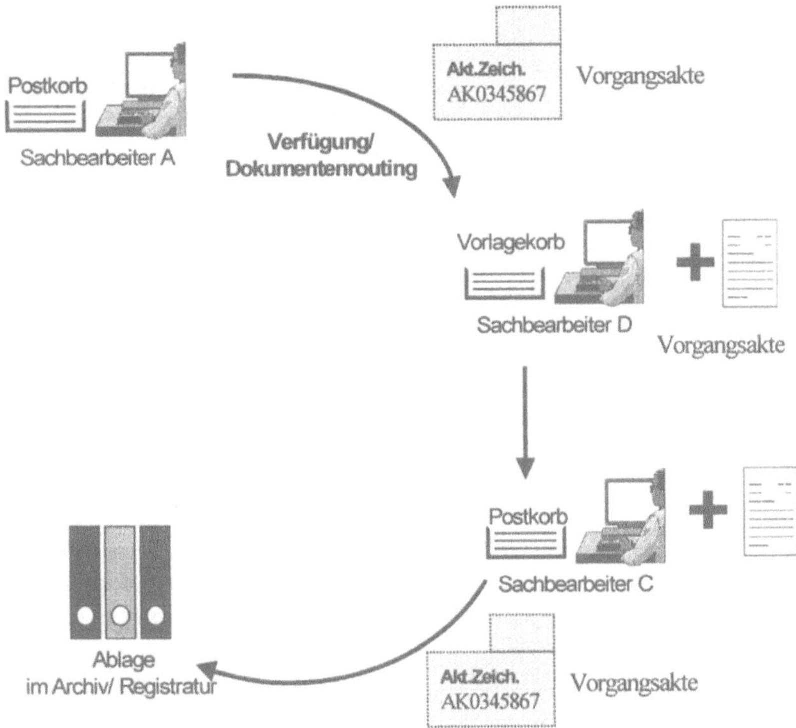

Im Lebenszyklus eines Dokumentes spielt die Ablage eine bedeutende Rolle. Die Dauer der Aufbewahrung – bestimmt durch:

> gesetzliche Aufbewahrungsfristen für viele Geschäftsvorfälle

> organisatorische Anforderungen in Form eines Dokumentations- und Revisionswunsches

> die Zugriffshäufigkeit

Archivformen

entscheiden dabei häufig darüber, welche Archivform gewählt werden kann:

> **Arbeitsplatzarchiv:** besteht aus aktuell bearbeiteten Dokumenten, wobei die Ordnung von der Bearbeitungsmethode abhängt und individuell definiert wird.

> **Abteilungsarchiv:** besitzt lediglich Informationsstatus und betrifft 3-10 % der Dokumente. Die Ordnungskriterien der abgelegten Dokumente sind abteilungsübergreifend mit entsprechenden Zugriffsberechtigungen festgelegt.

> **Unternehmensarchiv:** Langzeitarchiv zur Erfüllung gesetzlicher und organisatorischer Bestimmungen mit einer Rückgriffsquote von ca. 1 % und zentral definierten Ordnungskriterien.

Abbildung 5.3:
Dokumentenzugriff
im Zeitverlauf

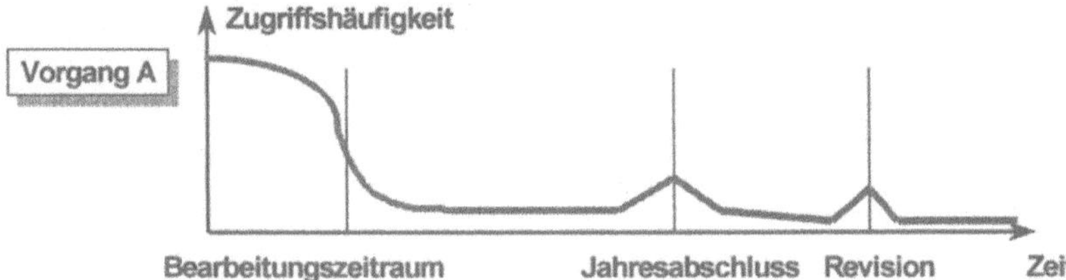

Ein Vergleich herkömmlicher mit elektronischen Archiven zeigt, dass bezüglich Zeiteinsparung für die Ablage und ein Wiederauffinden der Dokumente sowie für das Fassungsvermögen die elektronische Variante erhebliche Vorzüge aufweist.

Definitionen

Dokumentenmanagementsysteme beinhalten als Trägerelement Dokumente:

> **Dokumente** sind dabei alle Objekte auf Papier oder in elektronischer Form, die Informationen für die jeweiligen betrieblichen Prozesse zur Verfügung stellen. Dokumente werden gruppiert und gemäß ihres Inhaltes kategorisiert, z.B. nach Rechnungen, Verträgen etc.

Das Dilemma besteht jedoch darin, dass viele der Dokumentenformen Animationen, Video, Sound oder Multimediaanteile enthalten und damit die Vorstellung herkömmlicher Formen sprengen. Diese Sichtweise legt es nahe, Dokumente nicht mehr ausschließlich als Papierkopie zu betrachten, sondern als Informationsträger für den menschlichen Konsum [15]. Die Zusammenfassung der Dokumente und ihre Verwaltung ist Aufgabe eines Dokumentenmanagementsystems:

> Ein **Dokumentenmanagementsystem** dient zur Organisation und Koordination der Entwicklung, Überarbeitung, Überwachung und Verteilung von Dokumenten aller Art über ihren gesamten Lebenszyklus von ihrer Entstehung bis zu ihrer Vernichtung. Zwischen diesen Etappen liegen Kontroll-, Steuerungs- und Weiterleitungsfunktionen. Die Erschließung des Dokumenteninhaltes, seine vorübergehende Speicherung, die gesetzlich vorgeschriebene Langzeitarchivierung, die Bearbeitung, der Ausdruck und die Übermittlung an andere an der Bearbeitung beteiligten Organisationseinheiten oder Mitarbeiter fallen hierunter.

Obwohl mit diesen Definitionen im Grundsatz alle Dokumente in ein Dokumenten-Managementsystem eingestellt werden müssen, verlangen Wirtschaftlichkeitsgründe häufig eine Differenzierung. So ist die Übernahme kurzlebiger Dokumente wie E-Mails oder Notizen fast immer unwirtschaftlich, so dass der Fokus eher auf Schriftstücken mit unmittelbarem geschäftlichen Bezug liegt.

Spezifische Anwendungen

Je nach Lebensphase eines Dokumentes lassen sich zwei Funktionsbereiche unterscheiden:

> **Elektronische Archivierung**: Dieser Prozess setzt am Ende des Lebenszyklus eines Dokumentes ein. Abgelegt auf optische Speichermedien wie CD's oder WORM's werden ehemalige Papierdokumente revisionssicher gespeichert.

> **Workflow-Management**: Die Workflow-Funktionalität beschreibt die aktive Phase der Dokumentenbearbeitung. Dokumente werden gemäß definierter Bearbeitungsschritte weitergeleitet, indem der bestehende organisatorische Ablauf nach definierten Regeln detailliert eingehalten wird. Dazu ist es notwendig, alle physischen Orte, denen Dokumente zugestellt werden, zu kennen, die Aufgaben die dort erledigt werden, zu definieren und festzulegen, wie ein Dokument von einem Ort zum nächsten transportiert wird.

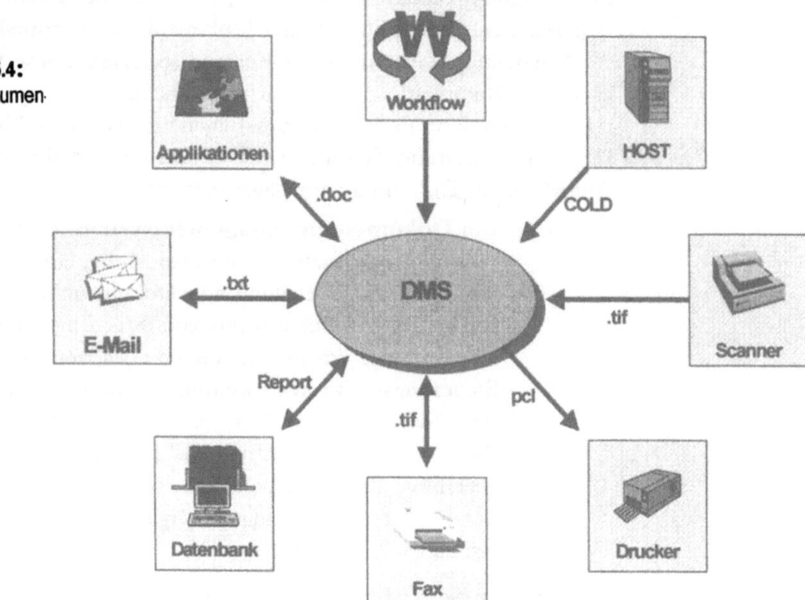

Abbildung 5.4:
Digitaler Dokumentenfluß

Verfahrenskonzept

Dem Dokumentenmanagement liegt zwar die relativ einfache Idee zugrunde, papiergebundene Vorgänge elektronisch abzubilden, die Schwierigkeiten stecken aber in dem zu bewältigenden Informationsvolumen und der für eine Konvertierung zur Verfügung stehenden Technik. Um die benötigten Informationen jederzeit verfügbar zu haben, werden Papierdokumente durch Scannen oder durch die Umwandlung in Datenaustauschformate digitalisiert. Letztlich entscheidet sich bei dem Übergang auf digitale Medien, wie effektiv, komfortabel und an die Arbeitsvorgänge angepasst ein Dokumentenmanagement-System arbeitet:

> **CI-Information (coded information):** Informationen, die bereits in einem EDV-Format vorliegen, sei es, dass sie auf Datenträgern verfügbar sind oder durch die eigene EDV produziert wurden. Die Übernahme von CI-Dokumenten erfolgt daher ohne Medienbrüche, manuelles Sortieren oder Scanvorbereitungen entfallen, die Indexierung kann automatisiert werden und Ressourcen in Form von Speicherkapazität und Rechnerleistung werden sparsam genutzt.

> **NCI-Informationen (Non-Coded-Information):** Informationen, die nur bildlich in Form von Pixel-/Rastergraphik vorliegen und sich per EDV inhaltlich nicht erschließen lassen.

Hierbei handelt es sich um Geschäftsbriefe, Kaufverträge u.ä., die das Unternehmen verlassen, aber es auch über den Posteingang erreichen. Eine anschließende Konvertierung der Dokumente per OCR erfolgt zwar in der Mehrzahl der Fälle fehlerfrei, in der Praxis dürften aber allenfalls 5 – 10 % der Schriftstücke per OCR bearbeitet werden. Dazu gehören Korrespondenz und Prospekte, aber nicht Eingangsrechnungen oder Lieferscheine.

Scan-Phasen und deren Merkmale

Der eigentliche Scan-Vorgang vollzieht sich in mehreren Teilschritten:

➤ **Dokumentenvorbereitung**: Größe, Art und Qualität der Dokumente haben direkten Einfluss auf die Verarbeitungsgeschwindigkeit und sind demzufolge ein wichtiger Faktor bei der Analyse, wie schnell neu aufgenommene Dokumente dem Benutzer zur Verfügung stehen.

➤ **Dokumentenaufbereitung**: Die Dokumentenvorlage durch Sortieren, Entklammern, Glätten oder Anfertigen einer Kopie vorzubereiten, erfordert einen erheblichen manuellen Mehraufwand, der bei einer personellen Kapazitätsplanung zu berücksichtigen ist.

➤ **Scangeschwindigkeit**: Die Unterschiedlichkeit der Dokumente beeinflusst die Geschwindigkeit, mit der Scanner ein optimales Konversionsergebnis liefern. Von der Homogenität des Schriftgutes hängt es ab, wie häufig die Scanvorbereitungen in Form von Parametereinstellungen sind bzw. wie exzessiv die Stapelverarbeitung über einen Einzugsscanner erfolgen kann.

➤ **Qualitätskontrolle**: In Abhängigkeit von der Papierqualität und der Güte des Scanners variiert das Umwandlungsergebnis eines Dokumentes in seine elektronische Form. Zur Erzielung eines zufriedenstellenden Ergebnisses sind häufiger Qualitätsstichproben zu ziehen. Die Qualität des Ergebnisses bestimmt den Grad der Nachbereitung erfasster Dokumente.

➤ **Indexierung**: Das Wiederauffinden eines Dokumentes hängt von den vergebenen Stichwörtern seiner Inhaltserfassung ab. Ohne korrekte und treffende Begriffe verliert ein Dokument seine Bedeutung.

Kompression

Die konvertierten Originaldokumente werden elektronisch gespeichert, so dass sie ohne Eingriff eines Benutzers abgerufen und auf einem Bildschirm angezeigt oder auf einem Drucker ausgegeben werden können. Da Bitmaps als Ergebnis des Scan-Prozesses eines Dokumentes üblicherweise in komprimierter Form abgelegt werden, spielt der Kompressionsfaktor eine entscheidende Rolle. Unter Berücksichtigung dieser

Nebenbedingung ergibt sich die Formel zur Bestimmung des Speicherplatzes wie folgt:

> Anzahl der Dokumente * Durchschnittliche Größe eines komprimierten Files = gesamtes Speichervolumen

Dieses Volumen wird auf eine dreistufige Hierarchie abgebildet. Online-Dokumente sind diejenigen, die im ständigen Zugriff des Nutzers liegen und daher auf Medien wie Festplatten abgelegt werden. Sinkt die Zugriffshäufigkeit und reichen geringere Zugriffszeiten aus, bilden Jukeboxes als Near-Line-Speicher die nächste Ebene. Far-Line-Speicher bilden die letzte Stufe der Dokumentenablage und sind primär für Dokumente gedacht, deren Zugriffscharakteristika denen eines Archivs entsprechen. Ihre Speicherung erfolgt auf optischen Medien.

5.2   Architektur von Dokumentenmanagementsystemen

Grundsätzlich weist eine Systemarchitektur für das Dokumenten-Management zwei Ebenen auf: die dynamisch ausgebildete Ablageebene zur Aufnahme und Bearbeitung veränderbarer und temporärer Informationen und die statische Archivebene zur revisionsicheren Ablage aller unveränderbaren Dokumente. Beide Ebenen setzen spezifische Arbeitsplätze voraus. Eine typische Topologie besteht aus:

> ➢ einem **Applikationsserver,** der die Basisanwendung, die die elektronisch zu archivierenden Dokumente erzeugt, trägt.

> ➢ einem **Archivserver,** der die eigentliche Ablage der zu archivierenden Daten durchführt und danach den Zugriff auf diese gestattet. Hierfür lassen sich zwei Verfahren unterscheiden:

>> ❖ Dokumente und Index werden auf dem gleichen Server abgelegt. Dabei können Dokument und Indizes im gleichen Datensatz einer Datenbank abgelegt werden. Datenbanken dieses Typs ermöglichen die Ablage von BLOB's (Binary Large Objects).

>> ❖ Dokumente und Indizes werden auf separaten Servern gespeichert. Die Index-Datenbank beinhaltet dann einen permanenten Verweis auf den Dokumentenserver.

>> Die Ablage der Dokumente erfolgt je nach Anwendung auf Festplatten oder optischen Datenträgern. Jukeboxes steuern dabei in Abhängigkeit von Anfor-

derungen nach Geschwindigkeit und Häufigkeit den Zugriff.

> **Erfassungsarbeitsplätzen**, an denen Papierdokumente eingescannt, auf Qualität und Vollständigkeit geprüft und schließlich an den Archivserver weitergeleitet werden.

> **Viewer-Arbeitsplätzen**, die der Betrachtung und dem Wiederauffinden der archivierten Dokumente dienen. Sie machen zahlenmäßig den größten Anteil aus.

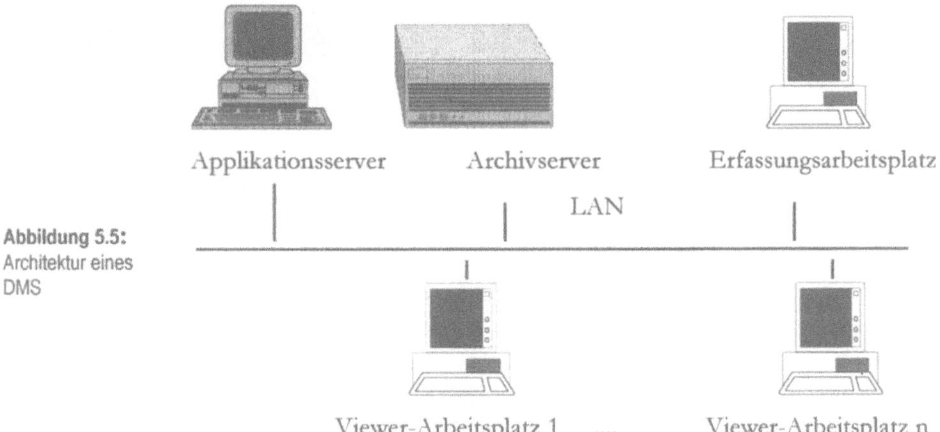

Abbildung 5.5:
Architektur eines
DMS

5.3   Nutzen von Dokumentenmanagementsystemen

Das Zusammenspiel von Dokumentenmanagementsystemen mit optischen Archivierungsformen gewinnt für viele Unternehmen, allgemeine Verwaltungen, Literatur- und Pressearchive zunehmend an Bedeutung. Vorteile werden vor allem aus folgenden Gründen erwartet:

> schneller und gezielter Zugriff auf Dokumente

> gleichzeitiger Zugriff durch mehrere Benutzer

> höhere Datensicherheit

> keine Kosten infolge verlorener oder falsch abgelegter Dokumente

> jederzeitige Verfügbarkeit der Dokumente und räumlich unbegrenzte Zugriffsmöglichkeit auf den gesamten Bestand

> weniger Medienbrüche

> geringere Raumkosten für die Archivierung

> abnehmende Durchlaufzeiten

> jederzeitiger Nachweis der Prozessabläufe und individuell verfügbare Prozessinformation

Abbildung 5.6:
Nutzen und Ziele
des Dokumenten-
managements

Diese Eigenschaften haben positive Auswirkungen auf:

> die Kosten für Räume, Telefon, Papier und Kopierer

> die Bearbeitung von Vorgängen durch eine Reduzierung der Transport- und Liegezeit.

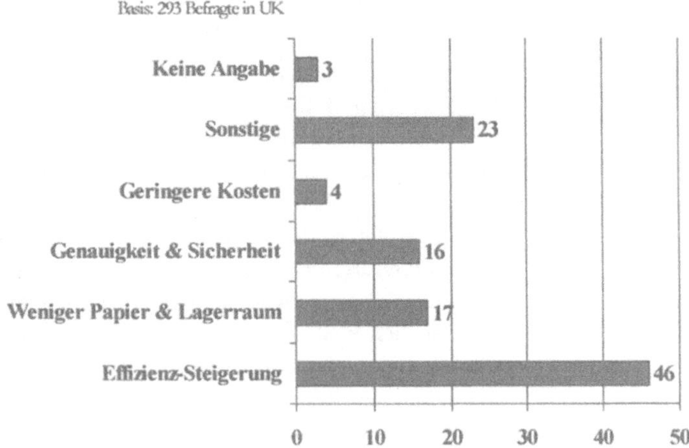

Abbildung 5.7:
Erwartete Vorteile
des Dokumenten-
managements

Dabei ist zu berücksichtigen, dass durch zusätzlich notwendige Arbeitsschritte wie das Einscannen von Dokumenten, die Bearbeitungszeit geringfügig anwachsen kann, was aber durch die Abnahme der beiden verbleibenden Zeitanteile mehr als ausgeglichen wird. Eine quantitative Einschätzung des Potentials zeigt folgende Übersicht [3]:

Tabelle 5.1:
Einsparpotential
durch Dokumen-
tenmanagement

Tätigkeit	Veränderung
Reduzierung der Bearbeitungszeit	50 – 90 %
Herabsetzung des Sachbearbeiteraufwandes	10 – 35 %
Erhöhung der Schbearbeiterproduktivität	20 – 30 %
Senkung der Bearbeitungskosten je Dokument	20 – 40 %
Verkürzung der Durchlaufzeit	20 – 40 %
Einsparung an Bürofläche	30 – 50 %
Steigerung der Kundenzufriedenheit	30 – 50 %

> ➤ eine Steigerung der Kundenzufriedenheit durch schnelleren Service und erhöhte Auskunftsbereitschaft. Tatsächlich lassen sich nach Erfahrung von Anwendern diese weichen Erfolgs-

kriterien eher erfüllen, als harte Kriterien wie sinkende Betriebskosten oder wachsende Umsätze.

Stolpersteine für eine erfolgreiche Umsetzung ergeben sich in erster Linie aus den hohen Kosten, einem mangelnden Rückhalt durch das Top-Management und dem mangelnden Verständnis für die Technologie gepaart mit einem hohen organisatorischen Aufwand durch die Umgestaltung der Arbeitsabläufe. Aspekte wie die Technologieabhängigkeit sensibler Daten, der hohe Umgewöhnungsaufwand der Mitarbeiter und die Einbindung und Information der Abteilungen bzw. die Kooperation zwischen IT- und Fachabteilung verblassen dagegen, so dass als Ergebnis festzustellen bleibt, dass hohe Einführungskosten und eine zu komplexe Technologie neben organisatorischen Problemen die größten Hindernisse einer erfolgreichen Umsetzung des Dokumentenmanagement-Gedankens sind [8].

5.4   Funktionen von Dokumentenmanagementsystemen

Ein Dokumentenmanagementsystem stellt unabhängig von seiner inhaltlichen Positionierung und Funktionalität im Geschäftsablauf Einzelaktivitäten zur Verfügung, die sich allein auf die Verwaltung der einzelnen Dokumente beziehen:

Abbildung 5.8:
Dokumentenmanagementfunktionalität

- **Redundanzen/physische Kopien vermeiden durch logische Kopien**
- **Besserer Dokumentenfluß per Routing, Wiedervorlage**
- **Taskmanagement, Check-In/Check-Out**
- **Automatische Versionsverwaltung, History usw.**
- **Protokollierung** (wichtig für ISO 9xxx)
- **Aktive Benachrichtigungen** (via E-Mail/Wiedervorlage)

> Erstellen
> Bearbeiten
> Wiederfinden
> Transportieren

> Archivieren

> Austauschen

> Zusammenstellen

Funktionsintegration

Um diese Funktionen sinnvoll in einen geschäftlichen Ablauf zu integrieren, bedarf es:

> der Sicherstellung, dass die richtige Information der richtigen Person zum richtigen Zeitpunkt vorliegt ➜ Ablaufmanagement

> der Überwachung der Abhängigkeiten zwischen Dokumenten und derjenigen Daten, die für die Dokumentenbearbeitung benötigt werden ➜ Datenbankmanagement

> der Verwaltung der Zugriffsberechtigungen und unterschiedlicher Versionsstände, die Sicherstellung eines konsistenten Bestandes durch Check-In/Check-Out-Verfahren ➜ Konfigurationsmanagement

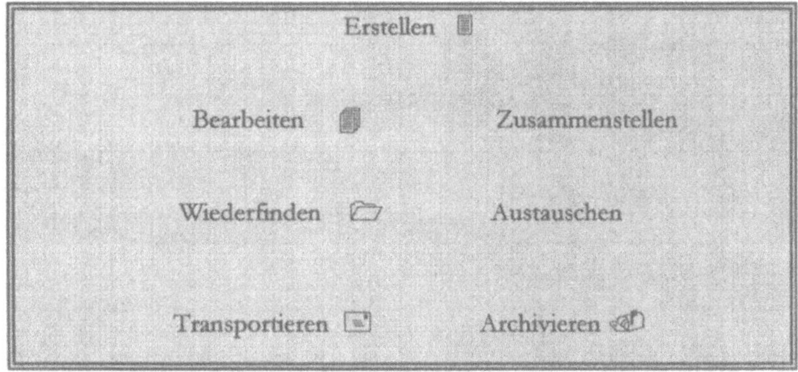

Verarbeitung der Informationsquellen

Zur Einbindung in das betriebliche Geschehen muss jedes Dokumentenmanagementsystem seine einzelnen Dokumente inhaltlich Erschließen. Nur dann sind die zuvor beschriebenen Funktionen auf den Dokumenten durchführbar. Zur Aufbereitung gehören mehrere Bearbeitungsschritte:

> Erfassen von Dokumenten

> Indizieren der erfassten Dokumente

> Speichern der inhaltlich erschlossenen Dokumente

> Retrieval der indizierten und gespeicherten Dokumente

> Anzeigen und Ausgabe aller erfassten Dokumente

> Einführung des Dokumentenmanagement-Systems

Das Zusammenspiel der einzelnen Funktionen verdeutlicht folgende Übersicht:

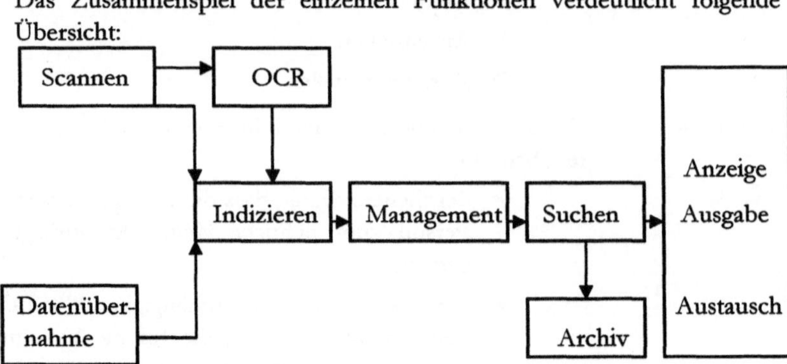

5.4.1   Dokumentenerfassung

Unter Anwendungsgesichtspunkten kann zwischen drei Arten der Datenerfassung unterschieden werden, die sich durch Vorgehen, Voraussetzung und Methode unterscheiden:

Form	Ziel	Vorgehen	Voraussetzung	Methode
Übernahme aus Rechnern	automatische Übernahme und Archivierung von CI-Daten	Datenübertragungs- und Kommunikationsmechanismen	einheitliches Format	ASCII-Format, COLD
Beleg- oder Formularlesung	Automatische Papierbelegerfassung als CI-Daten	Gewinnung maschinenlesbarer Datensätze aus strukturierten Formularen	Hochleistungsscanner	ICR, OCR
Scannererfassung	Erfassung von NCI-Daten	Einscannen der Dokumente	Organisatorische Anpassung durch spezielle Arbeitsplätze	

Dokumente, die bereits in Form einer Datei oder eines EDV-Formates vorliegen, bedürfen naturgemäß nicht einer erneuten Erfassung. Dementsprechend unterscheidet man die Behandlung von NCI- und CI-Informationen.

5.4.2   Erfassen von NCI-Informationen

Beim Erfassen wird die Papiervorlage eines Dokumentes in ein elektronisch speicherbares Image umgesetzt. Dieser Vorgang ist von entscheidender Bedeutung für die Qualität der Information. Die Qualitätsprüfung muss ferner sicherstellen, dass das Dokument korrekt, d.h. seitenrichtig, nicht verdreht, ohne große Verschmutzungen, mit korrekter Helligkeit und richtigem Kontrast in der notwendigen Auflösung erfasst wurde. Bei mehrseitigen Dokumenten ist zu bedenken, dass die eingescannte Seitenfolge eine logisch Zusammengehörigkeit darstellt. Um die Separation einzelner Dokumente zu gewährleisten, werden mehrere Verfahren angeboten:

> ➢ Durch Einstellen eines Seitenzählers wird automatisch die Dokumentengrenze erkannt.

> ➢ Alle Seiten werden zunächst als Seiten eines einzigen Dokumentes behandelt und der Anwender legt in einem separaten Bearbeitungsschritt die Dokumentengrenze explizit fest.

> ➢ Einzelne Dokumente werden durch schwarze Seiten getrennt, die zuvor dem Stapel zu scannender Dokumente manuell eingefügt werden.

Zur Reduzierung des Speicherbedarfs werden Kompressionsalgorithmen eingesetzt, die sich in zwei Verfahrensgruppen teilen:

> ➢ Kompression mit Datenverlust, bei denen die Reduzierung des Datenvolumens mit Einschränkungen der Wiedergabequalität verbunden ist, wie sie z.B. die Standards JPEG und MPEG für Stand- bzw. Bewegbilder bieten.

> ➢ Komprimierung ohne Datenverlust bei der die Kompressionsrate deutlich niedriger liegt und die vornehmlich für das Dokumentenmanagement eingesetzt wird, das den Verlust von Information im Gegensatz zu Bildinformationen nicht toleriert [9, S. 6]:

Doku-mentgröße	Punktraster	Anzahl Bytes	Kompression nach Telefax-Standard-Gruppe 4
DIN A4	200 dpi	ca. 500 KB	ca. 21 KB
DIN A4	300 dpi	ca. 1 MB	ca. 43 KB
DIN A4	400 dpi	ca. 2 MB	ca. 85 KB

NCI-Dokumente werden als Bitmuster auf einer WORM- (Write Once Read Many) oder MO-(Magneto Optical)-Disk abgelegt. Das entstehende

Dokumententrennung

Kompression und Speicherbedarf

Tabelle 5.3: Dokumentengröße in Abhängigkeit von Auflösung und Kompression

Datenvolumen ist deutlich höher als für CI-Informationen. Die Speicherung auf einer WORM ist permanent, die auf einer MO-Disk ist flüchtig.

5.4.3 Erfassen von CI-Informationen

> CI-Dokumente liegen bereits in einem EDV-Format vor und bedürfen nur noch einer Komprimierung. Auf Grund der Bedeutung dieser Dokumentenart kommen in diesem Falle vorzugsweise Algorithmen ohne Datenverlust zum Einsatz

> Große Datenmengen werden für den Online-Zugriff in Plattenwechslern sog. Jukeboxes gehalten. Das Fassungsvermögen derartiger Systeme umfasst bis zu ca. 500 Platten und 1-8 Laufwerke, so dass die durchschnittliche Dokumentenanzeigezeit 4-8 sec. einschließlich Dekompression beträgt.

> In bestimmten Situationen kann mittels der COLD (Computer Output to Laser Disk)-Funktionalität ein als ASCII-Datei erstelltes Dokument direkt auf einer optischen Platte oder Magnetplatte abgelegt werden. Die Arbeitsprozesse Ausdrucken und Einscannen werden auf diese Weise eingespart. So sind beispielsweise Rechnungsausdrucke nur noch für den Kunden, jedoch nicht mehr für die Ablage und Weiterverarbeitung notwendig.

 Hinweis

Ein Vergleich von CI- und NCI-Dokumenten zeigt, dass ASCII-Dateien wesentlich kleiner als komprimierte Imagedateien sind. Damit besitzen CI-Dokumente den Vorteil eines viel geringeren Speicherplatzbedarfs.

5.4.4 Indizieren von Dokumenten

Die Indizierung legt die Auswahlkriterien für das Retrieval der Dokumente fest. Unabhängig von der Dokumentenart CI oder NCI muss garantiert sein, dass die Indexdaten korrekt erfasst werden, da ein falscher Index dazu führt, dass ein Dokument unwiederbringlich verloren geht. Für das Retrieval der Dokumente besitzen die Deskriptoren damit die gleiche Bedeutung wie die Primärschlüssel für die Identifizierung von

Sachverhalten in relationalen Datenbanken. Die bisherige papiergebundene Ablage basierte auf der Vergabe nur eines Kriteriums als Suchgrundlage und schränkt damit die natürliche Arbeits- und Denkweise der Benutzer erheblich ein. Wünschenswert ist die freie Vergabe von Suchkennzeichen, so dass die Information eindeutig identifizierbar ist, die Freiheit der Indexierung aber nicht leidet:

> ➢ ***Indexieren von NCI-Dokumenten.*** Die Indexvergabe für NCI-Dokumente kann auf drei Arten erfolgen:
>
>> 1. Für jedes Dokument werden mehrere Ordnungsmerkmale vergeben, die den Kriterien konventioneller Archive entsprechen, wie z.B. Name, Dokumentenart, Datum. Diese Merkmale werden als formale Deskriptoren bezeichnet.
>>
>> 2. Es erfolgt eine Vergabe von Barcodes, anhand derer ein Dokument eindeutig identifizierbar wird.
>>
>> 3. Programme zur optischen Zeichenerkennung (OCR) überführen NCI- in CI-Dokumente.
>
> ➢ ***Indexieren von CI-Dokumenten:*** CI-Dokumente werden softwaremäßig und daher automatisch indexiert. Dabei werden unter Berücksichtigung von Stopwörtern und Wortstämmen die Dokumentenfelder extrahiert, die für die Indexbildung relevant sind.

5.4.5   Speichern von Dokumenten

Für die Wahl des Speichermediums sind mehrere Faktoren ausschlaggebend:

> ➢ Wie lange soll das Dokument gespeichert werden?
> ➢ Welche rechtlichen Rahmenbedingungen existieren?
> ➢ Welches Medium ist das kostengünstigste?

Die folgende Gegenüberstellung zeigt, dass Papier die weitaus teuerste, CD's die kostengünstigte Speicheralternative darstellen:

Medium	Speicherkapazität in MB	Preis pro MB in DM
Papier	0.002	5.00
Festplatte	4000	0.30
WORM	650	0.40
Mikrofilm	20	0.20
CD	650	0.02

> ➢ Wie häufig wird auf das Dokument nach seiner Erstellung zu-
> gegriffen? [13, S. 13]

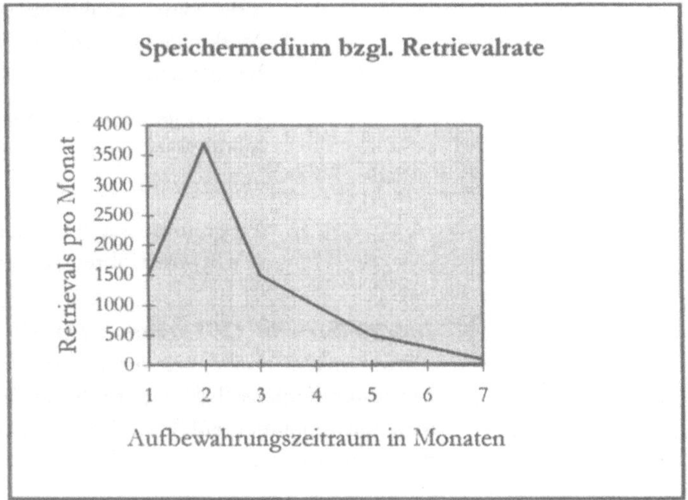

Abbildung 5.10:
Speichermedien in
Abhängigkeit von
der Retrievalrate

5.4.6   Retrieval von Dokumenten

Das Retrieval von Dokumenten erfolgt über die in den vorangegangenen
Phasen festgelegten Deskriptoren. In vielen Fällen stellen diese eindeuti-
ge Merkmale wie Vertrags-, Buchungs- oder Mitgliedsnummern dar.
Dokumente können aber auch über eine Auswahl von beschreibenden
Merkmalen referenziert werden, die beliebig kombinierbar sind und nicht
notwendig eine eindeutige Beschreibung liefern. Daneben gestatten Do-
kumentenmanagement-Systeme die Verwaltung mehrerer Versionen
desselben Dokumentes, so dass sein Lebenszyklus nachzuvollziehen ist.
Dieser Mechanismus hat Bedeutung für Dokumente, die einer ständigen
Weiterentwicklung unterliegen und deren Entwicklungsstände zeitpunkt-
bezogen protokolliert werden müssen. Dies trifft z.B. für Konstruktions-

Versionskontrolle

zeichnungen für die Bauindustrie oder für die Chargenverwaltung der pharmazeutischen Industrie zu. Die zugrunde liegende Check-in / Check-out-Prozedur gewährleistet eine zuverlässige Aktualität der Dokumente. Der Check-out-Vorgang sperrt das Dokument für die weitere Bearbeitung und erlaubt lediglich einen Lesezugriff. Der Versuch, ein „ausgechecktes" Dokument zu bearbeiten, führt zu einem Hinweis für den Anwender auf denjenigen, der das Dokument gerade bearbeitet. Die Sperrung wird erst aufgehoben, wenn das Dokument die vorgesehene Check-in-Prozedur erfolgreich durchlaufen hat.

5.4.7   Anzeige/Ausgabe von Dokumenten

Die meisten Systeme erlauben mehrere Anzeigeoptionen entsprechend den Benutzeranforderungen. Da die Anzeigequalität entscheidend die Akzeptanz der Systeme bestimmt, werden in der Regel mehrere Auflösungsstufen unterstützt. Wünschenswert ist darüber hinaus aus Geschwindigkeitsgründen spezielle Hard- oder Software zum Dekomprimieren von Daten. Daneben gehören Möglichkeiten wie Zoomen, Drehen und Anzeige in mehreren Fenstern zum Standard. Auch das Blättern in mehrseitigen Dokumenten, die Anzeige der aktuellen Seitenzahl und der maximalen Seitennummer sowie das Erfassen und Anzeigen von Notizen abhängig vom individuellen Benutzerprofil stellen übliche Anforderungen dar.

Anzeigequalität

Abbildung 5.11:
Dokumentenzugriff

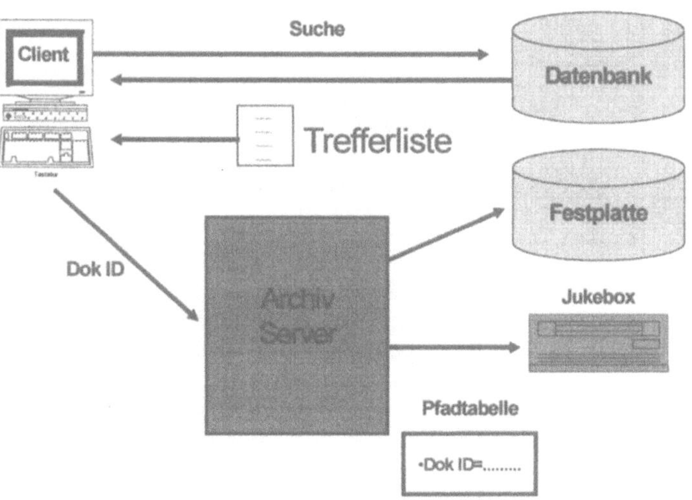

Quelle : Leitz Digital Office GmbH

5.4.8   Einführung eines Dokumentenmanagementsystems

Zur Bewältigung der komplexen Organisations- und Kommunikationsstrukturen betrieblicher Abläufe stellt das Dokumentenmanagement die horizontale Systemkomponente im Sinne der Bürokommunikation eines ganzheitlichen Geschäftsprozesses dar. Eingeschränkt auf die zwei Phasen Istanalyse und Sollkonzept/Systemdesign lassen sich einige typische Einführungsanforderungen isolieren:

Tabelle 5.5:
Besonderheiten eines Dokumentenmanagementsystems in der Istanalyse und dem Sollkonzept

Istzustand		
Ablaufanalyse	**Schnittstellenanalyse**	**Schriftgutanalyse**
• Prozessbeschreibung und Analyse des Dokumentenflusses durch das Unternehmen	• abteilungsübergreifende Prozesse	• Art und Struktur der Dokumente
• Informationsübernahme	• Kommunikationsbedarf	• Volumenanalyse • Analyse des Dokumentenaltbestandes einschließlich einer Migrationsstrategie
• Ablage und Retrieval	• Informationszugriff	
• rechtliche Aspekte	• Dokumentenverantwortlichkeit	

Sollkonzept		
Basiskonzept	**Schnittstellenkonzept**	**technisches Konzept**
• organisatorisches Umfeld	• Standorte	• Sicherheitskonzept
• Beschreibung des Schriftgutes	• Abteilungen und Gruppen	• Administration und Benutzerservice
• Abbildung von Strukturen	• Anwendungen zentral und dezentral	• Systemkonzept für Hard- und Software, Datenbank, Netzwerk und Performance

5.5   Betrieblicher Einsatz

Der Aufhänger zur Verankerung der Dokumentenmanagementsysteme für NCI-Dokumente im betrieblichen Ablauf stellt in der Mehrzahl eher die Posteingangsstelle als die Zentrale dar, die papiergebundene Vorgänge auslöst. Deshalb orientieren sich Einsatzüberlegungen stark an Postabläufen, die den Dokumentenfluss oft durch Filterfunktionen, Objekte wie E-Mails oder Triggermeldungen von Nachrichtenagenturen ergänzt und inhaltlich analysiert. Je nach Zeitpunkt der Überführung der NCI-Dokumente in elektronische Form lassen sich drei Formen unterscheiden:

5.5.1   Spätes Erfassen

Dieses Verfahren bildet die bisherige Vorgehensweise der papiergebundenen Bearbeitung exakt nach. Die Dokumente werden durch eine neu einzurichtende zentrale Erfassungsstelle gescannt und archiviert, sobald ihre Bearbeitungsphase abgeschlossen ist. Anschließend werden sie nicht physisch transportiert, sondern in Form von Referenzen den Mitarbeitern angezeigt. Hierdurch wird gewährleistet, dass alle Änderungen und Ergänzungen zu einem Dokument vorgenommen wurden und keine Nachbearbeitung erforderlich ist. Für die involvierten Mitarbeiter bedeutet dieser Ablauf nur einen minimale Verhaltens- und Verfahrensanpassung. Organisatorische Umstellungen mit ihren zeitlichen und psychologischen Problemen sind deutlich geringer als bei den folgenden Szenarien. Der ursprüngliche Geschäftsprozess wird lediglich durch die zentrale Erfassung ergänzt, bei der die Dokumente zusätzlich noch einer Prüfung unterzogen und abgezeichnet werden können. Darüber hinaus können die Mitarbeiter durch den intensiven Umgang mit der Technologie sehr schnell die Qualität der Erfassung beurteilen. Ein Nachteil des Verfahrens besteht darin, dass nicht das volle Potential von Archivsystemen wie z.B. die elektronische Verteilung von Dokumenten genutzt wird. Hinzu kommt eine größere Wahrscheinlichkeit für ein Verlorengehen oder eine Beschädigung der Dokumente auf dem Transport zwischen Posteingang und Bearbeiter.

Abbildung 5.12:
Spätes Erfassen

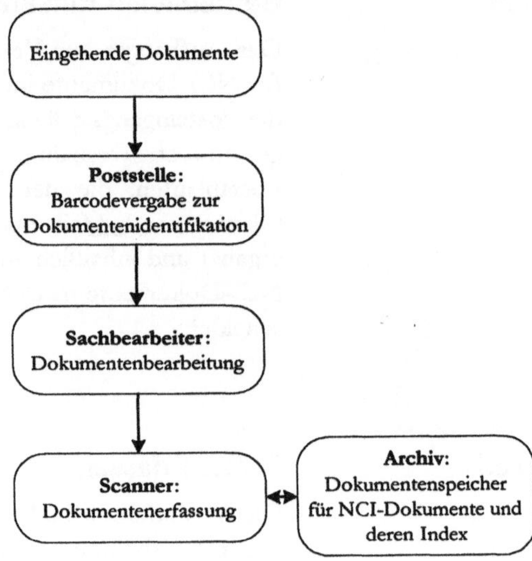

5.5.2   Gleichzeitiges Erfassen

Dieses Szenario unterstützt die Erfassung am Bearbeiterarbeitsplatz. Der Bearbeiter begutachtet die Bildqualität, nimmt eventuelle Korrekturen vor und archiviert schließlich das Dokument. Der Vorteil eines derartigen Ablaufs liegt darin, dass vor dem eigentlichen Ablegen des Dokumentes noch Korrekturen möglich sind. Der hohe Prüfaufwand schränkt die Anwendbarkeit jedoch ein. Überall dort, wo Fremdbelege anderer Unternehmen zum Tagesgeschäft gehören, gibt es jedoch faktisch hierzu keine Alternative. Gleiches gilt für Abteilungen mit besonderen Anforderungen an die Vertraulichkeit des Posteinganges wie Vorstands- und Geschäftsführung, Personalverwaltung oder Revision. Nachteilig wirkt sich technischer Aspekt aus: jeder Arbeitsplatz benötigt einen Scanner, dessen Benutzungshäufigkeit nicht optimal ist.

5.5.3	### Frühes Erfassen

Bei dieser Variante werden die Originalbelege nach einer Prüfung im Posteingang zentral erfasst und Geschäftsvorfällen zugeordnet. Da typischerweise große Dokumentenmengen zu verarbeiten sind, ist hierzu ein effizientes Klassifizierungs- und Verteilverfahren notwendig. Die Ablage der Belege erfolgt in einem Erfassungsdialog. Für die weitere Bearbeitung werden nur noch Verweise auf das Dokument verwendet, so dass kein Dokumententransport mehr notwendig ist. Der Sachbearbeiter ruft aus einer Arbeitsliste die zur Bearbeitung anstehenden Dokumente ab, indiziert sie, fordert die notwendigen Zusatzangaben aus der Datenbank an und legt anschließend das vollständig bearbeitete Dokument im Dokumentenspeicher ab. Dieser Ablauf erfordert Veränderungen in der Ablauforganisation, der Arbeitsmethodik und dem Mitarbeiterverhalten. Er eignet sich für Bearbeitungsvorgänge, die eine eindeutige Dokumentenstruktur und eine klare Zuordnung zum Sachbearbeiter aufweisen.

Verfahrensbewertung

Dieses Verfahren ist augenscheinlich die optimale Organisationsform bei der Einführung eines Dokumenten-Managementsystems, bringt sie doch mehrere Vorteile mit sich:

➢ die Maschinen- und Personalressourcen werden optimal genutzt

➢ der intensive Umgang mit der Technologie an zentraler Stelle führt schnell zu optimaler Qualität der Erfassung und Weiterleitung

➢ die „unauffällige" Aufrechterhaltung papiergebundener Arbeitsprozesse wird weitgehend umgangen.

Abbildung 5.13:
Frühes Erfassen

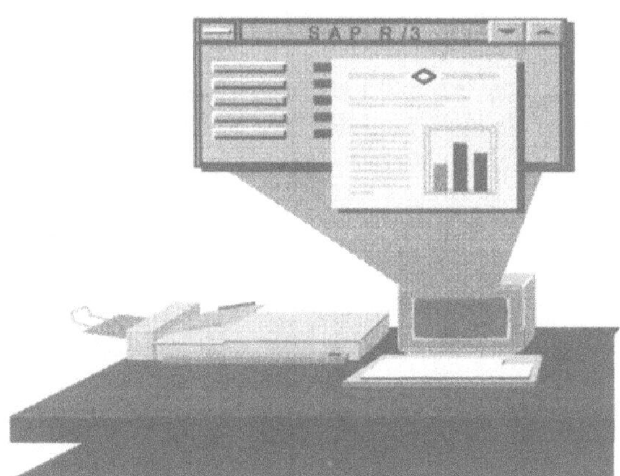

Abbildung 5.14:
Struktureller
Ablauf: Frühes
Erfassen

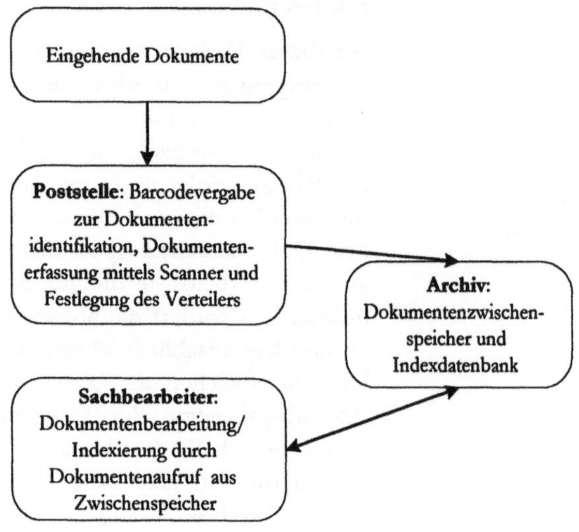

Unter dem Gesichtspunkt eines Workflows sind Dokumentenmanagementsysteme als Sprungbrett zum Einstieg in den Prozessgedanken anzusehen. Dabei entspricht das frühe Erfassen mit seiner sofortigen Umwandlung papiergebundener Dokumente und der Zuordnung zu Vorgängen weit mehr der Grundidee als das späte Erfassen, das lediglich die
Voraussetzung für die Optimierung papiergebundener Vorgänge für eine
spätere Verwendung schafft. Bezogen auf die Archivarten lässt sich das
späte Erfassen dem Unternehmensarchiv zuordnen, während das frühe
Erfassen weitgehend den Charakter des individuellen Arbeitsplatzarchivs
trägt.

Die Informationsbeschaffung bezüglich elektronisch archivierter Dokumente erfolgt für die Sachbearbeiter in beiden Anwendungsfällen in
gleicher Weise:

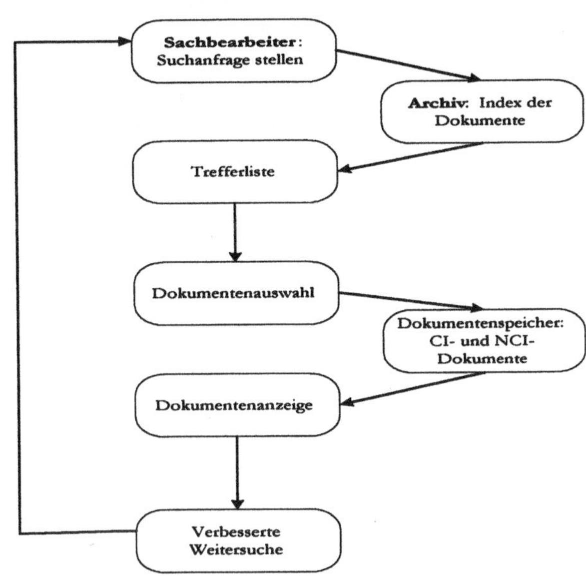

5.6   Optische Datenspeicher

Dokumentenmanagementsysteme sind nur dann sinnvoll in einen Ablauf ohne Medienbrüche zu integrieren, wenn die erfassten Informationen in optische Archive abgelegt werden. Zwei Gründe sind hierfür ausschlaggebend:

Eignung optischer
Speicher

> ➤ Die abgelegten Daten dürfen nachträglich nicht modifiziert werden können.

> ➤ Ein Archiv muss auch nach einer Aufbewahrungsfrist von 30 Jahren die Dokumente im Originalzustand reproduzieren können.

Beide Anforderungen lassen sich gegenwärtig nur mit optischen Medien realisieren. Hierzu kommen aus Hardwaresicht sog. Jukeboxes, die als Roboter einen automatischen Wechsel der Medien zwischen ihren Lagerplätzen und den optischen Laufwerken erlauben, in Frage. Die folgende Zusammenstellung gibt einen Überblick über Medien und Technologien optischer Datenspeicher. Grundsätzlich lassen sich drei Kategorien unterscheiden [1, S. 70 - 75]:

> **Voraufgezeichnete Medien:** In diese Klasse fallen die CD-ROM (Compact Disk Read Only Memory) und interaktive Videodisks in Form der klassische Audio-CD oder der CD zur Softwaredistrubution. Ursprünglich konnten CD's nur 74 Minuten hochqualitativen digitalisierten Ton aufnehmen, inzwischen speichern sie 650 MB Computerdaten oder 74 Minuten Video in VHS-Qualität.

Problem

Technisch bedingt ergeben sich relativ geringe Transferraten, weil die Daten zwar mit gleicher Speicherdichte aufgenommen werden, die Rotationsgeschwindigkeit sich aber zwischen Scheibenmitte und –rand unterscheidet. Soll die Datenrate unter dem Lesekopf konstant sein, muss die Rotationsgeschwindigkeit je nach Lesekopfposition angepasst werden, da in den äußeren Scheibenbereichen mehr Informationen untergebracht sind als in den Inneren. Für die Archivierung eignen sich CD-ROM's nur bedingt, da das Schreiben in einem ununterbrochenen Arbeitsgang erfolgen muss und ein Lesen der Informationen erst dann möglich ist, wenn eine CD vollständig beschrieben ist.

> **Einmalbeschreibbare Medien:** Das Medium kann direkt vom Anwender beschrieben werden, erlaubt aber keine anschließende Manipulation ohne Zerstörung des Mediums. Dieser Medientyp wahrt damit die rechtlichen Vorschriften und bildet demzufolge die Grundlage der Archivierung und Aufzeichnung kritischer Daten.

> ❖ *WORM (Write Once Read Many):* Die Datenaufzeichnung geschieht durch Einbrennen von Löchern mittels Laserstrahl in die Aufzeichnungsschicht. Das Lesen ähnelt dem der CD-Technologie. Der unterschiedliche Brechungsindex des Laserstrahls wird als digitale Information interpretiert. Die WORM ist nur einmal beschreibbar, weil die Löcher irreversibel sind. Die Bedienung dieses Mediums unterscheidet sich erheblich von magnetischen Speichermedien. So entfällt

- die Formatierung, da sie nur einmal beschreibbar sind

- ein Verzeichnis der beschädigter Speicherstellen.

Bei jedem Schreibvorgang muss geprüft werden, ob die geschriebene Information auch lesbar ist. Im Fehlerfall werden die Daten erneut an eine andere Stelle geschrieben. Dieser Umstand führt zu einem hohen Prüfaufwand und reduziert die Schreibgeschwindigkeit.

❖ ***CD-R (Compact Disk Recordable):*** Hier handelt es sich um ein Produkt, dass es erlaubt, mit einem CD-Recorder und der entsprechenden Software eine eigene Standard-CD-ROM herzustellen. CD-R kann mit jedem Standard-CD-ROM-Laufwerk abgespielt werden. Der Einsatzschwerpunkt richtet sich auf Gebiete mit geringen CD-Auflagen in der Größenordnung von 20-100 Stück.

➢ **Wiederbeschreibbare Medien:** Diese Kategorie beschreibt MO-Disk (Magneto-optical). Die Vorteile gegenüber Festplatten liegen in:

❖ geringeren Kosten pro MB

❖ der Unmöglichkeit eines Head-Crashs, da der optische Kopf ca. 1000 mal weiter von der Platte positioniert ist als bei Festplatten.

5.6.1   Vergleich optischer Medien

Für optische Medien besteht bezüglich der Standardisierung und der Preisentwicklung ein erheblicher Nachholbedarf. Solange für diesen Bereich kaum Normen existieren und die Technik noch keine preiswerte Alternative zu herkömmlichen Medien darstellt, wird der Durchdringungsgrad relativ gering ausfallen:

Tabelle 5.6:
Stärken und
Schwächen
optischer
Medien

Medium	Stärken	Schwächen
CD-ROM	preiswert Aufzeichnungsstandard nicht löschbar audiofähig hohe Datensicherheit	langsam bei Transferrate und Zugriff
WORM	sicheres Archivierungsmedium preisgünstig	kein Aufzeichnungsstandard
MO-Disk	schnelle Zugriffs- und Transferzeiten Arbeitsmedium wie Hard-Disk	teuer technisch noch nicht ausgereift

Eine Gegenüberstellung herkömmlicher mit optischen Medien weist insbesondere bei der Lebensdauer der Speicherung auf die Vorzüge der neuen Speichergeneration hin, während Kapazität und Zugriffsgeschwindigkeit noch erheblich verbesserungsfähig erscheinen:

Tabelle 5.7:
Vergleich traditioneller mit optischen Medien

Technologie	Kapazität	Zugriffszeit in ms	Transferrate	Lebensdauer in Jahren
CD-ROM	650 MB	100-600	bis 1 MB	10
WORM	>10 GB	100	1.25MB	30
MO-Disk	1.2-4.6 GB	17-30	1.6-6.0 MB	30
Hard-Disk	> 4 GB	<10	50-110 MB	?

5.6.2   Trends bei optischen Platten

Die bisherigen Anhaltspunkte zeigen, dass Kapazitätssteigerungen größtenteils durch eine Verbesserung der Informationsdichte angestrebt werden. Durch die Idee mehrlagige optische Platten zu verwenden, lässt sich die optische Datenspeicherung analog zur Festplatte in die dritte Dimension ausdehnen. Mehrebenenplatten sind so aufgebaut, dass zwei oder mehr halbtransparente Speicherflächen durch eingefügte Distanzringe zu einem Stapel übereinandergelegt werden. Durch Auf- und Abwärtsbewegen einer Fokussieroptik wird die Fläche ausgewählt, auf die durch einen Laser Daten geschrieben oder gelesen werden sollen. Dieses Verfahren setzt voraus, dass jede Einzelplatte teilweise transparent ist, damit der Laser zu allen Lagen durchdringen kann. Gleichzeitig muss jede Fläche über ein ausreichendes Reflexionsvermögen verfügen, um genügend Licht auf die Detektoren des Laufwerkes zu reflektieren. Die

Mehrlagige
optische Platten

nach diesem Prinzip konstruierten Platten sind in der Lage, 30 Gigabyte und mehr Daten zu speichern.

5.7 Rechtliche Aspekte elektronischer Archivierung

5.7.1 Voraussetzungen und Anforderungen

Die rechtlichen Rahmenbedingungen bilden die wesentliche Grundlage für die Einführung von Dokumentenmanagementsystemen. Ohne die juristische Absicherung dieses Verfahrens ist eine elektronische Archivierung sinnlos. Wenn Dokumente auf optischen Archivsystemen aufgezeichnet und anschließend in ihrer Papierform vernichtet werden, so muss das Aufzeichnungsverfahren denselben gesetzlichen Anforderungen genügen wie die Ablage auf Mikrofilm oder Papier[12, S. 35]. Dazu gehört die Aufbewahrungspflicht mit bestimmten Aufbewahrungsfristen. Der Gesetzgeber schreibt nach §147 Abs. 1 und 3 der Abgabenordnung unterschiedliche Aufbewahrungsfristen vor. Für Bilanzen, Inventare, Handelsbücher, Jahresabschlüsse und Lageberichte gelten 10 Jahre, für empfangene oder gesendete Geschäfts- oder Handelsbriefe und Buchungsbelege sind 6 Jahre ausreichend. Aber:

Gesetzliche
Anforderungen

> ➤ optische Archivsysteme sind vom Gesetzgeber weder verboten noch genehmigt
>
> ➤ der Gesetzgeber schreibt keine Technik vor, sondern stellt lediglich Anforderungen an das Aufbewahrungsverfahren [12, S. 36]:
>
> > ❖ Dokumentenechtheit
> >
> > ❖ Vollständigkeit
> >
> > ❖ schneller Zugriff und Reproduktion
> >
> > ❖ Sicherung vor Manipulation
> >
> > ❖ Richtigkeit

Der Beweischarakter einer Urkunde ist nur über das Original gegeben. Damit dürfen Urkunden zwar digitalisiert, aber nicht vernichtet werden.

Grundlage einer optischen Archivierung bildet eine schriftliche Verfahrensbeschreibung, bestehend aus:

> ➤ Systembeschreibung mit Aufbau- und Ablauforganisation
>
> ➤ Ordnungsprinzip der Dokumente
>
> ➤ Regeln zur Dokumenteneingabe
>
> ➤ Kontrollverfahren

> ➢ Verarbeitungsvorschriften

> ➢ Sicherungsmechanismen

Gemäß der gesetzlichen Nomenklatur lässt sich die Nutzung optischer Archive in Aufzeichnung, Aufbewahrung und Wiedergabe einteilen. Die zu beachtenden Rechtsvorschriften sind [12, S. 37]:

Rechtsvorschriften

> ➢ Handelsrecht: §238 Buchführungspflicht, §239 Führung der Handelsbücher, §261 Unterlagen auf Bild-/Datenträgern

> ➢ Steuerrecht: §146 AO Buchführung und Aufzeichnung, §147 AO Aufbewahrung von Unterlagen

> ➢ Zudem ist auf folgende Stellungnahmen hinzuweisen: FAMA-Stellungnahme 1/1987 und Grundsätze ordnungsgemäßer Speicherbuchführung, BMF, 1978

5.7.2   Dokumenten-Management in öffentlichen Verwaltungen

Verwaltungshandeln muss im öffentlichen Bereich strengen Vorgaben des geltenden Rechts genügen [4]. Den Anwendungen liegen daher Verwaltungsverfahren zugrunde, die bereits vom Gesetzgeber weitgehend festgelegt sind. Die darüber hinaus gehende Handhabung von Akten, Dokumenten und Vorgängen regelt eine „Gemeinsame Geschäftsordnung" und Dienstanweisungen, die sich am Medium Papier orientieren. Diese Beziehung erklärt, warum es im öffentlichen Bereich schwerfällt, den handelnden Personen das Papier zu entziehen.

Papier als dominierendes Organisationsmittel

Noch ist eine Diskette nicht gerichtsverwendbar, so dass nur Papier eine Rechtfertigung des eigenen Handelns gegenüber Personen und Instanzen mit Kontrollbefugnis ist. Hinzu kommt, dass die gemeinsame Geschäftsordnung von Arbeitsinstrumenten ausgeht, die sich unter Ausschöpfung aller Möglichkeiten des Papiers über ein Jahrhundert hinweg zu einer höchst effizienten Form entwickelt hat. Eine Ablösung durch vergleichbare elektronische Werkzeuge setzt nicht nur eine entsprechende Anpassung, sondern auch die Berücksichtigung von Dienstanweisungen u.ä. voraus. Vor diesem Hintergrund wird die evolutionäre Strategie öffentlicher Verwaltungen beim Übergang auf neue elektronische Medien verständlich. Ausgangspunkt für den „sanften" Entzug des Papiers ist oft die Einführung der Elektronischen Post. Mit dem Hinweis, dass Dokumente mit geringem Beweiswert durch E-Mail versandt werden können, wird die Grundlage für die Akzeptanz des neuen Mediums geschaffen.

5.8   Trends und Entwicklungsperspektiven

Die bisherigen Überlegungen haben gezeigt, dass das Dokumentenmanagement zu einen Treffpunkt aktueller Technologien herangereift ist. Viele Trends lassen sich unter diesem Deckmantel integrieren. Die Funktionen „Öffnen" und „Speichern" einer Textverarbeitung stellen dabei nur die natürliche Schnittstelle zwischen der herkömmlichen Bürofunktionalität und dem fortgeschrittenen Dokumentenmanagement dar. Die Einbindung im Sinne des dynamischen Prozessgedankens in die Unternehmensabläufe ist der zwangsläufig nächste Schritt. Ein weiterer wesentlicher Kern zukünftiger Entwicklung neben den technischen und organisatorischen Aspekten ist die inhaltliche Erschließung des Informationsgehaltes elektronischer Dokumente. Erst wenn alle Dokumente eines Vorganges, einer Akte oder eines Sachzusammenhanges inhaltlich erschlossen sind, ist die notwendige Übersicht über das in ihnen schlummernde Wissen geschaffen, die den Verzicht auf das Papier erlaubt.

Bedeutung inhaltlicher Erschließung

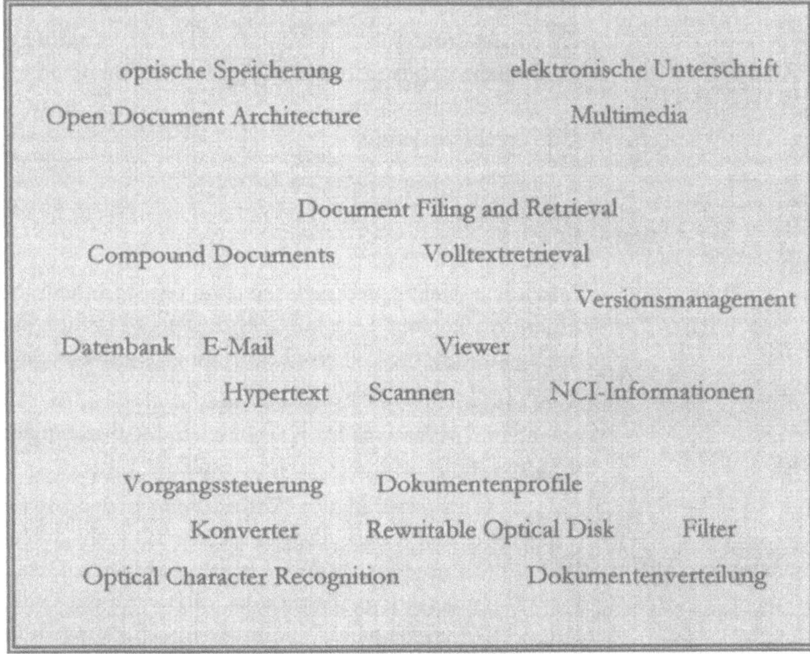

Standards

Ausdruck der wachsenden Bedeutung von Dokumentenmanagement-Systemen ist das Entstehen eines Standardisierungsgremiums der Association for Information and Image Management AIIM. Sie hat sich die Schaffung eines allgemeingültigen Standards, der Document Management Alliance DMA, zum Ziel gesetzt.

Stellt man die Ziele, die Technik und das Konzept einander gegenüber, so lassen sich folgende Handlungsfelder erkennen:

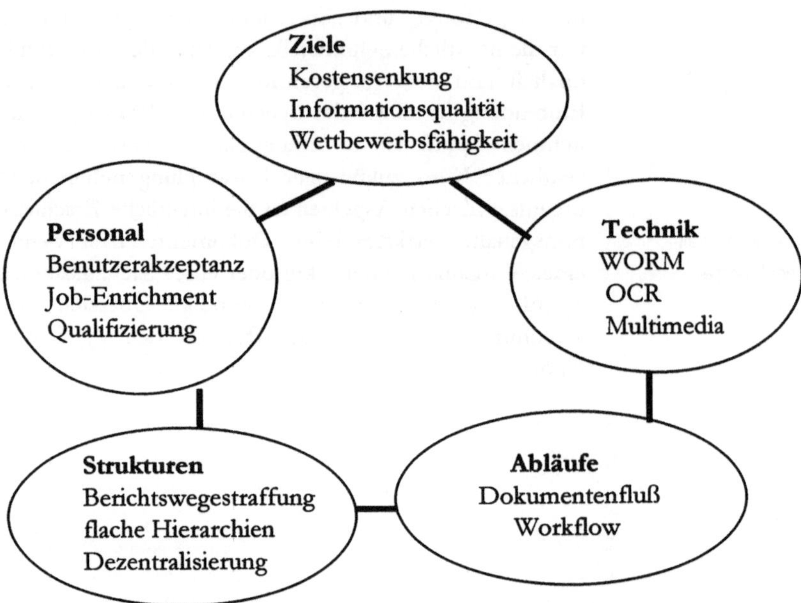

Hinsichtlich vieler Merkmale scheint das computerunterstützte Dokumentenmanagement dem konventionellen Vorgehen überlegen; lediglich der Organisationsgesichtspunkt spricht gegen die Technik.

Trotz offensichtlicher Vorzüge eines umfassenden elektronischen Dokumentenmanagements im Kernbereich der Büroumgebung müssen sich die Hersteller derzeit neuen Trends stellen [14]:

Trends

> **Integration**: Die Anforderungen der Anwender ändern sich dahingehend, dass zunehmend nicht mehr zwischen einer kaufmännisch-betriebswirtschaftlichen Datenverarbeitung mit transaktionsorientiertem Schwerpunkt und einer daneben existierenden Dokumentenbearbeitung unterschieden wird. Die Einführung eines parallellaufenden Workflow-Systems ist aus Sicht eines Unternehmens nur sinnvoll, wenn gleichzeitig die kritischen Stamm- und Bewegungsdaten, die Arbeitsabläufe oder die zentrale Benutzerverwaltung integrativ abgebildet werden können.

➤ **Internet-Technologie**: Das Internet führt einen erweiterten Dokumentenbegriff ein. Verbundene Seiten, bewegte Graphiken oder unterschiedliche Darstellungsmöglichkeiten durch unterschiedliche Browser (HTML) oder Geräte (XML) lösen die Vorstellung des statischen Dokumentes auf. Im Mittelpunkt steht ausschließlich der Inhalt, nicht mehr die äußere Form. Daneben schafft das Internet andere Formen der Informationserschließung. Suchmaschinen gewinnen ihre Informationen mit „Spidern" oder „Crawlern", um sich im Chaos des WWW-Angebotes besser zu orientieren. Die geordneten, abgeschlossenen Strukturen eines Dokumentenmanagements werden dadurch aufgelöst.

➤ **Knowledge-Management**: Die Transformation des in Dokumentensammlungen verborgenen Wissens wird zu einer neuen Herausforderung. Moderne Wissensspeicher verwalten nicht nur ausschließlich Dokumente, sondern daneben Informationen über Bilder, Videos, Sprache, Graphiken, E-Mails oder Text und wandeln sich auf diese Weise zum Gehirn eines Unternehmens.

5.9   Literatur

[1] Böhm, E.: Daten im Laserlicht: Optische Datenspeicher-Medien, in: PC-Netze Heft 5, 1994, S. 70 - 75

[2] Computerwoche Extra: PC-Integration - PC-Innovation, Heft 3, 1994

[3] Arbeitsgemeinschaft für wirtschaftliche Verwaltung zitiert nach: Alles in einem Korb, FACTS, Heft 5, 1999, S. 38 - 43

[4] Falck, M.: Der lange Abschied vom Papier, in: Computerwoche 10, 1999, S. 101 – 102.

[5] Gulbins, J., Seyfried, M., Strack-Zimmermann, H.: Elektronische Archivierungssysteme, Springer, 1993

[6] Kattler, T.: Office Automation, Datacom-Verlag, 1992

[7] Kränzle, H.-P.: Dokumentenmanagement: Technik und Konzepte, in: HMD Band 181, 1995, S. 26-43.

[8] o.V.: Die große Illusion: Information Week, Heft 10, 1999, S. 38 – 40.

[9] Materna GmbH: Konzepte elektronischer Archivsysteme, Informationsbroschüre,1992

[10] Pesch, U.: Optische Speicher lassen andere Medien alt aussehen, in: Computerwoche 18(1993), S. 33 - 35

[11] Pleil, G.: Bürokommunikation, WRS-Verlag, 1991

[12] Rasche, R.: Rechtliche Rahmenbedingungen für optische Archivsysteme, in: Computerwoche 22(1992), S. 35 - 39.

[13] Software AG: Entire Imaging, 1994

Web-Sites

[14] Kampffmeyer, U.: Paradigmenwechsel im Dokumentenmanagement, unter: http://www.ais-gmbh.de

[15] Techguide: Flanagan, T., Safdie, E.: Workflow on the Web, 1997, http://www.techguide.com

Die Unternehmensarchitektur unterliegt heutzutage ständigen Veränderungen und wird durch eine Vielzahl von Feedback-Prozessen geprägt: Markteinflüssen, technologischen Entwicklungen, einem allgemeinen Wertewandel, gesetzlichen und organisatorischen Rahmenbedingungen. An die Stelle der herkömmlichen Hierarchien tritt im neuen Unternehmenstypus eine Organisationsform mit flexiblen technischen und sozialen Netzwerken, interdisziplinären, autonomen Projektgruppen und Informations- und Berichtswegen jenseits des originären Organigramms. Um in dieser Vielfalt den Unternehmenserfolg sicherzustellen, sind eigenverantwortliche, lernbereite, ausgebildete, hoch motivierte Mitarbeiter gefragt. Ihre Aufgabe ist es, etablierte Strukturen zu überdenken, Regelwerke zu hinterfragen, Zusammenhänge unternehmensweit und besser sogar unternehmensübergreifend zu erkennen und danach zu handeln.

Unternehmensumgestaltung

Dieser Anspruch lässt sich nur in Unternehmen verwirklichen, die ein starkes Engagement in folgenden Punkten erkennen lassen [1]:

> **Humanorientierung:** Innovative Teamstrukturen setzen ein Eingehen auf die individuellen Bedürfnisse und Motive der Mitarbeiter voraus.

> **Visionen:** Die Motivation steigt, wenn alle Beteiligten von einer gemeinsamen Vision über Strategien und Planungen langfristiger Natur getragen werden.

> **Selbstlernorganisation:** Das Unternehmen ist in der Lage selbst innovative, produktivitätssteigernde Entwicklungen zu initiieren, einzuführen und zu evaluieren.

> **Zeit- und Qualitätsmanagement:** Hohe Anforderungen werden an die Termintreue und an die Produktgüte im weitesten Sinne gestellt.

Die damit einhergehende tiefgreifende Umgestaltung der Unternehmen wird begleitet von einer zunehmenden Durchdringung aller betrieblichen Funktionen mit informationstechnischen Anwendungen und in dessen Gefolge einer fortschreitenden Spezialisierung der Mitarbeiter auf ihren unmittelbaren Erfahrungsbereich. Die Bedeutung des Wandels lässt sich mit der organisatorischen Dezentralisierungswelle Ende der 80er Jahre und dem darauf basierenden Client-Server-Konzept vergleichen, nur dass gegenwärtig keine Rechnerkonzeption im Vordergrund steht, sondern der aktuelle organisatorische Trend der Geschäftsprozessorientierung, der seine Umsetzung im Workflowgedanken hat und ähnlich tiefgreifende Auswirkungen auf die betriebliche Anwendungssoftware wie ehedem die Client-/Server-Architektur besitzt. Workflow geht dabei weit über eine einfache Informationsteilung hinaus. Es gestattet den Unternehmen, mit den „zwei P's und den drei R's": Prozessen und Politik, sowie Routen, Regeln und Rollen sinnvoll umzugehen. Hierdurch eröffnen sich Chancen, die bis vor kurzem als unmöglich galten:

> ➢ die aktenlose Just-in-time-Kommunikation der Mitarbeiter aller Hierarchieebenen bezüglich der einzelnen Vorgänge und deren Verarbeitungsschritte

> ➢ die unternehmensweite Bereitstellung von Informationen bezüglich Status oder momentaner Ablage.

Damit geht es vor allem darum, die Prinzipien der Gestaltung von Produktionsabläufen auf die Verwaltungsprozesse der Unternehmen zu übertragen. Statt des Materialflusses wird nun der Informationsstrom betrachtet, der Computer übernimmt die Rolle der Maschinen und Anlagen und der Mensch als Entscheidungsträger fügt die nötigen Zusatzinformationen und Steueranweisungen hinzu.

6.1   Grundlagen und Prinzipien

Workflowmerkmale

Workflow-Systeme automatisieren vor allem formalisierbare und teilformalisierbare Vorgänge mit den Merkmalen:

> ➢ Die einzelnen Vorgangsschritte sind klar gegeneinander abgegrenzt.

> ➢ Der Ablauf eines Vorganges ist eindeutig, nach klaren Regeln definiert.

> ➢ Den an der Vorgangsbearbeitung beteiligten Mitarbeitern lassen sich Funktionen, Rollen und Kompetenzen zuweisen.

> ➢ Die Informationsbearbeitung- und -bereitstellung ist automatisierbar, so dass der gesamte Arbeitsprozess vom Dokumentenzugriff bis zur Archivierung weitgehend planbar ist.

Workflow und Organisation

Schätzungen erwarten ein umfangreiches Rationalisierungspotential. Diese Erwartung setzt allerdings voraus, dass auch die Arbeitsplatzstruktur, die Aufgabenverteilung und die Aufbauorganisation dieser neuen Entwicklung angepasst wird. Im Gefolge dieser Anpassung kommt es unweigerlich zu einer Substitution von personellen Aufgabenträgern durch „maschinelle Kollegen". Abhängig von dem Ausmaß automatisierbarer Aufgaben besteht hier ein zum Teil erhebliches Einsparreservoir. Dies zeigt, dass die Analyse und der Neuentwurf von Geschäftsabläufen die Ablauf- und Aufbauorganisation auf allen Ebenen beeinflusst. Das Ziel einer Durchleuchtung der Arbeitsabläufe kann nur erreicht werden, wenn gravierende Veränderungen der Gesamtorganisation und ihres Zusammenspiels akzeptiert werden. Dabei gilt es primär, die ganze Unternehmensstruktur auf den Kunden auszurichten. Nicht mehr das funktionale Spartendenken ist gefragt, sondern kundengerechte, unkomplizierte und schnelle Abläufe. Nur unter diesem Postulat ist eine effektivere Gestaltung und eine Kosteneinsparung bei Bürovorgängen erreichbar. Drei Ebenen als Ansatzpunkt des Workflowgedankens lassen sich unterscheiden:

> Zur **strategischen Ebene** gehört es, Kernprozesse, die für den Erfüllungsgrad der kritischen Erfolgsfaktoren entscheidend sind, neu zu gestalten. Hier spiegelt sich die Idee der Geschäftsprozessoptimierung wider. Auf dieser Makroebene sind Geschäftsprozesse durch ihre Leistungen charakterisiert, die sie zugunsten ihrer Kunden erbringen. Von der Aufgabenstellung her handelt es sich also um die Führungsebene des Prozesses.

> Auf der **taktischen Ebene** werden die Prozesse eingehend modelliert und simuliert, um die Flexibilität der Prozesse zu erhöhen oder den Grad der Arbeitsteilung zu verändern.

> Die **operative Ebene** setzt schließlich die Erkenntnisse der vorangegangenen Ebenen in einen für das Workflow-System tauglichen Arbeitsablauf um. Auf dieser Mikroebene entsteht also die Prozesskette als realer Ausdruck des Leistungsbündels, das für einen internen oder externen Kunden erbracht wird.

6.1.1   Definitionen / Workflowmerkmale

Ein **Workflow, Geschäftsprozess oder Vorgang als Baustein eines Workflowsystems** bezeichnet mehrere dynamische, abteilungsübergreifende aber fachlich zusammenhängende, arbeitsteilige Aktivitäten, die in logischer oder zeitlicher Abhängigkeit zueinander stehen. Aus betriebswirtschaftlicher Sicht bedeutet dies, dass Geschäftsprozesse als Bestandteil der Ablauforganisation mit Elementen der Aufbauorganisation wie Mitarbeiter oder Gruppen zu korrelieren sind. Informationstechnische Unterstützung auf Rechnerbasis bildet dabei keine notwendige Voraussetzung. Auch der konventionelle Belegfluß bildet in diesem Sinne einen Workflow.

Die kleinste Einheit eines Workflows stellt eine Aufgabe dar, die ein Mitarbeiter ohne Unterbrechung durchführt und die sich unter mehreren Facetten betrachten lässt:

> wer erledigt die Aufgabe: Organigramm

> welche Daten werden benötigt: Unternehmensdatenmodell

> warum wird die Aufgabe erledigt: strategisches Firmenziel

> womit wird die Aufgabe durchgeführt: allgemeine oder DV-Infrastruktur

> wie lange dauert die Bearbeitung: Durchlaufzeit

> welche Qualifikation setzt die Bearbeitung voraus: Ausbildung

> Aufgabeninhalt

Idealerweise verknüpfen Workflow-Systeme Informationen, Aufgaben, Rollen und betriebswirtschaftliche Objekte mit Prozessen, die die betriebliche Ablaufstruktur widerspiegeln und den Bearbeitern zum richtigen Zeitpunkt in richtiger Form die benötigten Hilfsmittel zur Verfügung stellen. Workflowparameter und betriebswirtschaftliche Objekte kennen einander, da sie in einer einheitlichen Datenbasis abgelegt und in einem umfassenden Informationsmodell beschrieben sind. Der Workflowgedanke geht damit weit über die konventionelle dokumentenbasierte Sichtweise hinaus.

Workflowmerkmale

Da Workflows sich aus vielen einzelnen Aktionen und Aufgaben zusammensetzen, sind sie selten homogen, sondern weisen im Gegenteil häufig sehr unterschiedliche Attribute auf [1, S. 11/12]:

> **Strukturiertheit und Komplexität**: Ein Workflow wird durch die Anzahl, die Verschiedenheit und den Grad der Nebenläufigkeit einzelner Aufgaben beschrieben.

> **Detaillierungsgrad**: Ein Workflow weist einen niedrigen Detaillierungsgrad auf, wenn die einzelnen Teilschritte in elementare Aufgaben ohne großen Handlungsspielraum zerlegbar sind.

> **Arbeitsteilungsgrad**: Diese Eigenschaft gibt Auskunft über die Zahl der Bearbeiter eines Workflows und ist damit ein indirektes Maß für den zu erwartenden Abstimmungs- und Koordinationsaufwand.

> **Interprozessverflechtung**: Dieses Attribut drückt die Verbindung zu anderen Prozessen über Schnittstellen aus und bildet damit einen Gradmesser für das Wabengefüge einer Organisation (gemeinsame Daten und Ressourcen, Verflechtung der Teilergebnisse).

> **Aufgaben und betriebswirtschaftliche Objekte**: Beide drücken eine Wechselwirkung aus. Einerseits bewirken Aufgaben das Entstehen und die Bearbeitung von Objekten, an-

dererseits lösen Zustandsänderungen auch neue Aufgaben aus.

6.1.2   Workflowablauf

Die idealisierte Form eines Workflows lässt sich in mehrere Phasen zerlegen:

> ➤ Ein Workflow wird durch einen Trigger ausgelöst. Hierunter kann sowohl ein Auftragseingang als auch das Erreichen eines bestimmten Datums verstanden werden. Eine höhere Qualität wird erreicht, wenn Statuswechsel eines betriebswirtschaftlichen Objektes mittels einer Nachrichtensteuerung Verarbeitungsschritte initiieren. Mit dieser Funktionalität kann eine transaktionsübergreifende Steuerung realisiert werden.

> ➤ Ein Workflow selbst setzt sich aus mehreren Schritten (Aktionen, Aktivitäten, Aufgaben) zusammen, die ihrerseits in mehrere Ebenen zerlegt werden können.

> ➤ Die einzelnen Aufgaben werden alternativ, sequentiell oder parallel ausgeführt. Bei alternativer Ausführung entscheidet eine Ablaufbedingung über das Ablaufschema, bei serieller muss das Ablaufschema strikt eingehalten werden, bei paralleler Ausführung sind die einzelnen Schritte unabhängig voneinander und werden simultan bearbeitet und wieder zusammengeführt.

> ➤ Den Abschluss eines Workflows bildet ein eindeutiges Ergebnis oder Ereignis.

Kontrollregeln

> ➤ Die eigentliche Workflow und seine Ablaufsteuerung erfolgt über Prozeduren mit Kontrollregeln hinsichtlich:

>> ❖ zeitlicher Aspekte: Einerseits kann die Ausführung eines Schrittes durch die Ausführung eines anderen eingeschränkt sein, andererseits kann ein Schritt zeitbezogen von einem anderen abhängen.

>> ❖ Art und Umfang auszutauschender Information

>> ❖ Definition von Ergebnis und Prozessstatus

>> ❖ Schnittstellen zwischen mehreren Aufgabenträgern

>> ❖ nicht termingerechter Erledigung: Aufforderung des Sachbearbeiters, Hinweis (E-Mail) an Vorgesetzte über drohenden Verzug, Weiterleitung des Vorgangs an eine Alternativperson.

Abbildung 6.1:
Workflow und
Regeln

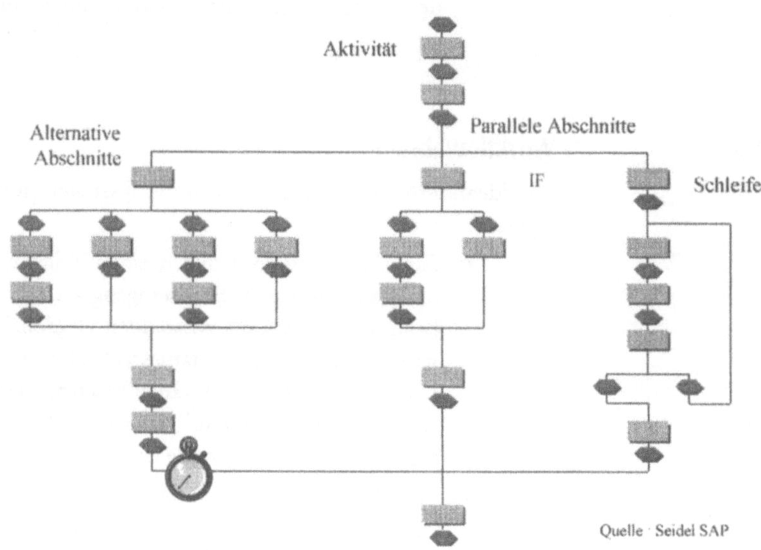

Workflowablauf

Die Bearbeiter führen die definierten Vorgangsschritte mit unterschiedlichem Handlungsspielraum aus. Sie müssen Vorgänge aufrufen, sie identifizieren, einordnen und bearbeiten sowie die Ergebnisse festhalten und weiterreichen. Hierfür erhalten sie die erforderlichen Zugriffsrechte auf die vorgangsrelevanten Dokumente der elektronischen Ablage, sei es ein Archiv oder eine Datenbank. Für jeden Arbeitsschritt sind demzufolge die Personen oder Organisationseinheiten und die ihr zugeordneten Dokumente und Daten festgelegt. Dabei können zusätzlich Bedingungen für die automatische Steuerung über Termine, Bearbeitungs- und Wartezeiten, Sperr- und Mahnfristen oder periodische Ereignisse hinzugefügt werden. Überdies lassen sich individuelle Regeln definieren, die beliebige Kriterien, etwa die Vollständigkeit eines Arbeitsschrittes, überprüfen. Für eventuell auftretende Ausnahmesituationen kann die Möglichkeit eingeräumt werden, einen Arbeitsschritt zurückzusetzen, ihn zu überspringen, einzufügen, ihn aufzuteilen oder mit anderen Vorgängen zu verbinden. Derartige Ausnahmen sind dadurch gekennzeichnet, dass wenigstens ein Merkmal: beteiligte Person, Dokumente, Abfolge zu bearbeitender Funktionen etc. mit dem konfigurierten Workflow-Modell in unvorhergesehener Weise nicht übereinstimmt. Die zur Ausnahmebehandlung notwendigen Anpassungen können ab dem Zeitpunkt ihrer Ausführung entweder temporär, d.h. genau für den aktuellen Vorgang oder permanent für alle zukünftigen Geschäftsvorfälle gültig sein.

Aus Revisionsgründen, um einen bearbeiteten Vorgang lückenlos rekonstruieren zu können, werden zusätzlich Vorgangsprotokolle geführt, anhand derer die durchschnittliche Liege-, Transport- und Bearbeitungszeit ausgewertet werden kann. Diese Angaben können gleichzeitig als Ausgangspunkt zur Geschäftsprozessverbesserung dienen.

Abbildung 6.2::
Zusammenhang:
Workflow-Redesign

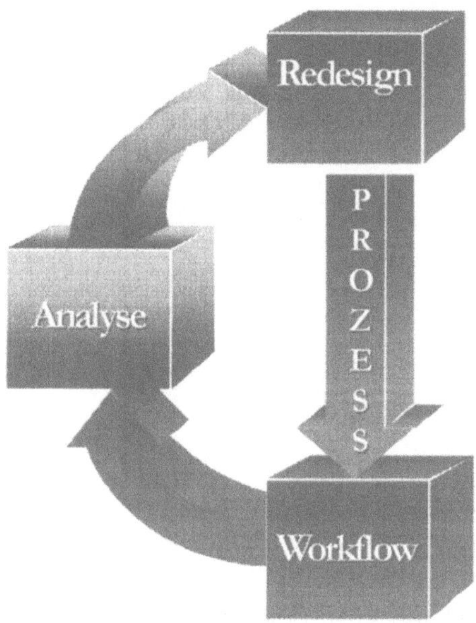

Quelle : Seidel SAP

Die Sichtweisen scheiden sich aber, wenn es gilt, dem Nutzer im Einzelfall das Privileg der Modifikation des Workflow-Systems zu übertragen. Hier ist zu prüfen, ob die Strukturierung des Ablaufes die Möglichkeit einräumt, Arbeitsschritte an andere Mitarbeiter zu delegieren oder zusätzlich einzufügen. Daran fügen sich weitere Fragen an:

> ➤ Soll der Mitarbeiter die Möglichkeit haben, einen bereits weitergegebenen Vorgang zurückzuholen?

> ➤ Darf ein Mitarbeiter die Annahme von Vorgängen verweigern?

> ➤ Soll es möglich sein, einen zusätzlichen parallelen Vorgang zu erzeugen und ihn entsprechend einzubinden?

Beispiel

Typ	Beschreibung	Termin	Frist	Status	Bear-beiter
Akte	KUNDE= Meier				
Vorgang	Angebot bearbei-ten		15.12.97	Angebot erstellt	
Vorgang	Antrag bearbeiten		15.12.97	in Arbeit	
Arbeits-schritt 1	Antrag erfassen	14.7.97	14.7.97	Antrag erfasst	Anna Arbeit
Arbeits-schritt 2	Unterlagen anfor-dern	14.7.97	14.7.97	Unterla-gen an-gefor-dert	Fritz Faul
Arbeits-schritt 3	Unterlagen prüfen	20.7.97	27.7.97	ausge-führt	

6.2 Architektur von Workflow-Systemen

Der skizzierte Workflowablauf und das Beispiel zeigen, dass ein wesentliches Kennzeichen eines Workflow-Systems im Unterschied zur traditionellen funktionsorientierten Bürokommunikation die Initiierung notwendiger Aktionen bei vordefinierten Ereignissen ist. Um diese Funktionalität zu gewährleisten, sind analog zur Geschäftsprozessmodellierung mehrere inhaltlich getrennte Systemkomponenten notwendig.

Ein **Workflowmonitor** bildet den speziellen Workflow mit seinen einzelnen Vorgangsschritten im Sinne ereignisorientierter Prozessketten oder Petri-Netze ab. Die Ablaufschablonen aller Vorgänge werden in einer Bibliothek abgelegt, die den Zugriff auf Einzelvorgänge an Berechtigungen knüpft. Der Vorgangsablauf selbst ist an einige Einzelkomponenten gebunden:

> ➢ Eine **Workflowinstantiierung** löst den Workflow ereignisorientiert oder durch Trigger aus und ordnet jedem beteiligten Bearbeiter einzelne Vorgangsschritte und Rollen zu.

> ➢ Der **Workflow** selbst beinhaltet alle zu einem Vorgang gehörenden Dokumente.

> Die **Workflowsteuerung** leitet automatisch einzelne Vorgangsschritte gemäß des durch die Methodik entworfenen und in Prozeduren und Kontrollregeln hinterlegten Prozessfortschrittes weiter und behandelt Ausnahmesituationen. Dazu gehören:

Ausnahmebehandlung

- ❖ das Zurückgeben/Rückfragen an den vorherigen Sachbearbeiter
- ❖ das Erklären der Nichtzuständigkeit
- ❖ das Umleiten eines Vorganges
- ❖ das Zurücksetzen und der Neustart eines Vorganges
- ❖ das Überspringen eines Bearbeitungsschrittes

> Eine **einzelne Aufgabe** beschreibt Aktivitäten wie Wiedervorlage, Anbringen von Notizen, Mitzeichnungsverfahren, automatische Zusteuerung benötigter Akten oder eine Verzweigung in der Workflowausführung. Nach Zuweisung dieser Funktionalität müssen die agierenden Personen über die anstehenden Aufgaben informiert werden. Grundsätzlich fallen drei Teilprobleme an:

Aufgabensteuerung

- ❖ Wie wird ein am Vorgang Beteiligter informiert? (Notifikation)
- ❖ Wie synchronisieren sich die an einem Vorgang Beteiligten? (Synchronisation)
- ❖ Wie verwaltet der Bearbeiter die auszuführenden Tätigkeiten? (Arbeitsliste)

Ein leistungsfähiges Workflow-System hält alle Möglichkeiten konventioneller Arbeitsmappen über einen elektronischen Schreibtisch bereit. Der Sachbearbeiter verfügt über einen Arbeitsvorratskorb in Form einer Arbeitsliste analog zum Posteingang, einen Formularkasten mit Vorlagen für einzelne Vorgangstypen sowie einem Ausgangskorb. Ferner bedarf es der Integration eines Dokumentenmanagementsystems, um allen beteiligten Mitarbeitern ohne Medienbruch digitalisierte Dokumente zur Verfügung zu stellen.

Beispiel

> In Unternehmen wie Versicherungen, Banken oder Behörden wandern Vorgänge unterschiedlichster Art zu Sachbearbeitern in verschiedenen Abteilungen. Konventionell werden die zu einem Vorgang gehörenden Dokumente in Arbeits- oder Umlaufmappen durch die Hauspost oder persönlich weitergereicht. Angeheftete Notizen weisen auf besondere Eilbedürftigkeit, Probleme oder wichtige zusätzliche Unterlagen hin. Kleine Ereignisse wie Nichtzuständigkeit, Dienstreise oder Urlaub verzögern die Bearbeitung.

Funktionen eines Workflow-Systems

Eine **Simulation** zeigt auf, ob das Vorgangsmodell logisch schlüssig ist und ob Engpässe aufgrund des aktuellen Entwurfs zu erwarten sind. Beispielsweise lassen sich Vorgangsschritte ermitteln, denen noch keine Rolle zugewiesen wurde.

Eine simultan geführte **Workflowinformation** garantiert die Revisionssicherheit und Nachvollziehbarkeit des Workflows, aber auch Statistiken und Auswertungen über Auslastungen, aktuellen Sachstand und andere Sachverhalte. Zusätzlich ist eine Arbeitsvorratsverwaltung integriert, die zu bearbeitende Vorgänge den Mitarbeitern direkt zustellt oder einem Gruppeneingangskorb zuordnet.

Ein integriertes **Rollenkonzept** spiegelt die Rechte und Pflichten einzelner Mitarbeiter gemäß der Aufbauorganisation und der Ablaufschablone wider. Dabei geht es darum, eine Person zu bestimmen, die aus betriebswirtschaftlich funktionaler Sicht für die Erledigung des Vorgangsschrittes verantwortlich ist. In einer Rollendefinition werden dazu Regeln festgelegt, nach denen zum aktuellen Bearbeitungszeitpunkt die zuständige Person ermittelt wird.

Abbildung 6.3:
Workflowkompo-
nenten

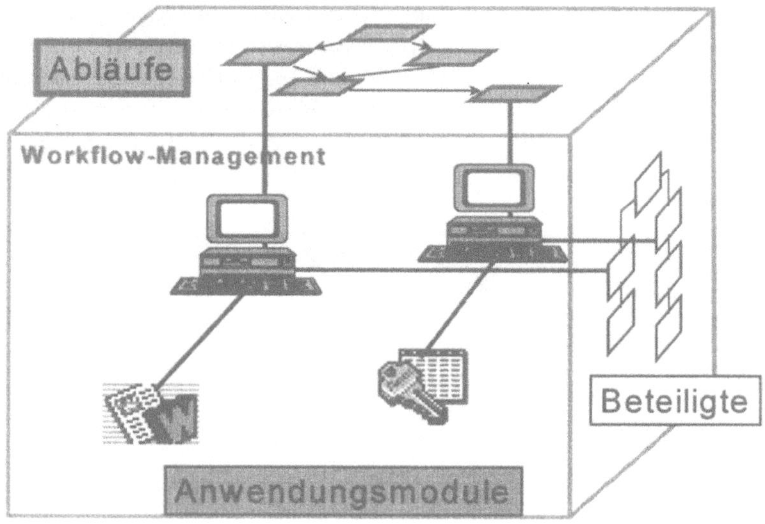

Quelle: Dialogica

Beispiel

> Ein bestimmter Beleg soll nicht von allen Personen des Unternehmens,
> die die Berechtigung für die Aufgabe „Beleg buchen" besitzen, durchge-
> führt werden. Vielmehr soll gezielt eine Person aus dem Kreis „Sachbe-
> arbeiter FI" ausgewählt werden, der alphabetisch für den Kunden zu-
> ständig ist und die Berechtigung besitzt, Beträge in entsprechender Höhe
> zu verbuchen. Zur tatsächlichen Bearbeitungszeit muss also, in Abhän-
> gigkeit von Parametern, die erst zur Ausführungszeit bekannt sind, die
> Zuordnung zum konkreten Vorgangsschritt erfolgen. Hierzu ist es not-
> wendig, die Rolle „Buchungssachbearbeiter" zu definieren und Rollenpa-
> rameter für „Kundenname" und „Buchungshöhe" zu vereinbaren, die
> zur Bearbeitungszeit dann konkrete Bezüge tragen.

Komponenten
eines Workflow-
Systems

Die hieraus resultierenden Anforderungen an ein ideales Workflow-
system schlagen sich systemtechnisch in unterschiedlichen Modulen
nieder [5, S. 80 - 82]:

> ➤ Das **Modellierungssystem** dient der Konstruktion und Be-
> schreibung von Abläufen. Primäre Aufgabe ist es, ein tieferes
> Verständnis für die im Unternehmen ablaufenden Prozesse zu

erzeugen und diese gleichzeitig visuell transparent zu machen. Diese Komponente sieht ihren Schwerpunkt damit in der Geschäftsprozessmodellierung und ist folglich nicht notwendig Bestandteil einer lauffähigen Workflowapplikation. Die Synchronität zwischen Geschäftsprozessmodellierung als theoretischem und dem Workflow als dem realisierten Konzept spiegelt die folgende Übersicht wider:

<table>
<tr><td colspan="2">Tabelle 6.1:
Bezug zwischen Geschäftsprozessmodellierung und Workflow</td></tr>
</table>

Geschäftsprozessmodellierung	Workflow
Ist-Analyse der Unternehmensprozesse	Modellierungssystem des Vorganges und seiner Restriktionen
Prozessoptimierung	Simulation
Implementierung des neuen Prozessmodells	Ausführungssystem des Workflows
Permanente Optimierung und Nutzenkontrolle	Analyse der protokollierten Informationen

> Das **Simulationssystem** stellt den modellierten Arbeitsfluß dar und soll Aufschluss über potentielle Schwachstellen und Verbesserungsmöglichkeiten geben. Damit wird die Möglichkeit der Ablaufoptimierung geschaffen, bevor Kosten durch ein falsches Vorgangsdesign verursacht werden. Dies ist insbesondere in Bereichen sinnvoll, die nur ungenügend formal beschrieben werden können.

> Das **Ausführungssystem** mit dem Workflowmonitor als Kernkomponente startet, steuert und führt die Vorgänge aus. Die dort angesiedelten Aufgaben sind Wiedervorlage, Mitzeichnung oder Nachrichtensteuerung, die jeweils im konkreten Einzelfall zum Tragen kommen.

> Das **Workflowinformationssystem** räumt den Führungskräften erhöhte Eingriffsmöglichkeiten ein, indem es über den Bearbeitungsstatus informiert. Darüber hinaus stellt es eine Protokollfunktionalität zur Verfügung, die eine genaue Auswertung der einzelnen Vorgangsaktivitäten erlaubt und damit zu einem zentralen Steuerungsinstrument in einer Optimierungsdiskussion wird. Vor allem die Vorgangsauswertung liefert wichtige Hinweise über die Effizienz und vorhandene Schwachstellen des Ablaufs. Konkrete Informationen über Vorgangsfälle allerdings sind einzelfallbezogen. Sie werden nur bei Auftreten von Ausnahmesituationen oder geänderten Rahmenbedingungen notwendig.

> ➤ **Schnittstellen** sorgen für die Verbindung der Subsysteme mit der vorhandenen EDV-Infrastruktur:

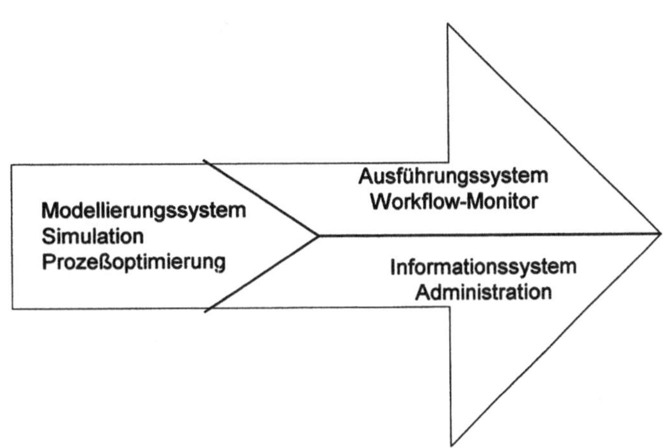

Abbildung 6.4:
Architektur eines
Workflowsystems

Die WFMC (<u>W</u>ork<u>f</u>low <u>M</u>anagement <u>C</u>oalition) hat die Architektur-Überlegungen zum Workflow in Standardisierungsbemühungen einfließen lassen und die Modellierungskomponente als „Build-Time" sowie das Ausführungs- und Informationssystem als „Run-Time"-Komponente festgeschrieben. Ausgespart bleibt zunächst die Simulation. Zur Systemintegration sind darüber hinaus fünf Schnittstellen vorgesehen.

Ein Workflowmonitor als zentraler Teil der Ausführungseinheit überwacht die Vorgangssteuerung und referenziert für jeden Vorgangsschritt die entsprechende Applikation. Die Organisationsdatenbank steuert die entsprechenden Rollen der am Vorgang beteiligten Mitarbeiter. Der Benutzer selektiert und bearbeitet letzlich den Bestand seiner Arbeitsliste.

Workflow als Anwendungsdrehscheibe

Diese Einordnung verdeutlicht, dass Workflow keine isolierte EDV-Anwendung ist, sondern alle gängigen Büroanwendungen wie Textverarbeitung, Tabellenkalkulation, Graphik oder Archivierung in die Bearbeitung einbindet. Workflow-Systeme sind als Drehscheibe zwischen Anwendungsprogrammen zu verstehen, die die Kommunikation zwischen diesen regelt und über die Arbeitsliste den Arbeitsfortschritt den betrof-

fenen Mitarbeitern transparent macht. Für die eigentlichen Bearbeitungsschritte stehen andere Programme zur Verfügung:

Abbildung 6.5:
Funktionalität eines
Workflowsystems

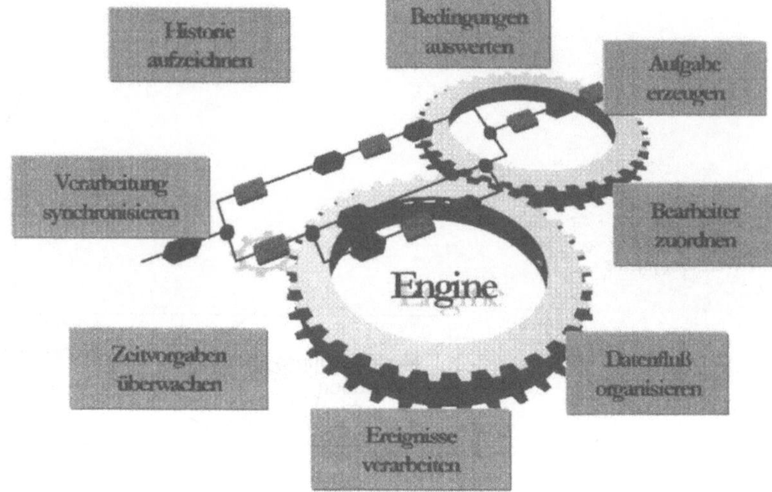

Geschäftsprozesse unterscheiden sich in ihren Ausprägungen sehr stark.
Ein praktischer Weg Workflows zu kategorisieren, besteht darin, sie
gemäß der Applikationen, die sie schwerpunktmäßig unterstützen, einzu-
teilen: Produktions-, AdHoc-, Collaborativer und Anwender-zentrierter
Workflow [5, S. 4-6]:

Tabelle 6.2:
Workflowkategorien

Gruppe	Beschreibung
Production Workflow	Merkmal ist, dass das System die Kontrolle ausübt, die Erledigung der Aufgaben überwacht und die definierte Organisationsstruktur einhält. Folglich ist die Bearbeitung monoton und wiederholt sich häufig – starke Strukturierung. Ausnahmen existieren nicht, so dass das System starr und unflexibel ist – Kreditanträge.
Ad-Hoc-Workflow	Der Benutzer oder Auslöser kontrolliert den Ablauf rund um die Aufgabe. Er besitzt demzufolge einen eigenen Entscheidungsspielraum, so dass dieser Typus für unstrukturierte, einmalig auftretende Vorgänge geeignet ist. Die Prozessbedingungen sind nicht vordefiniert, sie entstehen während des Ablaufes. Prozessbeteiligte werden situationsabhängig eingebunden oder ausgeschlossen – Nähe zu Groupware, Dokumentenweiterleitung, da Teams und nicht Prozesse als organisatorische Bezugsobjekte dienen.
Collaborativer Workflow	Die Prozesse weisen eine hohe Komplexität auf und sind nur wenig strukturiert. Gegenüber der Ad-Hoc-Varainte haben Informationen jedoch einen wesentlich höheren Stellenwert - Produktentwicklung
Anwenderzentrierter-Workflow	Wie beim Production Workflow ist der Prozess streng definiert. Wesentlich ist allerdings, dass nicht nur Dokumente weitergereicht werden, sondern dass simultan Anwendungen initiiert werden, die einen Teil der Vorgangsbearbeitung übernehmen. Dieses Konzept setzt voraus, dass klassische Workflow-Tools auch Anwendungen einbinden können. Zusätzlich bietet die Integration des Internets die Möglichkeit, Geschäftsprozesse auf Kunden und Lieferanten auszudehnen. Neuartige Web-Anwendungen erweitern das Segment der kundenzentrierten Anwendungen über Unternehmensgrenzen hinweg und stellen einen direkten Weg zu vor- und nachgelagerten Bereichen her.

6.3   Nutzen von Workflow-Systemen

Da Workflow-Systeme sich schwerpunktmäßig auf stark strukturierte Vorgänge richten, beziehen sie einen Großteil ihrer Vorteile aus den Schwächen der herkömmlichen funktionsorientierten Bürokommunikation:

> ➤ Für die einbezogenen Bearbeiter erhöht sich die Prozesstransparenz. Sie werden von Routineentscheidungen entlastet.

> ➤ Fehler werden durch Vermeidung von Mehrfacheingaben und Verringerung von Medienbrüchen reduziert.

> ➤ Durchlaufzeiten verringern sich, da nun nicht mehr erhebliche Zeitanteile für die Suche und das Wiederauffinden von Dokumenten notwendig sind.

Vorteile der Prozessorientierung

Ein weiteres Potential erschließt sich durch die prozessorientierte Sichtweise:

> ➤ Durch ein gezieltes Workflow-Management lassen sich erhebliche Produktivitätsgewinne erzielen. Vorgänge werden einheitlich und personenunabhängig abgewickelt und die Bearbeiter der Aufgaben können diese durch Filtern und Priorisieren individuell organisieren. Der Arbeitseingangskorb enthält Dokumente und Daten die für die Vorgangsbearbeitung notwendig sind und entbindet damit von aufwendigen Recherchetätigkeiten – einer Hauptursache von Ineffizienz.

> ➤ Führungskräfte können durch Eingriffe für eine gleichmäßige Mitarbeiterauslastung sorgen, Vorgänge auf Termintreue überwachen und in Ausnahmefällen den Workflow aktiv modifizieren.

> ➤ Der inhaltliche Zusammenhang aller Schritte kann durch eine konsistente Modellierung hergestellt werden. Da die Prozessregeln nun nicht mehr ausschließlich in den Köpfen der Mitarbeiter ruhen, verbessert sich die Prozesskontrolle und -transparenz.

> ➤ Die Verfahrensabsicherung erfolgt durch vordefinierte Arbeitsschritte.

Probleme

Dennoch sind Szenarien denkbar, in denen der gewünschte Erfolg eines Workflow-Einsatzes ausbleibt [9]. Ein Grund kann darin bestehen, dass die Anzahl der potentiellen Ausprägungen und Ergebnisse der einzelnen Vorgangsschritte unterschätzt wurde. Workflow-Systeme verlangen wohldefinierte Regeln, Rollen und Bedingungen mit der Folge, dass der Entwurf eines automatischen Ablaufs alle Alternativen erfassen und programmieren muss. Diese Aufgabe kann in ihrer Komplexität das Potential eines Workflow-Systems übersteigen. Zudem besteht nur sehr eingeschränkt die Möglichkeit, subjektive Entscheidungen vorherzusehen und in den Ablauf zu integrieren. Hier kommt der Umstand zum Tragen, dass sich Workflow-Systeme schwerpunktmäßig auf stark strukturierte Prozesse richten. Eine weitere Schwäche kann in der Schwierigkeit liegen, dynamisch Prozesse anpassen, ausbauen oder vollständig neu gestalten zu müssen.

6.4 Workflow-Beispiele

Typische Vorgänge, die mit einem Workflow-System beschrieben und effizient abgewickelt werden können, sind:

> Spesenabrechnungen, Urlaubs- und Dienstreiseanträge

> Reklamationen, Beschaffung von Waren und Dienstleistungen

> Eigentumsübertragungen

> Personalbeschaffung

> Freischalten von Mobiltelefonen

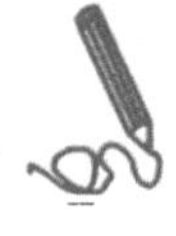

Beispiel

Kfz-Schadensbearbeitung - **formalisierbarer Vorgang** [8, S. 16]

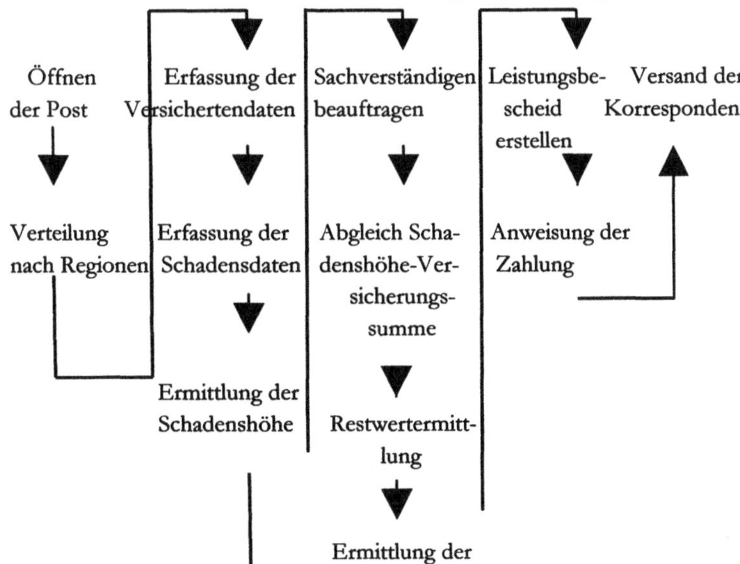

Bearbeitung einer Gewerbeanmeldung - **nicht formalisierbarer Vorgang**

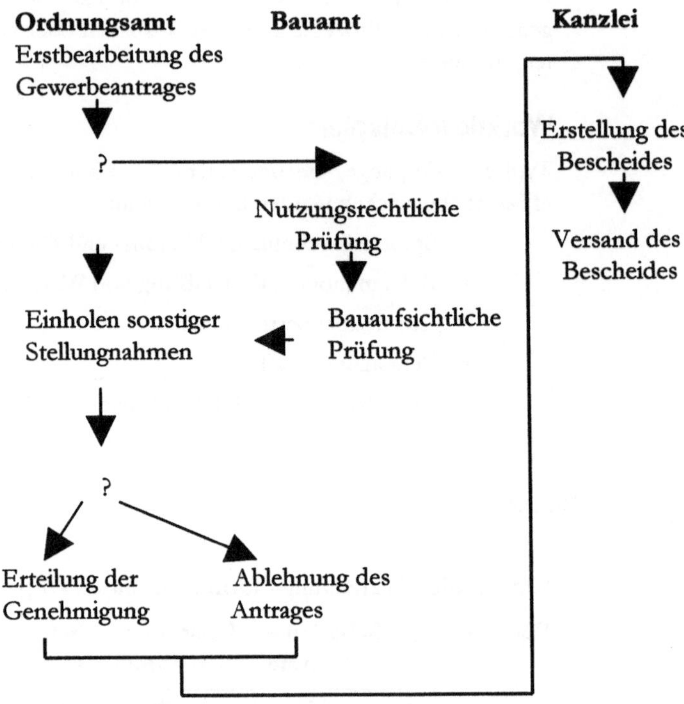

6.4.1   Modellierung des Rollkonzeptes

Der organisatorische Rahmen eines Workflows wird durch Objekttypen wie Angestellter, Gruppe oder Abteilung dargestellt, die ihrerseits durch Relationen wie ist Vorgesetzter von, berichtet an, gehört zu Bereich, beschrieben ist.

Die einzelnen Vorgänge sind an bestimmte Personen gebunden. Was passiert aber, wenn eine dieser Personen die Organisation verlässt und ein Stellvertreter die Position übernimmt. Die statische Zuordnung in Form von Personen erweist sich hier als zu inflexibel und wird üblicherweise durch eine Rolle ersetzt. Im folgenden Beispiel geschieht dies durch das Ersetzen der Ressource Person durch die Rolle Reisender, Manager und Sachbearbeiter. In großen Organisation erweist sich die reine Zuweisung einer Rolle zu einem Vorgang noch immer als zu vage;

denn ohne genaue Spezifizierung würde jeder Manager des Unternehmens den Reiseantrag eines beliebigen Mitarbeiters genehmigen können. Um diesen unerwünschten Effekt zu vermeiden, müssen Manager und Reisender zur gleichen Gruppe gehören. Diesem Umstand wird durch die Definition der allgemeinen Variablen x des Beispiels Rechnung getragen. Selbst diese Applikationssemantik reicht in einigen Fällen noch nicht aus, nämlich wenn der Reisende kurzfristig zum Manager der Gruppe ernannt wird. In diesem Falle könnte er sich alle Reisen selbst genehmigen. Die organisatorische Zuordnungsstrategie sieht hierfür die Berücksichtigung der nächsthöheren Hierarchiestufe vor [2, S. 17ff]:

Beispiel

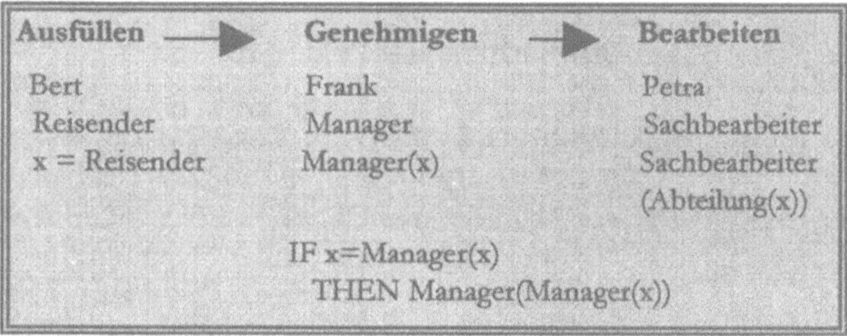

Abbildung 6.6:
Bezug zwischen
Workflow und
Rolle

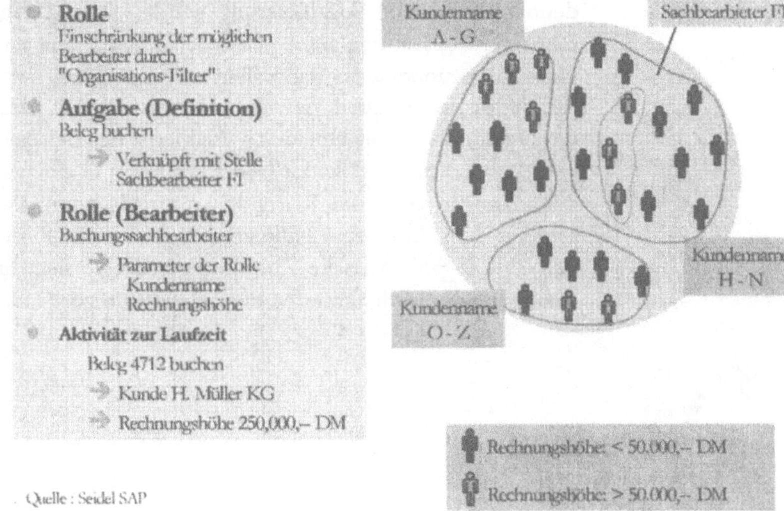

6.4.2   Urlaubsantrag als Petri-Netz

Eine andere als die bisherige pragmatische Darstellungsform von Workflows ist die Formulierung als Petri-Netz. Als Beispiel für diesen Beschreibungstyp dient im Folgenden die Urlaubsantragsstellung. Über den üblichen Ablauf hinaus kann das Workflow-System den Urlaub in den persönlichen Kalender des Mitarbeiters integrieren und überprüfen, ob er während der beantragten Urlaubszeit einen unaufschiebbaren Termin in einem Projekt hat. Außerdem kann während der Abwesenheit die Vertreterrolle gemäß des Organigramms geregelt werden. Denkbar sind auch weitergehende Plausibilitätsbetrachtungen, wie die Sicherstellung, dass zwei Personen gemäß ihrer Rolle nicht gleichzeitig Urlaub nehmen dürfen. Die steigende Komplexität durch die Berücksichtigung vieler Restriktionen zeigt folgendes Beispiel: Person 1 stellt einen Urlaubsantrag, den Person 2 genehmigen muss. Laut Rollenkonzept ist Person 1 der Vertreter von 2. Stellt Person 1 den Antrag wenn Person 2 im Urlaub ist, würde er bis zur Rückkehr von 2 liegenbleiben. Ein Workflow-System könnte jedoch erkennen, dass der Vorgesetzte im Urlaub ist und gemäß des Organigramms der Antragsteller dessen Vertreter ist. Somit gelangt der Antrag zur Genehmigung an den Antragsteller zurück [10]:

Abbildung 6.7:
Urlaubsantrag als
Workflow

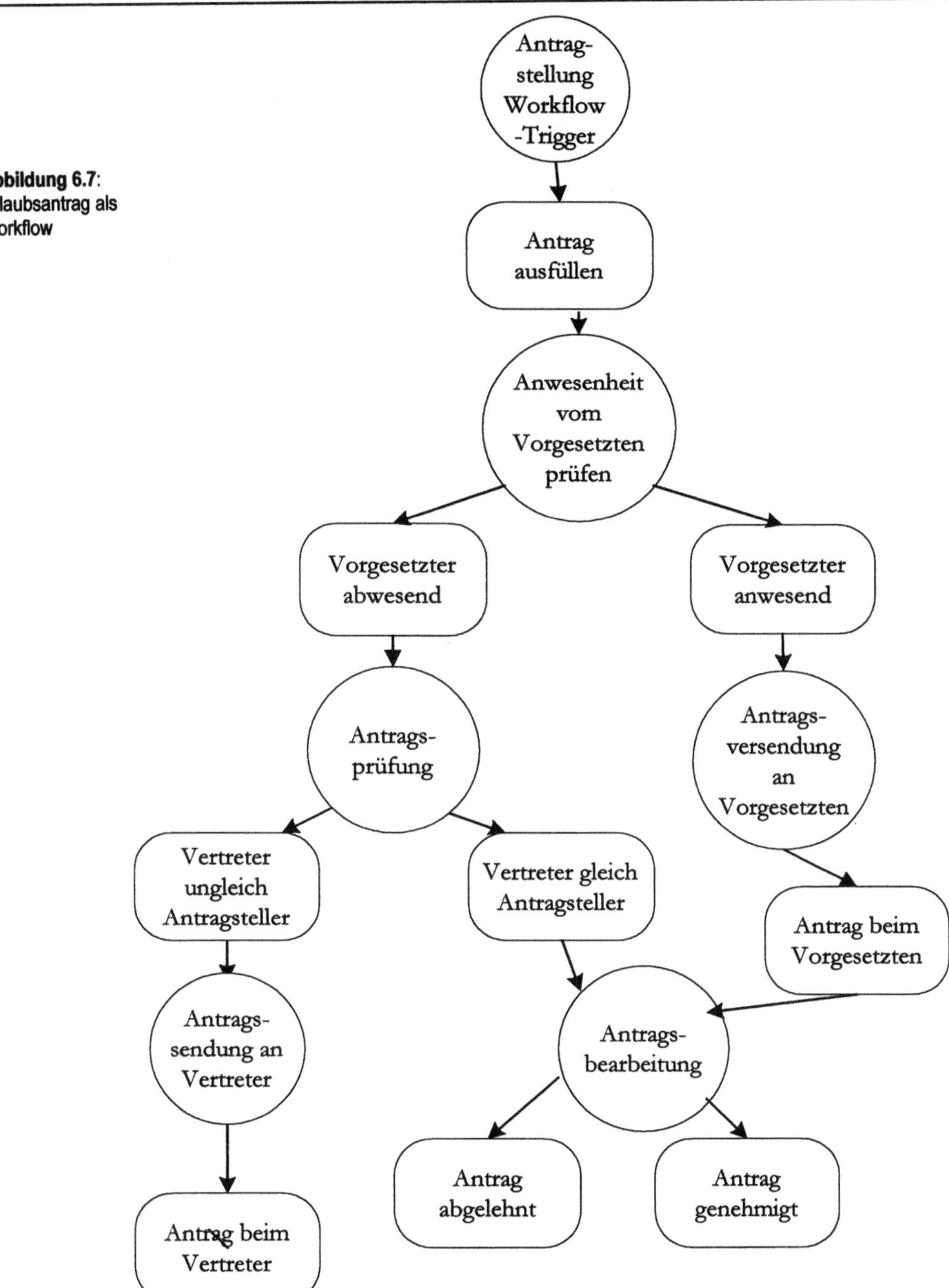

6.5 Standardisierung

Die Bemühungen, die theoretisch und organisatorisch formulierten Ansprüche an Workflow-Systeme zu vereinheitlichen, finden ihren Niederschlag in Vorschlägen der Workflow Management Coalition (WFMC), einer im August 1993 gegründeten internationalen non-profit Organisation mit über 90 Mitgliedern. Dazu wird ein abstrakter Rahmen gewählt, in den sich alle Produkte dieser Sparte abbilden lassen.

6.5.1 Basismodell

Das Basismodell [10] unterscheidet eine „Build Time" und eine „Run Time"-Version mit der Vorstellung, in der ersteren die Geschäftsprozessdefinition und das Design zu hinterlegen und in der zweiten die Einrichtung und Kontrolle der Prozesse sowie deren Interaktion mit dem Anwendern zu steuern:

Abbildung 6.8: Basismodell der WfMC

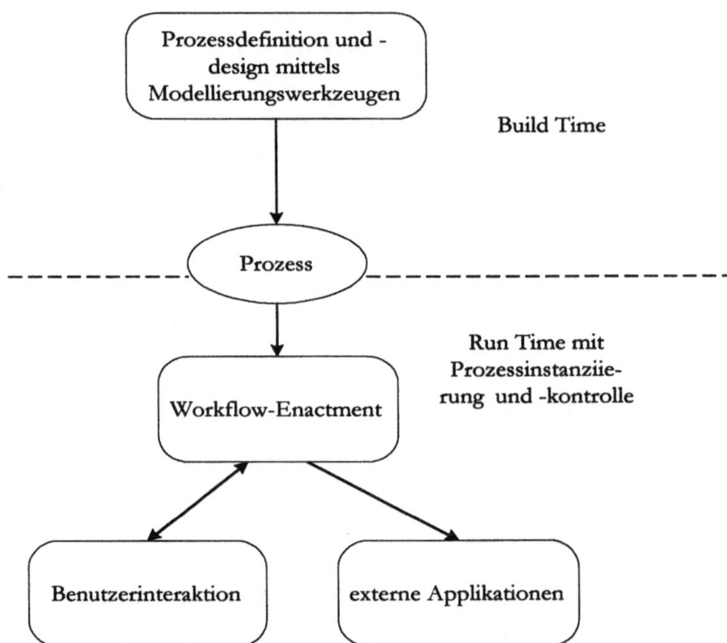

Das Herzstück dieser konzeptionellen Modellvorstellung bildet das Workflow-Enactment mit der Aufgabe, die Prozessdefinition zu interpretieren und auf dieser Grundlage die einzelnen Anwender mit den zugehörigen Daten und Vorgängen zu versorgen. Dabei bedient sich das Modell unterschiedlicher Datentypen:

> **Vorgangssteuerungsdaten**, als interne Daten zur Steuerung der Workflow-Enactment und seines Zustandes

> **Workflow-Anwendungsdaten**, die von externen Applikationen erzeugt und importiert werden.

6.5.2   Referenzmodell

Auf diesen Überlegungen fußt das von der WFMC vorgeschlagene detailliertere Referenzmodell [10]:

Abbildung   6.9:
Referenzmodell
der WfMC

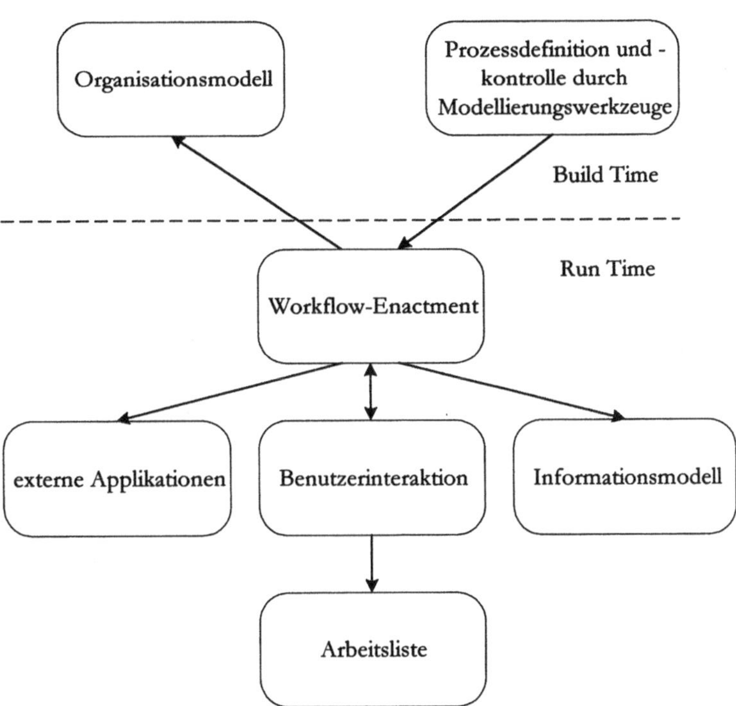

Wie aus der Abbildung leicht abzulesen ist, deckt bei weitem nicht jedes System die gesamte Funktionalität des Modells ab. So besteht die Hauptaufgabe der Prozessdefinition darin, die verbale Beschreibung der Geschäftsprozesse in eine DV-gerechte Form zu transformieren. Von diesem Idealfall sind die derzeit verfügbaren Systeme noch weit entfernt, so dass auf formale Definitionssprachen oder Modellbeschreibungen zurückgegriffen werden muss. In ihnen werden die einzelnen Aktionen und ihre Reihenfolge, der Bezug zum Organisationsmodell und die Aufgabenträger der Einzeltätigkeiten festgelegt.

Schnittstellendefinitionen

Die Modellstruktur zeichnen fünf Kategorien von Interfaces aus, die die Interoperabilität und Kommunikation verschiedener Workflow-Ansätze gewährleisten sollen. Die Workflow-Enactment ist dabei zentrales Element des Referenzmodells. Sie kann eine oder mehrere Workflow-Engines beinhalten und stellt die Run-Time-Umgebung zur Verfügung [4]:

> **Schnittstelle 1** liegt zwischen Prozessdefinitions-Werkzeug und Workflow-Enactment. Zur Analyse, Modellierung und Beschreibung der Geschäftsprozesse soll über diesen Kanal die Möglichkeit geschaffen werden, unterschiedliche Werkzeuge mit der gesamten Facette von Informationsarten einzubinden:

> ❖ Bedingungen für Prozessstart und -ende
>
> ❖ Prozessaktivitäten
>
> ❖ Definition von Bedingungen und Regeln
>
> ❖ Zuteilung von Ressourcen

> **Schnittstelle 2** beschreibt das Zusammenspiel von Workflow-Enactment und Benutzerinteraktion in Form des Workflow-Clients. Dieser präsentiert dem Benutzer eine Arbeitsliste mit auszuführenden Tätigkeiten, aus der heraus Programme mit den dazugehörigen Daten aufgerufen werden können. Die Workflow-Client-Applikation kann Teil des eigentlichen Workflow-Managementsystems sein, sie kann aber auch als separate Komponente in Form einer E-Mail-Applikation oder einer individuellen Anwendung auftreten.

> **Schnittstelle 3** erkennt alle aufgerufenen externen Applikationen und bildet damit die zentrale Komponente um Fremdsysteme anzubinden. Typischerweise arbeiten Workflow-Systeme mit anderen Diensten wie Fax, E-Mail oder Dokumenten-Management zusammen. Über „Tool Agents" werden diese Services an den Workflow-Kern angebunden.

> **Schnittstelle 4** ermöglicht das Zusammenwirken mit anderen Workflow-Systemen, für dessen Realisierung vier Vorschläge existieren:

> ❖ **Verkettete Services:** Eine Aktion aus Prozess A wird mit einem Arbeitsschritt aus Prozess B über eine Standard-API verknüpft.

❖ **Hierarchisches Modell:** Prozess B wird vollständig in einen Arbeitsschritt von Prozess A gekapselt, so dass sein Start- und Endpunkt in A liegt.

❖ **Peer-to-Peer:** Diese Variante erlaubt die Mischung mehrerer Arbeitsschritte und muss daher den Zugriff auf die Prozessdefinition erlauben.

❖ **Parallele Synchronisation:** Die Arbeitsschritte unterschiedlicher Prozesse werden ab einem entsprechenden Synchronisationspunkt unabhängig voneinander abgearbeitet.

➤ **Schnittstelle 5** betrifft die Zusammenarbeit der Administrations- und Monotoring-Werkzeuge eines Herstellers mit dem Workflow-Enactment und ermöglicht:

❖ die Benutzerverwaltung

❖ die Rollenzuordnung

❖ das Berechtigungsmanagement

❖ die Ressourcenkontrolle

unabhängig davon, mit welchem System gearbeitet wird.

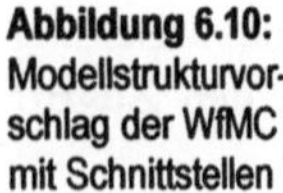

Abbildung 6.10:
Modellstrukturvor-
schlag der WfMC
mit Schnittstellen

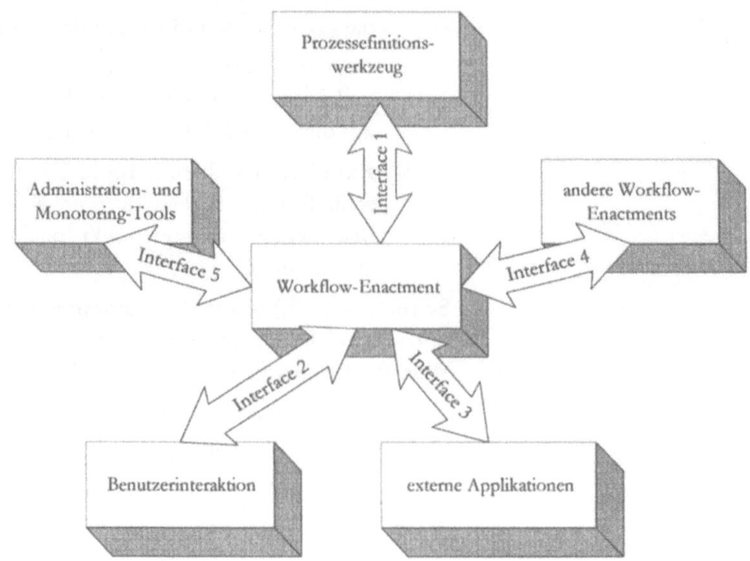

Ende 1995 hat die Workflow Management Coalition eine erste Spezifikation für ein „Workflow Application Programming Interface" (WAPI) zur Unterstützung des Interfaces 2 veröffentlicht.

Interface 4 ist für die Kommunikation zwischen unterschiedlichen Workflow-Engines zuständig und soll die durchgängige Prozessweiterführung über Systemgrenzen hinweg ermöglichen. 1996 wurde hierfür eine Spezifikation verabschiedet und von einigen Herstellern prototypisch implementiert, allerdings ohne nennenswerten Erfolg bei kommerziellen Anwendungen. Die Gründe für den Misserfolg lassen sich nur erahnen:

> Der Standard deckt nur die Ebene der Workflow-Engines ab. Da aber Abläufe erst geplant werden müssen, ist eine Integration der Prozessdefinition ein wesentlicher Gesichtspunkt. Nur auf dieses Weise lässt sich eine konsistente Durchgängigkeit vom Entwurf zur Realisierung erreichen.

> Der Standard deckt nur feldformatierte Daten ab. Im administrativen Kontext stehen aber Dokumente im Vordergrund mit Standards wie HTML oder XML.

> Schließlich fordert das Interface 4 einen vorab Austausch der Prozessdefinitionen. Fällt dies schon innerhalb einer Organisationseinheit schwer, dürfte es unternehmensübergreifend

reine Utopie sein, wenn z.B. zwischen rechtlich getrennten Workflow-Besitzern interne Daten des Produktionsprozesses offengelegt werden müssen.

Daher kommt dieser Schnittstelle für wichtige Trends wie E-Commerce oder Supply Chain Management keine Bedeutung zu. Obwohl von Anwender- als auch von Herstellerseite häufig das Fehlen verbindlicher Vereinbarungen beklagt wird, scheinen die Bemühungen der WfMC nur von wenig Erfolg gekrönt zu sein.

6.6   Trends

Der Workflowgedanke ist zwar in viele Produkte eingeflossen, der durchschlagene Markterfolg lässt aber auch sich warten. Oft bereitet eine zu technisch orientierte Sicht der Unternehmen den Boden für Fehlschläge, weil die organisatorischen Änderungen vernachlässigt werden. Damit zementiert aber das neue Workflowsystem die ineffizienten Strukturen und stellt den Erfolg grundsätzlich in Frage. Dennoch Workflows lassen sich mittlerweile auf vielfältige Art mit neuen Entwicklungen des DV-Geschehens verbinden:

Workflow und neue Technologien

> **Internet**: Wesentliches Merkmal der Einbeziehung des Internets ist die Öffnung nach außen oftmals in Form eines Extranets. Auch Dritte wie Lieferanten oder Kunden werden direkt in die Prozesskette einbezogen. Das erklärt die Bedeutung von Autorisierungs- und Authentisierungsnachweisen und die zentrale Rolle des web-basierten Zahlungsaustausches.
>
> Im Business-to-Business-Bereich existieren nicht nur reine Beziehungen zwischen Handelspartnern, sondern Online-Partnerschaften, die unterschiedliche Geschäftsprozesse und Kommunikationsbeziehungen verbinden und letztlich eine homogene Prozesskette bilden sollen. Bei der Umsetzung der Workflow-Idee in traditioneller Sicht kommt der organisatorischen Komponente die Hauptbedeutung zu. Die Implementierung unternehmensübergreifender Prozesse stellt jedoch aus mehreren Gründen eine besondere Herausforderung dar. Die Komplexität steigt durch das Vorhandensein mehrerer Akteure und deren unterschiedlicher strategischer Ziele. Weiterhin ist die Vielfalt der Unternehmenskulturen, Führungsprinzipien und organisatorischen Strukturen nicht zu vernachlässigen. Ein wesentlicher Erfolgsfaktor ist daher die Integration dieser unterschiedlichsten Anforderungen.

Ein weiteres wichtiges Kriterium ist die Schaffung einer gemeinsamen und verbindlichen Informationsstruktur. So muss gewährleistet sein, dass alle Informationsobjekte wie Tabellen und Belege eines Unternehmens derart aufgebaut und organisiert sind, dass die angebundenen Partner diese in ihre Geschäftsprozesse einbinden können.

> **Expertensysteme:** Reine Workflow-Designs-Tools wie ARIS werden zu vollständigen Ablaufumgebungen weiterentwickelt. Ergebnisse und Auswertungen werden zurückgeladen und zur Optimierung des Prozessgeschehens genutzt.

> **Anwendungen:** Workflow-Produkte auf deren Grundlage erst Anwendungen erstellt werden müssen, verlieren zunehmend an Gewicht. Workflows fungieren vielmehr als Handlungswerkzeuge von Anbietern, die gemeinsam mit den Nutzern vollständige vorkonfigurierte Lösungen anbieten. Die Bindung Nutzer – Produkt verliert damit an Relevanz.

> **Vision:** Mini-Workflows werden bedeutsamer. Nicht mehr die große Gesamtlösung steht im Vordergrund, sondern die Umsetzung kleiner im Hintergrund ablaufender Prozesse gewinnt an Gewicht. Beispiele dafür sind die Einbindung von Telearbeitsplätzen, das Electronic Publishing oder die Archivierung.

6.7   Literatur

[1] Heilmann, H.: Workflow Management: Integration von Organisation und Informationsverarbeitung in: HMD 176, 1994, S. 8 - 21

[2] Jablonski, S.: Workflow-Management-Systeme: Motivation, Modellierung, Architektur, in: Informatik Spektrum Heft 18, 1995, S. 13 - 24

[3] Jablonski, S.: Workflow-Management-Systeme: Modellierung und Architektur, Thomsen's Aktuelle Tutorien, 1995

[4] Kampffmeyer, U., Merkel, B.: Standards für offene Systeme: Workflow Management Coalition, in: Computerwoche 20, 1996, S. 45/46

[5] Rathgeb, M.; Weiß, D.: Rechnerbasierte Unterstützung von Geschäftsprozessen, in: PC-Netze, Heft 4, 1995, S. 80 - 82

[6] SAP: Informationsbroschüre Business Workflow: Funktionen im Detail, 1994.

[7] Seidel, Wolf-D.:Workflow und Reorganisation in Verbindung mit optischer Archivierung, SAP-Präsentation, 1998

[8] Storp, H.: Konzentration auf das Wesentliche, in: Computerwoche EXTRA, Heft 3, 1994, S. 15 - 17

[9] Trammell, K.: Workflow without Fear, in: Byte, Heft 4, 1996, S. 55 - 60

[10] Versteegen, G.: Den Tendenzen zum Wildwuchs entgegenwirken, in: Computerwoche EXTRA, Heft 4, 1995, S. 12 - 15

7   Groupware

7.1   Grundlagen und Prinzipien

Groupware ist für die Computerunterstützung gruppenorientierter Arbeitsabläufe bereitgestellte Software [6, S.345]. Darunter versteht man den koodinierten Austausch gruppenbezogener Information und ihre kooperative Bearbeitung. Groupware richtet sich damit schwerpunktmäßig auf die Abbildung nicht formalisierbarer Vorgänge und bildet den Kontrapunkt bezüglich der geschäftsprozessorientierten Sichtweise der Workflow-Systeme.

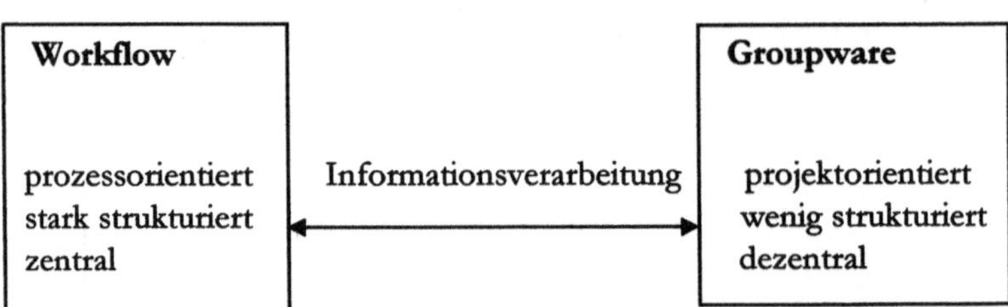

Der Groupwaregedanke integriert unterschiedliche Personen und Funktionsträger zu Teams. Einerseits existieren Gruppen, deren Mitglieder gleichberechtigt sind, wie z.B. Projektteams, andererseits gibt es Gruppen, deren Mitglieder bewußt mit unterschiedlichen Funktionen ausgestattet sind, z.B. Konferenzteilnehmer mit Sitzungsleiter, aktiven Teilnehmern und Beobachtern.

Die Groupwareidee erhält Nahrung durch:

> ➤ ihre Etablierung als interdisziplinäres Forschungsgebiet im Sinne des Computer Supported Cooperative Work (CSCW), das sich mit den Potentialen der Informations- und Kommunkationstechnologie für die Zusammenarbeit von Personen und Gruppen einerseits und andrerseits mit den sozialen, psychologischen und organisatorischen Effekten der Gruppenarbeit auseinandersetzt.

> ➤ einen Wandel der Informationsverarbeitung in Richtung vollständiger Vernetzung und Kommunikation von Computerarbeitsplätzen.

> ➤ einen Wandel der Märkte hinsichtlich Time to Market, Kundenorientierung und flache Hierarchien.

Abbildung 7.2:
Groupware und
Umfeld

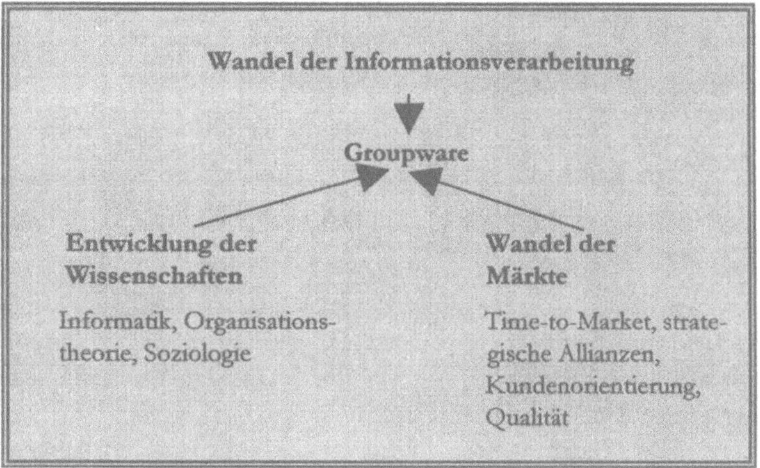

7.1.1   Groupwaremerkmale

Groupwaresysteme werden insbesondere durch Mechanismen der Zusammenarbeit der einzelnen Gruppenmitglieder charakterisiert. Zusammenarbeit entsteht in der Interaktion zwischen Personen, die unterschiedliche Formen und Ausprägungen zwischen den Beteiligten annehmen kann. Die Grundlage hierfür setzt mehrere Teilkomponenten voraus:

Groupwarekomponenten

> *Partitionierung* teilt das Projekt in Arbeitsschritte und weist den Gruppenmitgliedern Teilaufgaben zu

> *Koordination* organisiert die Teamzusammenarbeit. Sie stimmt die Tätigkeiten der beteiligten Benutzer und Lösung von Konflikten zwischen diesen ab, vermeidet Mehrfach- oder sich widersprechende Tätigkeiten. Die Koordination der Interaktion ist abhängig von der Gruppengröße sowie von der bevorzugten Arbeitsweise ihrer Gruppenmitglieder. Kleine Teams benötigen weniger Koordination als große Gruppen. Wie in Workflow-Systemen existieren hier feste Regeln, die den Ablauf steuern und überwachen.

> *Kooperation* widmet sich dem zugrunde liegenden Geschäftsprozess und stellt einen gemeinsamen virtuellen Arbeitsplatz zur Verfügung. Dazu ist ein gemeinsamer Zugriff

auf Informationen und die Kontrolle über erfüllte und zu erfüllende Aufgaben notwendig.

> ➤ ***Kommunikation*** sichert über E-Mail den Informationsaustausch zwischen beteiligten Benutzern.

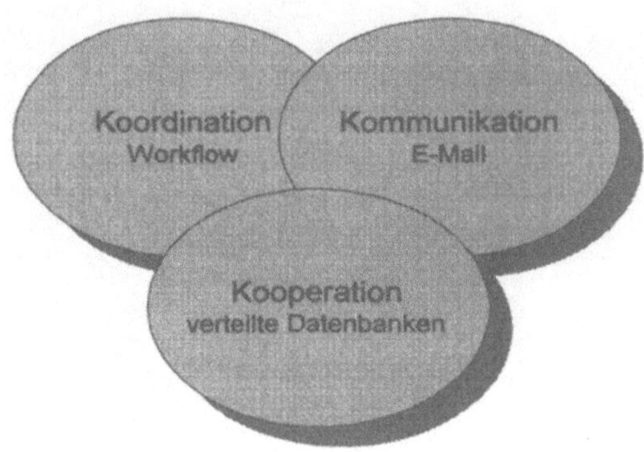

Die effektive Umsetzung in eine erfolgreiche Teamarbeit erfordert:

> ➤ diszipliniertes Verhalten und soziales Denken

> ➤ qualitativ hochwertige Arbeitsmittel in entsprechender Vielfalt

Ein Hilfsmittel hierfür bildet naturgemäß die elektronische Post, die in Groupware allerdings weit über die Nachrichtenfunktion hinausgeht, indem sie versucht eine integrierte Plattform für die Entwicklung und den Einsatz einer neuen Klasse von Client-/Server-Anwendungen zu sein. Diese Anwendungen sollen helfen, insbesondere den Fluß von unstrukturierten Informationen innerhalb von Arbeitsabläufen zu lenken, und zwar auf der Teamebene genauso wie zwischen verschiedenen Firmen. Groupware stellt Wissen unabhängig von Zeitzonen, räumlichen Entfernungen und Netzwerkgrenzen zur Verfügung und bildet damit die kollektive Intelligenz des Unternehmens, um neue unstrukturierte Informationsquellen zu erschließen.

7.1.2   Kooperationssituationen

Eine Zusammenarbeit von Individuen im Hinblick auf ein gemeinsames Ziel setzt eine Wechselbeziehung zwischen den einzelnen Akteuren und der Gruppe voraus. Dazu bedarf es einerseits der Kommunikation zum

Zwecke des Informationsaustausches und andererseits der Synchronisation, um die Gruppenmitglieder in ihren Aktionen aufeinander abzustimmen. Die Abbildung dieser Anforderungen kennt zwei Modellvarianten:

> ➢ Das **Sendemodell** stützt sich auf die Mail-Komponente und dient primär der Weiterleitung von Dokumenten nach jedem Bearbeitungsschritt. Die Workflow-Beschreibung liegt in der Festlegung des Weges, den eine Nachricht auf dem Weg bis zur vollständigen Bearbeitung zurücklegt.

Beispiel

Der Lagerbestand eines Artikels unterschreitet nach einer Bestellung den Mindestlagerbestand. Hierdurch wird automatisch eine Neubestellung beim Lieferanten ausgelöst und dem Lagermeister die entsprechende E-Mail in seine Mailbox gestellt. Dieser prüft die Korrektheit der Bestellung und unterzeichnet sie mit seiner elektronischen Unterschrift. Das auf diese Weise erstellte Dokument wird anschließend an den Einkauf und das Rechnungswesen zur Weiterbearbeitung weitergeleitet.

> ➢ Beim **gemeinsam genutzten Modell** liegen die die Gruppe betreffenden Dokumente in einer Datenbank, die in regelmäßigen Abständen von allen Teammitgliedern auf für sie relevante überprüft wird. Gegebenenfalls werden Antwortdokumente erstellt oder das Original bearbeitet.

Beispiel

> Ein Kunde bittet um eine Beratung. Die Zentrale vermerkt Name, Adresse und Beratungswunsch in einem für Vertriebsbeauftragte zugänglichen Dokument. Ein Vertriebsbeauftragter registriert, dass der Kunde in seinem Bezirk wohnt und setzt den Bearbeitungsstatus von „offen" auf „in Arbeit". Nach erfolgter Beratung des Kunden erstellt er ein Bestelldokument und ändert den Status in „bestellt". Der Verkauf sieht in der Datenbank nur Dokumente mit diesem Status und übernimmt es in seine Datenbank zur Weiterverarbeitung.

Kooperationssituat
ionen

Eine gängige Klassifizierung aller potentiellen Interaktionsarten erfolgt nach räumlicher und temporärer Verfügbarkeit in vier Kooperationssituationen [3, S. 341]:

> ➢ *gleiche Zeit / am gleichen Ort.* Dieses Schema entspricht weitgehend dem Workflowgedanken.
>
> ➢ *verschiedene Zeit / am gleichen Ort.* Hierunter werden alle Anwendungen zusammengefasst, die der zentralen Kooperationsunterstützung dienen. Primäre Zielgruppe ist hier die Workgroup.
>
> ➢ *gleiche Zeit / an verschiedenen Orten.* Die Ortunabhängigkeit betont den dezentralen Kooperationsaspekt einer Gruppe.
>
> ➢ *verschiedene Zeit / an verschiedenen Orten.* Diese Situation ist typisch für den Nachrichtenaustausch, bei dem zeitversetzt, der Empfänger nicht synchron erreichbar sein muss.

Die folgende Übersicht zeigt mit diesen Szenarien verknüpfte beispielhafte Anwendungen:

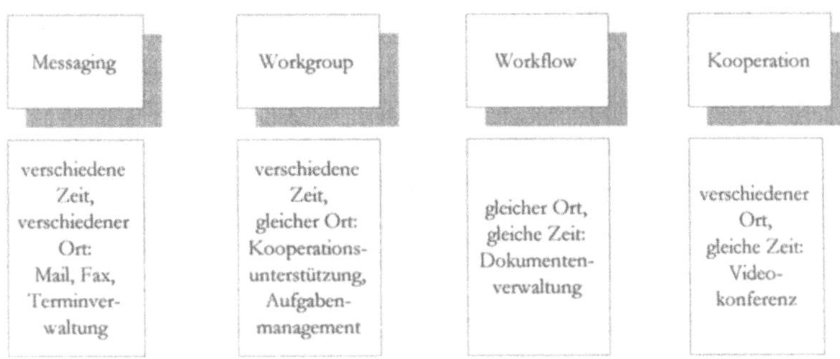

Abbildung 7.4: Kooperationssituationen und potentielle Anwendungen

Beispiel

> Eine Werbeagentur mit zwei räumlich getrennten Filialen legt ihre Werbespots in einer zentralen Groupwaredatenbank ab. Damit wird die herkömmliche Art der Vorführung und Verteilung der Filme umgangen, und den Kunden kann die Realisierungsmöglichkeit und Wirkung von Werbespots von jedem Agenturstandort demonstriert werden. Andererseits, da beide Filialen gemeinsam Projekte bearbeiten, werden an verschiedenen Standorten Teile der Aufträge übernommen. Die jeweiligen aktuelle Bearbeitungsstände werden zunächst in der lokalen Datenbank abgelegt und über einen automatischen Abgleich zu einem späteren Zeitpunkt unternehmensweit verfügbar gemacht. Auf diese Weise lassen sich neue Spots problemlos ergänzen oder durch überarbeitete ersetzen. Der Agentur ist es somit möglich geworden, Interessenten in jeder Niederlassung die aktuellen Inhalte zu präsentieren, ohne bei Vorführungen Online-Verbindungen mit hoher Bandbreite zu benötigen.

In der Redaktion eines Nachrichtenmagazins [11] findet in einer vernetzten Multimedia-Umgebung eine abschließende Sitzung zur Wochenausgabe statt. Der Chefredakteur bespricht mit der Herausgeberin das endgültige Layout. Dazu benutzen beide mehrere Anwendungen. Mit einem Telezeiger deuten sie auf kritische, diskussionswürdige Dokumentenstellen, und über eine Audio- und Videoverbindung unterhalten sie sich zu diesen Textstellen mittels sprachlicher Erklärungen und Gestik. Stoßen beide auf ein Problem bei einem Artikel der Sportredakteurin, laden sie diese elektronisch ein, Stellung zu beziehen, ohne eine weitere Redaktionssitzung einberufen zu müssen. Die Sportredakteurin unterbricht ihre aktuelle Sitzung mit einem Kollegen und erklärt den beiden Verantwortlichen die problematische Stelle.

7.2   Architektur von Groupwaresystemen

Die Architektur von Groupwaresystemen wird wesentlich durch technische Kriterien bestimmt. Dazu gehören [10]:

> **Standards**: Die Integration in heterogene Rechnerumgebungen ist ein wesentliches Merkmal der Akzeptanz und des Investitionsschutzes. Groupwareprodukte wie Lotus Notes sind daher bemüht, Interoperabilität zu bieten. Im Gegensatz zu ihren proprietären Entwurfseigenschaften unterstützen sie alle gängigen Betriebssysteme und Kommunikationsprotokolle. Ihre Einbindung in bestehende Applikationen erfolgt allerdings in der Mehrzahl über produktspezifische API's (Application Programming Interfaces).

> **Dokumentenmanagement:** Auf Basis von Compound Documents lassen sich Dokumente aus Bestandteilen mehrerer Anwendungen auch multimedialer Natur, zusammensetzen. Diese können auch in Datenbanken anderer Systeme residieren. Groupware gestattet den Benutzern die Informationssuche und -organisation über Volltextretrievalmechanismen einschließlich der Verwendung weitreichender Suchoperatoren. Der Datenspeicher selbst wird zwar als Datenbank bezeichnet, ist aber keine relationale Datenbank und dementsprechend nicht auf die transaktionsorientierte Massendatenverarbeitung ausgerichtet. Die grundsätzliche Zielrichtung liegt vielmehr in der Verwaltung unstrukturierter Information auf Dokumentenbasis.

> **Sicherheitskonzepte**: Neben dem Passwortmechanismus zur Authentifikation des Benutzers wird häufig eine bidirektionale Authenifikation zwischen Client und Server unterstützt. Zu den weiteren Sicherheitsmechanismen zählen die Verschlüsselung auf Feldebene genauso wie die digitale Signatur.

Eine Benutzerdifferenzierung erfolgt durch hierarchisch gestaffelte Zugangsberechtigungen in Form unterschiedlich ausgeprägter Zugriffslisten.

➢ **Nachrichtenaustausch**: Ein ortsunabhängiger Zugriff auf gemeinsame Informationen und die Integration von E-Mail-Komponenten direkt in die Felder und Masken der Groupwareanwendung zeigt die starke Bedeutung des Kommunikationsaspektes. Traditionell weisen Groupwareprodukte eine ausgefeilte Nachrichtenaustauschtechnik mit Gateways zu vielen E-Mail-Systemen auf.

➢ **Replikation**: Ein Replikationsmechanismus, als Ausdruck bewusster redundanter Datenhaltung für Anwendungen, die eine gewisse Asynchronität der Datenaktualität und eine zeitweise Dateninkonsistenz tolerieren, unterstreicht die dezentrale Ausrichtung von Groupware. Replikationskonflikte aufgrund von Änderungen mehrerer Benutzer eigenständiger aber abzugleichender Datenbanken können nur manuell aufgelöst werden. Die Replikation selbst erfolgt feldbezogen, so dass nur die Felder angepasst werden, die seit der letzten Synchronität modifiziert wurden.

➢ **Anwendungsentwicklung**: Groupware sollte einerseits einen Werkzeugcharakter zur Erstellung unternehmensweit einsetzbarer Anwendungen bieten, andererseits so transparent und einfach konzipiert sein, dass nahezu jeder Anwender kleinere Aufgaben programmieren und pflegen kann. Dazu dienen in erster Linie Agenten und Macrosprachen, erweitert um Schnittstellen zu traditionellen Programmiersprachen.

Nur wenn diese technischen Kriterien zum überwiegenden Teil erfüllt sind, werden Unternehmen sich entschließen, Groupware als neues Konzept der Büroumgebung zu akzeptieren.

7.3   Groupware vs. Datenbank-Managementsysteme

Groupware ist keinesfalls als Ersatz traditioneller relationaler Datenbankssyteme gedacht. Vielmehr ist die Ausrichtung von Groupware die Unterstützung von Teamarbeit im verteilten Umfeld auf der Grundlage unstrukturierter „weicher" Daten. Zur Klarstellung der unterschiedlichen Zielrichtungen und zur besseren Abgrenzung gegeneinander sollen im Folgenden einige Kerneigenschaften von relationalen Datenbanken denen von Groupware gegenübergestellt werden:

Stärken relationaler Datenbanken

➢ Relationale Datenbanken unterstützen *Transaktionen*, d.h. eine Folge von Aktionen, die eine abgeschlossenen logische Einheit bilden. Eine Ausführung nur einer Aktion oder gar der Abbruch derselben hat einen inkonsistenten Datenbestand zur Folge. Beispiel für diesen Tatbestand ist eine Buchung zwischen zwei Bankkonten mit den Schritten:

1. Abbuchung des Betrages von einem Konto

2. Gutschrift des Betrages auf dem Zielkonto

Eine Unterbrechung dieser Überweisung an einer beliebigen Stelle führt zu einem ungewollten Zustand.

➢ Schwerpunkt relationaler Datenbanken ist die Verarbeitung stark strukturierter Daten.

➢ Innerhalb ihres Datenbestandes erlauben relationale Datenbanken beliebige Auswertungen und flexible Datenverknüpfungen. Damit werden unterschiedlichste Sichten auf einen zentralen Datenpool möglich.

➢ Datenbanken beruhen auf dem Prinzip der Trennung von Daten und Programmen. Dadurch wird gewährleistet, dass individuelle Applikationen nur einen gemeinsamen Datenbestand nutzen. Dieser zentralisierte Ansatz erlaubt eine ausgedehnte Kontrolle der Daten. Dazu gehören das Sperren von Daten bei konkurrierendem Zugriff durch mehrere Benutzer oder die Überwachung der Integrität der Daten.

➢ Die zentralisierte Zusammenführung der Daten auf einem Rechner (=Server) beschränkt den Datenaustausch auf den Firmenbereich. Eine Kommunikationsfähigkeit mit externen Datenbeständen ist aus Sicherheitserwägungen oft nicht beabsichtigt.

Groupwarestärken

Demgegenüber weisen die Stärken von Groupware in eine substantiell andere Richtung:

➢ Haupteinsatzgebiet von Groupware ist der Bereich unstrukturierter dokumentenbasierter Information. Damit entzieht sich Groupware dem Feld der strukturierten Massendatenverarbeitung.

➢ Groupware unterstützt einen dezentralen Ansatz. Ausdruck dieser Zielrichtung ist der Replikationsmechanismus als Abgleich und Synchronisation räumlich verteilter dynamischer Datenbestände. Da dadurch bewusst redundante Datenbestände an unterschiedlichen Orten in Kauf genommen werden, ist Groupware kein Instrument zur Transaktionsverarbeitung.

> ➤ Groupware integriert zur Kommunikation der Gruppenmitglieder eine E-Mail-Komponente sowie weitere Konzepte zur Unterstützung der Teamarbeit. In Verbindung mit der Dokumentenorientierung und der Replikation entsteht damit ein Werkzeug zur Abbildung ortsübergreifender Geschäftsprozesse.

> ➤ Groupware erlaubt den externen Datenaustausch durch die Replikation einerseits, durch die Anbindung an das Internet andererseits.

Eine abschließende Gegenüberstellung der Stärken und Schwächen von Groupware zeigt folgendes Bild:

Tabelle 7.1: Stärken und Schwächen von Groupware [1, S. 63]

Stärken	Schwächen
Verarbeitung „weicher" Daten in semi-strukturierten Prozessen	keine transaktionsorientierte Verarbeitung „harter" Daten in stark strukturierten Prozessen
Verarbeitung gruppenbezogener Daten	keine Massendatenverarbeitung
Unterstützung mobiler Anwendungen	Performanceeinbußen bei großen Datenbeständen
Replikation zum gezielten Austausch und Abgleich verteilter dynamischer Datenbestände.	kein Sperren von Daten bei konkurrierendem Zugriff
integrierte E-Mail-Komponente und Werkzeuge zur Unterstützung gruppenorientierter Abläufe	keine ständige Gewährleistung der Datenkonsistenz
	Datenredundanz durch Mehrfachspeicherung in verteilten Umgebungen

7.4 Nutzen von Groupware

Der Nutzen des Groupwareeinsatzes richtet sich auf sehr unterschiedliche Aspekte. Sie reichen von gruppendynamischen Prozessen über typische Bürokommunikationsaktivitäten bis zu positiven organisatorischen Auswirkungen:

> die Stimulierung der Kreativität Einzelner und eine verbesserte Ausnutzung der Gruppendynamik.

> eine Verringerung von Medienbrüchen bei Geschäftsvorgängen und damit das Ausräumen einer Schwachstelle der herkömmlichen Bürokommunikation.

> eine stärkere Integration der Mitarbeiter in das Organisationsgefüge. Die Mitglieder einer Gruppe geraten bezüglich ihrere Projekte verstärkt in die Rolle der Bringschuld von gruppenbetreffenden Informationen.

> die Bildung virtueller Teams quer zur Organisation. Diese Möglichkeit bietet die aufgabenbezogene Zusammenarbeit Einzelner an Projekten jenseits der üblichen Grenzen der Aufbauorganisation.

> ein leichterer Austausch problemorientierter Information ohne das notwendige Wissen über die Datenorganisation. Groupware organisiert das Wissen und Know-How des Unternehmens und erleichtert dessen Management. Ohne zusätzliches Hilfsmittel würde das gesamte Unternehmenswissen weiterhin in Dateien oder den Köpfen der Mitarbeiter schlummern - ein Zustand der für Teamarbeit untragbar ist.

> eine steigende Wissenstransparenz durch zunehmend flache Organisationsstrukturen als Teil des Lean Managements. Status- und Hierarchieunterschiede verlieren an Bedeutung mit der Konsequenz, dass in einer kritischeren Betrachtungsweise oftmals tiefergehende Lösungen gesucht werden.

> ein Organisations- und Strukturierungsinstrument und damit die Grundlage eines umfassenden „Business Re-Engineerings".

7.5   Probleme des Groupwareeinsatzes

Der Groupwarezug gewinnt nur sehr langsam an Fahrt. Das liegt an einer Vielzahl von Schwierigkeiten, die dieser Idee naturgemäß innewohnen. Umsetzungsprobleme existieren vor allem aus folgenden Gründen:

> Alternative Arbeitszeiten und -orte stellen Störung der Organisation dar und werden insbesondere von Vorgesetzten mißtrauisch betrachtet.

> Eine Transparenz der Gruppenarbeitsweise kann Akzeptanzprobleme bei Gruppenmitgliedern auslösen. Ein „opinion lea-

der" dominiert das Kommunikationsverhalten der gesamten Gruppe.

➤ Groupware führt zu einer Schwächung des sozialen Umfeldes. Die Kontakte Einzelner außerhalb der Organisationsstruktur werden durch ein straffes Kommunikationsmanagement faktisch wertlos.

➤ Groupware beeinflusst alle herkömmlichen Unternehmensstrukturen:

❖ Die Aufbau- und Ablauforganisation wird je nach Grad der Ernsthaftigkeit des Groupwareeinsatzes durch ein Redesign von Geschäftsprozessen starken Veränderungen unterworfen.

❖ Die Rollenverteilung von Gruppenmitgliedern muss neu überdacht und möglicherweise durch ein Job-Enrichment attraktiver werden.

➤ Die Groupwarebeteiligung spiegelt die persönliche Kommunikationspräferenz wider und kann von vollständiger Ablehnung bis zur permanenten Selbstdarstellung reichen.

➤ Ohne das entsprechende Bewusstsein und die Motivation der Mitarbeiter stellt sich nur schwer ein Erfolg ein; denn die Veränderungen in den Denkprozessen und Verhaltensstrukturen sind nur durch ein evolutionäres Vorgehen nicht aber durch eine Revolution zu erreichen.

7.6   Groupwareanwendungen

Groupware lässt sich nur schwierig als geschlossenes System und dementsprechend als einheitliche Software auffassen. Sie repräsentiert sich vielmehr durch ihre Einzelkomponenten. Diese erstrecken sich auf die dem Groupwaregedanken zugrundeliegenden Kooperationssituationen und auf die Unmenge von Informationsarbeiten, bei denen großes strategisches Potential freizulegen ist:

➤ **E-Mail-Systeme** mit Konsistenz der Ablage und einer Kategorisierungsmöglichkeit als Abgrenzung gegenüber herkömmlichen E-Mail-Systemen.

➤ **Termin- und Aufgabenmanagement** als schwerpunktmäßige Unterstützung des Koordinationsgedankens.

➤ **Screen-Sharing-Werkzeuge** zur Unterstützung mehrerer Anwender bei der Sicht auf eine gemeinsame Arbeitsfläche

mit   rotierenden   oder   gleichzeitigen   Aktualisierungs-
berechtigungen.

➤ **Konferenzsysteme** zur Verwaltung der Tagesordnung, der
Protokollierung des Sitzungsverlaufs und ihrer Ergebnisse,
sowie elektronisches Brainstorming und einer Abstim-
mungsfunktion durch automatische Punktvergabe.

➤ **Telekooperationswerkzeuge** zur gleichzeitigen Bearbeitung
von Dokumenten durch mehrere Teilnehmer mittels:

  ❖ Multimedia-E-Mail

  ❖ Filetransfer

  ❖ Joint Viewing/Editing - Telepointing

  ❖ Vorgangsbearbeitung

auf Arbeitsplätzen mit einer entsprechenden Audio/Video-
Ausstattung. Die vorgenommenen Änderungen werden transparent auf allen Bildschirmen angezeigt.

➤ **Informationsdatenbanken**, die papiergebundene Referenz-
informationen und elektronische Archive verfügbar machen.
Dadurch verbessert sich die Datenaktualität erheblich und die
Pflege vereinfacht sich.

➤ **Wissensmanagement** in der Weise, dass nun im Unternehmen erzeugte Informationen nicht nur dem lokalen Umfeld
präsent sind, sondern durch ein systematisches Informations-
Sharing an jeder Stelle verfügbar sind. Hierdurch erreichen
Unternehmen Kosteneinsparungen, eine höhere Qualität und
schnellere Arbeitsabläufe.

➤ **Workgroup-Anwendungen** zur individuellen Unterstützung
standortübergreifender Teams. Projektbezogene Arbeitsgruppen gestalten sich ihr Umfeld weitgehend selbständig. Dabei
werden nicht nur mehrere Standorte einbezogen, sondern
möglicherweise auch Mitarbeiter fremder Unternehmen.

7.7   Trends und Entwicklungsperspektiven: Workflow - Group-ware

Es zeigt sich, dass Groupware in erster Linie keine technische Herausforderung darstellt, sondern der Nutzer eine klare Vorstellung der Wir-
kungszusammenhänge besitzen muss, da sonst organisatorische und
unternehmenskulturelle Faktoren der Akzeptanz im Wege stehen. Überhaupt dürften es vorwiegend zwischenmenschliche Komponenten sein,
die der geforderten Anpassung der Geschäftsabläufe entgegenstehen. So

werden die Ergebnisse einer Planungsgruppe, die quer zur Organisation etabliert ist, oft als Angriff auf das interne Machtgefüge angesehen. Ohne die Klärung und Transparenz der neuen organisatorischen Struktur reicht die reine Einführung von Groupware zur Straffung althergebrachter Verfahrensweisen nicht aus.

Konzeptvergleich

Eine abschließende Bewertung beider Konzepte - Workflow und Groupware - lässt sich leicht anhand der Gegenüberstellung ihrer wesentlichen Merkmale erreichen:

> *Groupware* zielt auf die Unterstützung projektorientierter, fallweiser und nur wenig strukturierter Teamarbeit. Während der Durchführung können Ad-hoc-Einflüsse auftreten, die eine Änderung des Bearbeitungsablaufes erzwingen. *Workflow* dagegen unterstützt prozessorientierte, gut strukturierte oder strukturierbare Geschäftsvorgänge. Die deterministische Abfolge der einzelnen Arbeitsschritte erinnert an eine Fließbandstruktur im Büro.

> Beim *Workflow-Ansatz* spielt das System eine aktive Rolle, steuert Abläufe, löst Aktionen aus, reicht Dokumente weiter. Der Anwender ist passiv und reagiert nur auf Systemvorschläge. Diese Strategie bei der das System den Benutzer treibt und ihm die zu bearbeitenden Aufgaben sowie die notwendigen Werkzeuge und Daten vorgibt, wird als **Push-Strategie** umschrieben. Dem Benutzer bleibt allenfalls einen wertende Funktion; auf den Ablauf kann er jedoch keinen Einfluss nehmen.

> Das Gegenteil der Push-Strategie bildet das **Pull-Prinzip**, bei dem das Team das steuernde Element darstellt, automatisch die bestgeeigneten Werkzeuge auswählt, die notwendigen Informationen zusammenstellt und die Prozessfortführung definiert. Dieses Vorgehen entspricht weitgehend dem Groupware-Gedanken, der in seiner Flexibilität auch ein Stück Firmenphilosophie beinhaltet.

> *Groupware* setzt im Gegensatz zu Workflow aktive Teams oder Anwender voraus. Ihnen obliegt die Organisation der Gruppe, ihre Koordination und Kommunikation. Hier eröffnet sich also ein gewaltiger Gestaltungsspielraum.

> *Workflow* dient zur Unterstützung von Sachbearbeitung und Routineaufgaben: Bestellbearbeitung, Beschaffungsanforderung, Hypothekenanträge. *Groupware* ist ein Instrument für Entscheidungs-, Projekt- und Teamaufgaben: Protokolle, Jahresabschlüsse, Zeichnungen, Terminabstimmungen

Merkmal	Workflow	Groupware
Prozesse	stark strukturiert, prozessorientiert	unstrukturiert, projektorientiert
Modellierung des Vorgangsablaufes	ja – aktiver Eingriff in die Gestaltung von Arbeitsabläufen	Nein – kein Eingriff in die Abläufe; nur Bereitstellung der Daten
Geschäftsregeln	im Vorgangsdesign enthalten	in der Anwendung hinterlegt
Kontrolle	durch das System	durch die Benutzer eigenverantwortlich
Fokus der EDV-Umsetzung	Geschäftsprozesse	Informationsfluß
Integration von Desktop-Anwendungen	häufig	immer
Benutzer	passiv/push-Prinzip	aktiv/pull-Prinzip
System	aktiv	passiv
Benutzerzahl	wenige	sehr viele
Datenvolumen	groß - hoher Imageanteil	moderat
Administration	zentral	dezentral
Produktivitätssteigerung	Prozess – Vorgang steht im Mittelpunkt	Team – Mitarbeitergruppe steht im Mittelpunkt
Einführung/ Komplexität	hoch	hoch
Investitionskosten	hoch	mittel

Die Entwicklung der Workflow- und Groupwarekonzepte ist längst noch nicht abgeschlossen. Der Diskussionsstand deutet darauf hin, dass die primären Anwenderinteressen irgendwo zwischen Pull- und Push-Prinzip angesiedelt sind. Dies liegt sicherlich darin begründet, dass Groupware letztlich ähnlich strikte Vorgaben benötigt wie ein Workflow. Obwohl Workflow-Management und Groupware-Systeme von ihrem Ansatz her unterschiedliche Ziele verfolgen, so können sie doch gemeinsam in den Unternehmen effizient eingesetzt werden. Workflow-Komponenten unterstützen die korrekte und effektive Abarbeitung von Routineaufgaben, Groupware konzentriert sich auf die Bewältigung unkonventioneller Fälle und Planungsaufgaben. Da beide Arten von Tätigkeiten in jedem Unternehmen vorkommen, ist die Entwicklung hin zu Workflow-unterstützenden Groupware-Systemen verständlich. Aber auch die Systemverschmelzung in umgekehrter Richtung ist denkbar. Die Berücksichtigung von Gruppenaspekten in Workflow-Systemen führt dazu, dass nicht nur Routinearbeiten, sondern auch dispositive Arbeiten abgedeckt werden können.

Beide Konzepte haben darüber hinaus durch die Internet-Technologie eine neue Dimension bekommen. Die Bearbeitung von Geschäftsvorgängen unabhängig von Zeit und Ort lässt gerade global agierende Unternehmen über einen Einsatz WWW-basierter Prozesse im Groupware- und Workflow-Kontext nachdenken. Da Prozesse in beiden Konzepten definiert sind, jeder Nutzer seinen Aufgabe kennt, Regeln hinterlegt und Ressourcen zugewiesen sind, können viele Arbeitsschritte über das Internet standortübergreifend mit allen zeitlichen Restriktionen abgewickelt werden. Das web-fähige SAP Business Workflow zeichnet hier die Entwicklungsrichtung vor. Die Kombination der Web-Technologie, die den kollaborativen Gedanken betont, mit einen Standardzugriffswerkzeug wie dem Internetbrowser und dem Internet selbst als Verteilungsmedium eröffnen neue Chancen der Zusammenarbeit. Das Fallen der standortgebundenen Sichtweise ist aber auch eine Möglichkeit für die Organisation virtuelle Unternehmen, als netzwerkartigem Zusammenschluß unabhängiger Firmen mit gemeinsamer Zielsetzung aber variierenden technischen und organisatorischen Voraussetzungen zu etablieren.

Groupware, Workflow und Internet

7.8   Literatur

[1] Dierker, M., Sander, M.: Lotus Notes 4.x, Addison Wesley, 1996

[2] Förster, B., Gronau, N.: Increased Compitiveness using Groupware, in: H. Krallmann(Hrsg.) Wirtschaftsinformatik '97, Physica-Verlag, 1997, S. 183 - 197

[3] Gappmeier, M.: Computerunterstützung kooperativen Arbeitens (CSCW), in: Wirtschaftsinformatik, Heft 3, 1992, S. 340 - 343

[4] Gruhn, V.: Geschäftsprozesse werden immer komplexer, in: Computerwoche FOCUS, Heft 4, 1997, S. 17 - 19

[5] Hasenkamp, U., Kirn, S., Syring, M.: CSCW - Computer Supported Cooperative Work, Addison-Wesley, 1994

[6] Informatik-Spektrum, Heft 14, 1991, S. 345 - 348

[7] Lotus Development: Domino Workflow – Automating Real-World usiness Processes, White Paper, 1999

[8] Rentergent, J.: Aus der Kombination zweier Gegensätze einen Gewinn erzielen, in: Computerwoche 14, 1996, S. 34

[9] Riggert, W.: Workgroup-Systeme übernehmen immer mehr Workflow-Merkmale, in: Computerwoche 14, 1996, S. 36

[10] Roberts, B.: Groupwar Strategies, in: Byte, Heft 7, 1996, S. 68 - 78

[11] Teamarbeit in verteilter, multimedialer Umgebung, in: Sonderdruck aus magazin forschung, Heft 2, 1993, S. 33 - 42

Die Welt dreht sich schneller. Der Zusammenbruch des asiatischen Marktes, die Einführung des Euro, das explosive Wachstum des Internets, das Auftauchen neuer Technologien und die Deregulierung des Telekommunikationsmarktes tragen dazu bei, dass sich die Marktkräfte neu ordnen. Firmenzusammenschlüsse oder -käufe und globale Allianzen sind an der Tagesordnung. Diese Aktivitäten erfordern ein ständiges Business Reengineering, das oft mit gravierenden Änderungen verbunden ist. Neue Geschäftsmodelle müssen schnell implementiert werden, um wettbewerbsfähig zu bleiben. Betriebswirtschaftlich wirken sich die rasch wandelnden Rahmenbedingungen in sinkenden Gewinnmargen, einer immer schwächer werdenden Kundenloyalität und einer schwindenden Produktorientierung aus. Internetgestützen Abläufe und Electronic Commerce bilden oft den letzten Ausweg, im Wettbewerb bestehen zu können. Die Entwicklungsstufen dieser Neuorientierung zeigt folgende Skizze:

Abbildung 8.1:
Entwicklungsstufen
des E-Commerce

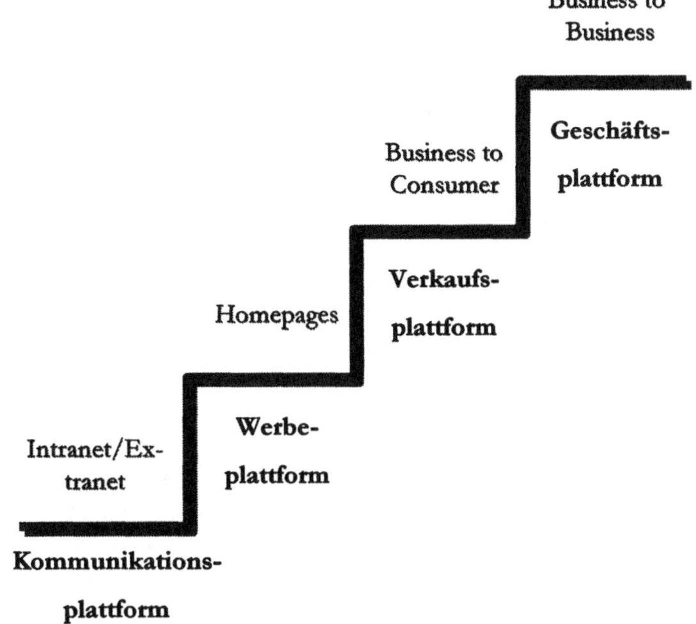

Quelle : E. Königs, SAG-Symposium, Hamburg 1999

E-Commerce unterscheidet sich nicht wirklich von seinem konventionellen Pendant, dem traditionellen Handel. Kunden informieren sich weiterhin, vergleichen Preise oder bestellen Waren, erhalten diese und bezahlen sie. Unter diesem Blickwinkel ist aus Nachfragersicht nichts revolutionär neues zu entdecken. Anders sieht es auf Unternehmensseite aus. Hier bahnen sich tiefgreifende Folgen für die internen Prozesse an. Die Geschwindigkeit mit der sich die Rahmenbedingungen ändern steigt ständig, was hohe Anforderungen an die interne Organisation und die Integration in die bestehende IT-Landschaft bedeutet. Hinzu kommt, dass der Begriff „Handel" zunehmend weiter gefasst wird. E-Commerce heißt nicht nur elektronische Einkaufsmöglichkeit, sondern umfasst den gesamten Geschäftsprozess von der Werbung, Geschäftsanbahnung und –abwicklung bis zur Kundenbindung. Die beteiligten Partner sind einerseits die Konsumenten (Business-to-Consumer), aber auch andere Unternehmen (Business-to-Business) oder öffentliche Einrichtungen (Business-to-Administation). Schätzungen des Potentials dieses neuen Geschäftsmodells liegen in Größenordnungen, die für viele Unternehmen eine Neuausrichtung unausweichlich erscheinen lassen.

In den meisten Szenarien dominiert noch die Technik. Viel zu wenig geht es um innovative Geschäftsmodelle oder neugestaltete Geschäftsprozesse. Hinderlich wirken sich vor allem überkommene Verkaufstraditionen, zementierte Marktstrukturen und die Unkenntnis der potentiell Betroffenen aus. Aber mit den dem E-Commerce zugrundeliegenden Techniken wie Internet, Intranet oder Extranet lassen sich gerade Geschäftsabläufe quer durch alle Branchen kommunikativer und integrativer entwerfen. Erfolgreiches, wenn nicht das erfolgreichste Beispiel in diesem Bereich ist Amazon. Der Online-Buchhandel verfügt über einen Informationspool, der weit über einfache Buchtitel und Bestellinformationen hinausgeht. Kundenprofile, personalisierte Informationen und Ranking-Mechanismen ermöglichen schon heute eine gezielte Adressierung der Kunden.

8.1   Grundlagen und Prinzipien

Die Zahl der neu erschlossenen Geschäftsmodelle vergrößert sich ständig. Alle Aktionsfelder verwerten Informationen und erzeugen durch deren schnelle Bearbeitung in hoher Qualität einen Mehrwert für die Kunden. Derzeit lässt eine Kategorisierung der einzelnen Aktivitäten folgende Schwerpunkte erkennen:

> **Shops**: Gemeinsame Vermarktung in Form eines Internet-Einkaufszentrums zur Erschließung zusätzlicher Absatzmärkte

> **Auktionen:** Versteigerung von Waren Online ohne Anreise der Bieter und ohne Transport der Ware zum Auktionsort

> **Dienstleistungen:** Unterstützung eines Teils der Wertschöpfungskette, z.B. Logistik oder Rechnungserstellung

> **Teamorganisation:** Bereitstellung einer Plattform für virtuelle Teams, deren Mitglieder räumlich getrennt und zeitlich unabhängig zusammenarbeiten

> **Informations-Brokering:** Anbieten von Informationen zu Produkten, Beratungsleistungen und Geschäftsdaten

> **Online-Verkauf:** Bestellung von Waren bei gleichzeitiger Prüfung der Verfügbarkeit, Erstellung der Rechnung und Angabe des Liefertermins.

Einschätzungen der Dynamik der E-Commerce-Aktivitäten zeigen, dass sich die Evolution vom reinen Marketing-Werkzeug zum allumfassenden Geschäftsmodell vollziehen kann:

Abbildung 8.2:
Die Evolution des E-Commerce

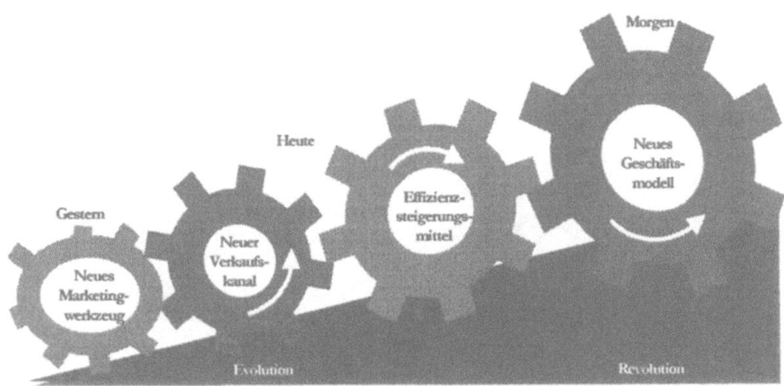

Quelle : Th. Goette , SAG-Symposium, Hamburg, 1999

> **Supply-Chain-Management:** Zur Herstellung eines Produktes wird Material transportiert und bearbeitet. Innerhalb eines produzierenden Unternehmens geschieht dies vom Wareneingang bis zum Versand, unternehmensübergreifend vom Rohstoff bis zum Endprodukt. Der Produktionsvorgang deckt die gesamte Wertschöpfungskette oder Supply Chain ab. Die Zielsetzung des Supply Chain Managements ist es, den mit der Produktion verbundenen Materialfluß hinsichtlich Planung der Kapazitäten und materiellen Nebenbedingungen zu gestalten. Das Ergebnis sind höhere Erträge und steigende Umsätze, da gezielter und schneller auf Kundenwünsche ein-

gegangen und unnötige Lagerhaltung vermieden werden kann. Die Umsetzung dieser Idee stößt jedoch schnell an ihre Grenzen, da alle Unternehmen hinsichtlich ihrer Supply Chain unterschiedlich strukturiert sind. Unternehmen entwickeln sich unterschiedlich, haben ihre eigene Historie und weisen organisatorische Differenzen auf. Dementsprechend sind die Anforderungen an ein computergestütztes Supply-Chain-Management sehr unterschiedlich. Sie reichen von der Unterstützung bereichsübergreifender Vorgänge bis zur unternehmensweiten Prozesssteuerung. Erst langsam setzt sich der Gedanke durch, dass diese Kette auf die Integration vor- oder nachgelagerter Bereiche ausgedehnt und auf diese Weise auch der E-Commerce-Idee Rechnung getragen werden kann. E-Commerce entwickelt sich damit zu einem strategischen Element, dessen Umsetzung sich in mehreren Stufen vollzieht und mehr ist, als die einfache Einbindung neuer Technologien:

Abbildung 8.3:
E-Commerce und Unternehmensstrategie

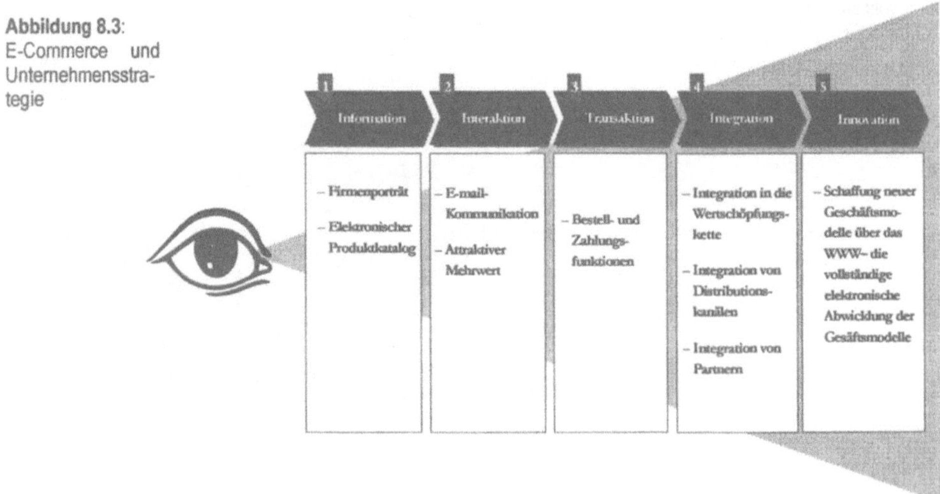

Prognosen über die Auswirkungen des E-Commerce wechseln zwischen Zurückhaltung und Überschwang:

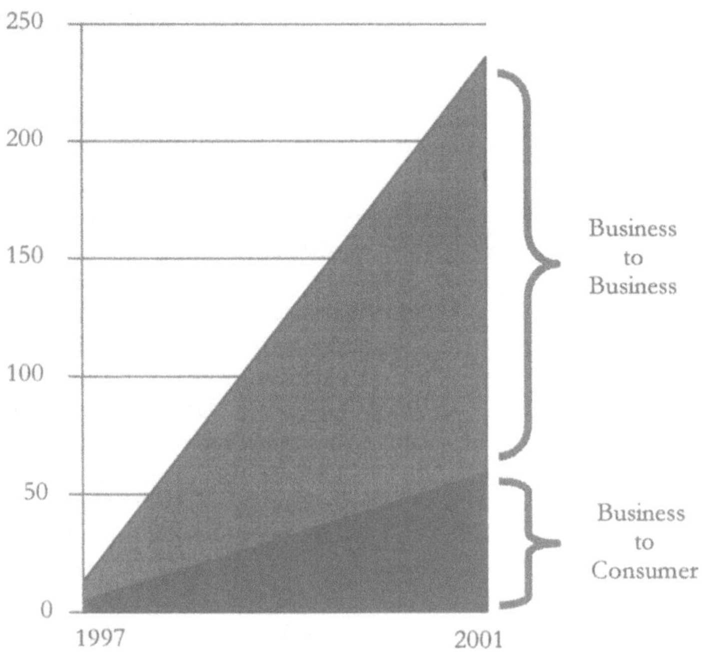

Source: IDC

Zukunftsszenarien

❖ Der weitaus größte Anteil des Web-Geschäftes entfällt in Zukunft auf das Segment Business-to-Business.

❖ Geschäftsbeziehungen der Zukunft finden verstärkt digital statt. Extranets und Web-basierte EDI-Systeme in Verbindung mit XML werden den traditionellen Austausch von Geschäftsdaten verdrängen.

❖ Statt staatlicher Regulierung wird sich das Internet weitgehend selbst organisieren. Urheberschutz, Haftungsfragen, Datenschutz und Verbraucherschutz werden weitgehend ohne staatliche Hilfe festgelegt.

❖ E-Commerce verändert bestehende Geschäftsprozesse und Wertschöpfungsketten in den Unternehmen nachhaltig.

➢ **Internet und unternehmensübergreifende Prozesse**: Der Wandel der Geschäftsabläufe stellt für die meisten Unternehmen eine große Herausforderung dar. Das Internet als Ba-

Unternehmens-
übergreifender
Informationsfluß

Gefahren des E-
Commerce

sis der Abwicklung von Außenbeziehungen erfordert völlig neue Denkstrukturen und eine Abkehr vom traditionellen isolierten Unternehmensbezug. Neue Prozessmodelle und Organisationskonzepte müssen aufgebaut und etablierte Wertschöpfungsketten überdacht und modifiziert werden. Die Folge ist, dass zwischen den Beteiligten eine deutliche engere Verzahnung entsteht. Um die Prozesse zu beschleunigen und die Lagerhaltung zu minimieren, werden Unternehmen zunehmend ihre IT-Systeme für externe Partner öffnen. Zulieferer werden in Zukunft wie Abteilungen des eigenen Unternehmens behandelt werden müssen. Der Idealfall ist ein durchgängiger Informationsfluß – angefangen beim Rohmaterialhersteller bis zum Endverbraucher mit der Integration auch indirekt Beteiligter wie Händler oder Logistikdienstleister. Allerdings birgt die Vorstellung auch ein Risiko: In allen Handelsmodellen, die eine starke Kooperation zwischen Partnern vorsehen, steigt das Maß der Abhängigkeit [1]. Fällt ein Partner aus, ist der Umsatz der gesamten Wertschöpfungskette gefährdet. Vielen Unternehmen wie Dell Computers oder Cisco Systems bringt derzeit der Direktvertrieb über das Internet großen Geschäftserfolg. Die klassische Wertschöpfungskette aber wird durch diese Art des Kaufens zerschlagen und auf wenige Marktteilnehmer reduziert. Die Rolle des Zwischenhandels verliert an Bedeutung. Um nicht völlig vom Markt zu verschwinden, müssen sich die Zwischenhändler neue Geschäftsfelder erschließen und mit Zusatzleistungen wie Beratung und Kundenservice versuchen, verlorenes Terrain zurückzuerobern. E-Commerce bietet mehr als bislang im Kundenservice möglich war: Neben Kosten- und Zeitersparnis ist die Optimierung der Logistik über die klassischen Unternehmensbereiche hinaus einer der interessantesten Gesichtspunkte. Damit erweitert sich der Unternehmenshorizont über die Firmengrenzen hinaus und erschließt neues Entwicklungspotential:

Abbildung 8.5:
Komponenten von
E-Commerce

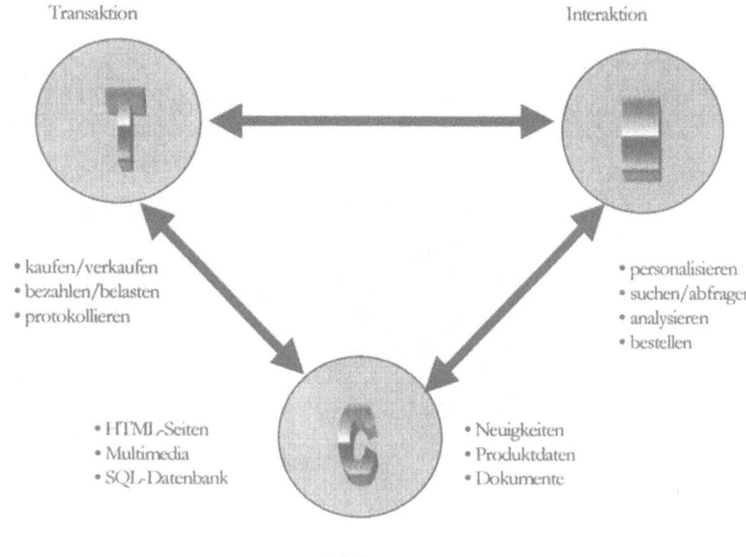

Eine zentrale Rolle bei der Ausweitung der Geschäftsaktivitäten über die traditionellen Grenzen hinweg nimmt das Transaktions-Management ein. Nur durch die schnelle, zuverlässige und sichere Abwicklung von Bestellungen und Aufträgen wird ein zufriedenstellender Effekt im Online-Geschäft erreicht. Voraussetzung hierfür ist das reibungslose Zusammenspiel von Transaktion, inhaltlicher Präsentation und interaktiver Bedienung durch den Kunden:

Abbildung 8.6:
E-Commerce,
Unternehmen und
Technologie

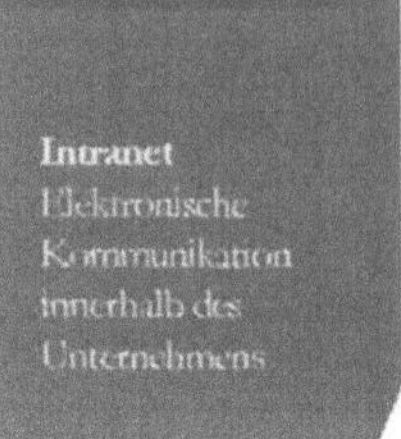

Die allumfassenden Erfolgsfaktoren eines E-Commerce Auftritts lassen sich in einem „magischen Dreieck" veranschaulichen:

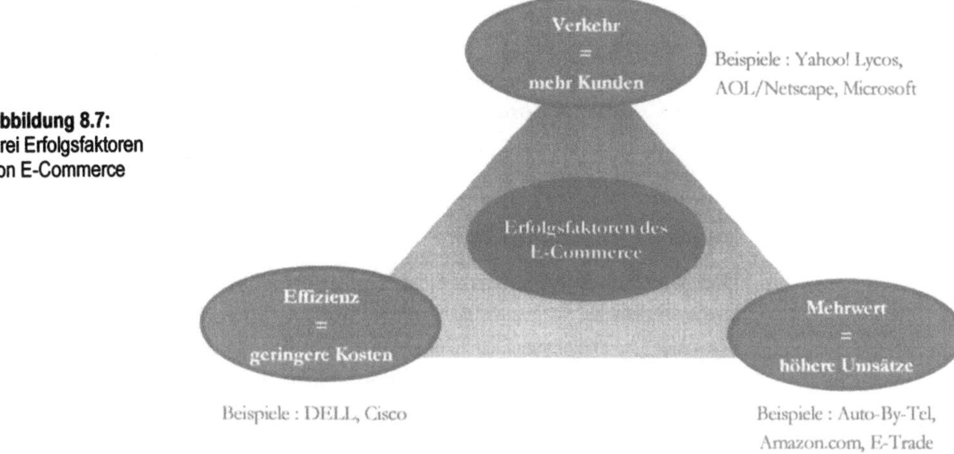

Abbildung 8.7:
Drei Erfolgsfaktoren
von E-Commerce

8.2   Angebotsgestaltung

Die Idee, die Vision und der vermittelte Inhalt sind die Kernfaktoren einer Internetpräsenz. Über den Erfolg entscheiden Methoden der Angebotsdarbietung, die Art des Umgangs mit dem Angebot oder der Zugang und die Orientierung des Kunden auf den Web-Seiten:

Präsentationsanforderungen

> ➢ Die Gestaltung muss professionelles Layout besitzen und fehlerfrei laufen.

> ➢ Die Navigation muss übersichtlich und einfach gestaltet sein.

> ➢ Das Angebot muss stets aktuell und dem an anderer Stelle erhältlichen vergleichbar sein.

> ➢ Neue Möglichkeiten des Kundenkontaktes sollten genutzt werden.

> ➢ Informationen durch Verweise auf weitere Seiten sollten über den unmittelbaren Verkauf hinaus die Angebotspalette abrunden.

E-Commerce verändert das Konsumverhalten und die Kapitalintensität ganzer Branchen. Klassische Geschäftsmodelle erfordern einen hohen Kapitaleinsatz für den Aufbau oder die Wachstumsphase eines Unternehmens. Um den Kapitaleinsatz zu reduzieren, werden herkömmliche

Geschäftsmodelle häufig durch E-Commerce-Lösungen ergänzt. Umfangreiche Informationen bilden dabei den Schlüssel für eine erfolgreiche Umsetzung dieser Strategie. Dies bedingt, dass Informationspools und deren flexible Auswertung zentrale Instrumente werden, um zielgerichtet Kunden zu adressieren.

8.3 Informationssicherheit

Die Kommunikationspartner wollen in verteilten offenen Systemen ihre Informationen vertraulich, integer und rechtsverbindlich austauschen. Darüber hinaus muss der Sende- und Empfangsvorgang authentisch und nachweisbar erfolgen. Genau diese Anforderungen kann das Internet und seine Protokolle derzeit nicht leisten, so dass Zusätze notwendig sind. Um das Ziel einer sicheren Informationsverarbeitung zu realisieren, sind mehrere Einzelaspekte zu berücksichtigen:

Sicherheitsmerkmale

> **Verfügbarkeit**: Die Systeme müssen ihre Leistung anbieten, wenn der Endbenutzer sie verlangt.

> **Integrität**: Alle Daten sollen aktuell und logisch unverfälscht sein, sowie realitätskonforme Sachverhalte wiedergeben. Die verschickten Nachrichten dürfen auf dem Wege zum Empfänger nicht von Dritten manipuliert werden.

> **Vertraulichkeit**: Nur Berechtigten ist der Datenzugriff gestattet, unberechtigte Nutzer werden abgewiesen. Als aktive Sicherungsmaßnahme kommen Verschlüsselungsalgorithmen zum Einsatz, die die übermittelte Information nur den authorisierten Informationspartnern zugänglich machen.

> **Verbindlichkeit**: Die Kommunikation muss rechtsverbindliche Form besitzen, so dass es weder zur Täuschung von Sender oder Empfänger kommt noch dass der Empfang einer Nachricht nicht nachweisbar wäre. Jede auf diese Weise abgeschickte und in Empfang genommene Nachricht gilt als rechtsverbindliche Willenserklärung.

> **Authentizität**: Die beteiligten Partner identifizieren sich durch ein digitales Zertifikat, das allen Nachrichten hinzugefügt wird. Dadurch wird nachgewiesen, dass die Nachricht tatsächlich von der angegebenen Quelle stammt.

8.3.1   Sicherheit des Anbieters

Gefahren

Mit der Einrichtung einer E-Commerce-Möglichkeit schafft ein Unternehmen einen weiteren Angriffspunkt auf seine Firmendaten. Gleichzeitig müssen die Systeme offen und geschlossen sein; offen gegenüber Kunden und Geschäftspartnern, mit denen Unternehmen auf den Web-Seiten Verträge abschließen, vertrauliche Informationen austauschen, Geschäftsgeheimnisse teilen und Geldtransaktionen abwickeln; fest verschlossen aber gegenüber Hackern, Computer-Viren und anderen unbeabsichtigten und unerwünschten Eindringlingen, die nicht nur Kundenlisten, Aufträge oder Preisrabatte entwenden oder Daten zerstören, sondern auch das Ansehen des Unternehmens nachhaltig schädigen. Um hierfür geschützt zu sein, bedarf es Sicherheitsvorkehrungen, die E-Commerce zu einem kalkulierbaren Risiko machen.

Sicherheitsvorkehrungen

Je nach Sicherheitsbedürfnis gibt es unterschiedliche Mechanismen, um sich vor Angriffen aus dem Internet zu schützen.

Firewall: An erster Stelle zur Abwehr von Angriffen aus dem Internet steht die Firewall als Summe aller Softwarewerkzeuge und Einstellungen. Firewalls kontrollieren die Einwahl der Nutzer in das Firmennetz genauso wie den Zugriff aus dem Unternehmen auf das Internet. Ihr Nutzen entsteht damit aus zwei Merkmalen:

> ➢ einer zentralen Sicherheitspolitik, die unauthorisierte Nutzer vom Gebrauch der Netzressourcen ausschließt

> ➢ einem zentralen Monitoring, das den gesamten ein- oder auslaufenden Verkehr hinsichtlich verschiedener Merkmale aufzeichnet.

Paketfilter

Die verbreiteste Form sind Paketfilter und auf Anwendungsebene arbeitende Programme. Paketfilter sind üblicherweise auf Routern zu finden — einem Rechner, der den betriebsinternen Datenverkehr mit der Außenwelt verbindet. Sie entscheiden, ob es erlaubt oder verboten ist, ein Paket zu empfangen und prüfen dazu die Adressen von Absendern und Empfängern von Datenpaketen. Nicht erlaubte Pakete werden abgewiesen, authorisierte Pakete finden ungehindert den Weg in das Firmennetz. Dieses Konzept besitzt den Vorteil einer einfachen Implementierung und der Transparenz für die Nutzer, findet seine Grenze allerdings, wenn komplexe Filteranforderungen realisiert werden sollen, als deren Folge eine deutliche Performanceabnahme festzustellen ist. Die zweite Ausprägung von Firewalls untersucht neben den einfachen Adressangaben der Pakete auch deren Inhalt. Sie arbeitet folglich langsamer, lässt sich aber zielgerichteter und detaillierter steuern. Im Vergleich mit einem Bürogebäude entsprechen Paketfilter dem Pförtner und Applikationsfirewalls einer Poststelle, die routinemäßig alle eingehenden Sendungen mit einem Röntgengerät durchleuchtet und verdächtige Pakete aussortiert, um sie einer gesonderten Prüfung zu unterziehen.

Java-Applet: Mit der Programmiersprache Java lassen sich kleinere Anwendungen entwickeln und über das Internet verfügbar machen. Damit steigt das Risiko, dass böswillige Programme Daten löschen, stehlen oder verändern. Ein Beispiel zeigt den Ablauf und die Sicherheitsmechanismen von Java-Applets:

Beispiel

Ein Nutzer findet auf der Webseite seiner Bank ein Java-Applet, das ihm die Berechnung seiner Hypothekenzinsen gestattet. Lädt er es auf seinen Rechner, lässt die Java Virtual Machine diese kleine Anwendung zwar in den Arbeitsspeicher, aber nicht auf die Festplatte. Um dies zu gestatten, überzeugt sich zunächst ein Codetester, ob das Programm tatsächlich in Java geschrieben ist. Erkennt er Fehler, startet er es erst gar nicht. Nur nach erfolgreichem Test sucht die Virtual Machine nach einer digitalen Signatur, die Aufschluss über die Identität des Urhebers gibt. Zu diesem Zeitpunkt lässt sich das Programm zwar nutzen, aber nicht auf der Festplatte ablegen. Erst wenn die Herkunft des Applets zufriedenstellend geklärt ist, entscheidet die Virtual Machine über die Freiheiten, die es ihm gestattet. Den Spielraum nimmt der Nutzer in Form individueller Einstellungen selbst vor.

Digitale Zertifikate: Diese Form des Schutzes richtet sich auf Verschlüsselungsverfahren, die die Übertragung vertraulicher Informationen ermöglicht. Der Nutzer benötigt ein Paar als Schlüssel bezeichneter Bitsequenzen, von denen die eine Folge „persönlich", die andere „offen zugänglich" ist. Den persönlichen Teil hält der Nutzer geheim und verwahrt ihn dazu an einem sicheren Ort, der offene Schlüssel wird allen potentiellen Partnern mit denen Daten ausgetauscht werden sollen, zur Kenntnis gebracht. Beide Schlüssel werden von einer dritten, vertrauenswürdigen Instanz zertifiziert, die über ein elektronisches Zertifikat dafür bürgt, dass hinter solchen Schlüsselpaaren auch die entsprechenden Personen oder Organisationen stehen. Öffentliche Schlüssel und deren Zertifikate werden in Verzeichnissen veröffentlicht, die allen Benutzern des Systems zugänglich sind. So kann ein Bankkunde eine elektronische Überweisung mit seinem privaten Schlüssel signieren. Die Bank

Öffentlicher und privater Schlüssel

überprüft mittels des öffentlichen Schlüssels den korrekten Absender und führt anschließend die Überweisung aus. Umgekehrt können auch Daten zunächst unter Verwendung des öffentlichen Teilschlüssels übertragen werden. Diese Daten können nur noch mit dem geheimen privaten Schlüssel dekodiert werden, wodurch die Vertraulichkeit sichergestellt wird.

Digitale Signaturen bestätigen den Verfasser einer Nachricht:

Abbildung 8.8:
Ablauf des Einsatzes der digitalen Signatur

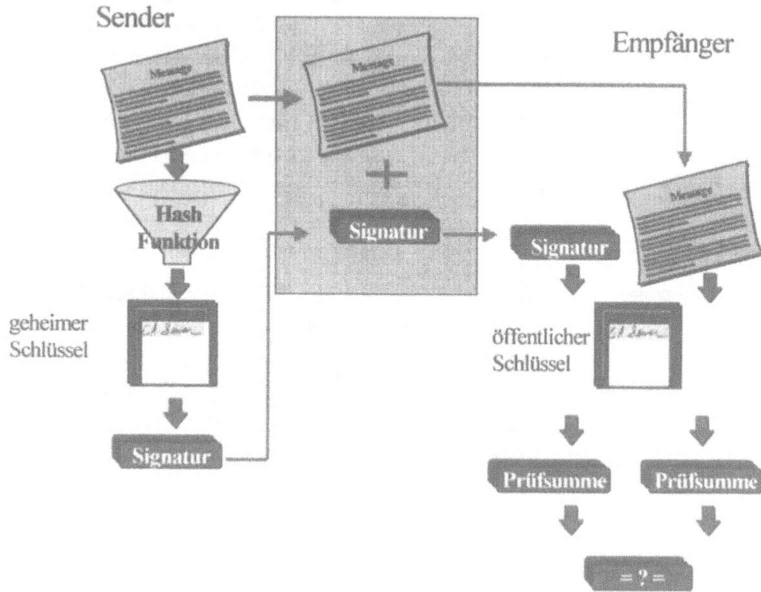

Beispiel

1. Der Sender lässt sich von seiner Verschlüsselungssoftware ein Schlüsselpaar erstellen. Nach einer Überprüfung der persönlichen Daten erteilt eine anerkannte Institution ein Echtheitszertifikat für den offenen Schlüssel.

2. Der Sender generiert zunächst aus seinem zu übertragenden Dokument mittels einer Hash-

Funktion einen Hash-Wert. Diese Prüfsumme kodiert er anschließend mit dem geheimen Teil des Schlüssels. Damit entsteht ein Zusatz zum ursprünglichen Text, die digitale Signatur.

3. Da der Empfänger neben der digitalen Signatur auch die Originalnachricht erhält und er ferner die Methode der Hash-Generierung kennt, kann er die Echtheit der Information prüfen. Mittels des öffentlichen Teil des Senderschlüssels dekodiert er die digitale Signatur und erhält die Prüfsumme. Mit dem Hash-Verfahren erzeugt er aus dem Klartext den Hash-Wert erneut und überprüft ihn mit der entschlüsselten Prüfsumme. Stimmen beide Werte überein, kann der Empfänger davon ausgehen, dass das übermittelte Dokument vom genannten Sender stammt und unverfälscht angekommen ist.

Zertifizierungsstelle

Wollen Anwender die Sicherheit haben, dass die von ihnen benutzten Schlüssel auch gerichtlichen Bestand haben, muss der öffentliche Schlüssel eindeutig seinem Benutzer zugeordnet werden können. Dazu dienen digitale Zertifikate, die von einer Zertifizierungsstelle als vertrauenswürdiger öffentlicher Instanz ausgestellt werden. Diese bildet eine Art Computeräquivalenz zum Personalausweis. Sie bestätigen, dass ein bestimmter offener Schlüssel zu einer bestimmten Person oder Institution gehört.

8.3.2   Sicherheit des Kunden

Vertrauenswürdigkeit des Geldes

Die elektronischen Bezahlsysteme und deren Sicherheit kristallisieren sich als zentraler Punkt der E-Commerce-Akzeptanz heraus. Geld setzt Vertrauen voraus. Aufwendige Sicherungsverfahren und ein stark kontrollierter Herstellungsprozess garantieren, dass Geld nicht von jedermann in Umlauf gebracht werden kann. Vertrauen in die Volkswirtschaft eines Landes sorgt dafür, dass der Geldwert erhalten bleibt. Dieselben hohen Anforderungen müssen auch die Systeme erfüllen, die den digitalen Handel ermöglichen sollen. In einem ersten Anlauf wird versucht, den etablierten Zahlungsmitteln eine elektronische Variante gegenüber zu stellen. So bildet Ecash das Äquivalent zum Bargeld, das NetCheque-System das Pendant zum Scheck und SET den Ersatz der Kreditkarte. Welches Zahlungsmittel das geeignete ist, lässt sich im Internetgeschäft genausowenig schlüssig beantworten wie im normalen Geschäftsleben. Die Bewertung lässt sich folglich nur im Zusammenhang mit dem konkreten Kaufvorgang sehen. Dagegen lassen sich Fragen wie „Welches

System ist sicher?" , „Für welchen Zweck eignet sich welches System?"
oder „Welche Zahlungssysteme arbeiten anonym?" genauer beantworten. Die Anforderungen an elektronische Zahlungsmittel lassen sich
durch folgende Punkte zusammenfassen:

> **Sicherheit**: Das Zahlungsmittel muss fälschungssicher sein
und sich so aufbewahren und übertragen lassen, dass ein
Missbrauch ausgeschlossen ist.

> **Anonymität**: Ein Kunde muss durch den Zahlvorgang seine
Identität nicht preisgegeben.

> **Akzeptanz**: Elektronische Zahlungsmittel müssen ebenso
wie Bargeld durch die an der Transaktion beteiligten Partner
anerkannt werden.

> **Bedienbarkeit**: Das Zahlungsmittel muss einfach zu hand-
haben sein, um einen großen Nutzerkreis zu finden.

> **Kosten:** Es dürfen nur geringe Zusatzkosten für Kunde und
Händler entstehen.

> **Kleinbeträge**: Auch geringe Beträge müssen sich elektronisch
begleichen lassen, obwohl möglicherweise bei einigen Zah-
lungssystemen hohe Fixkosten entstehen.

Dem Sicherheitsgedanken wird durch kryptographische Mittel Rechnung
getragen. Hierzu gehören Verfahren zur Verfügbarkeit und Zuverlässigkeit des Systems, zur Vertraulichkeit der Daten, Authentizität der Beteiligten, Zugriffskontrolle, Nichtabstreitbarkeit und Beweisbarkeit der
Transaktion sowie Vermeidung von Angriffen. Darüber hinaus ist die
Integration des Zahlungssystems in die betriebswirtschaftliche Anwendung von großer Bedeutung. Neben diesen technischen Aspekten spielen auch betriebswirtschaftliche Kriterien eine Rolle. Dazu gehören
Gebühren, Transaktionskosten oder Provisionsanteile aber auch Gesichtspunkte wie die allgemeine Akzeptanz bei den Käufern, die rechtliche Anerkennung, eine faire Risikoverteilung zwischen den an der
Transaktion Beteiligten oder die Unterstützung verschiedener Währun-
gen.

Internationaler De-Facto-Standard für Kreditkartenzahlungen im Internet ist **SET** (Secure Electronic Transactions). Charakteristisch für SET
ist, dass zwar bei der Bezahlung die Bestelldaten, die Kreditkartendaten
und der Zahlungsbetrag gemeinsam übertragen werden, alle Bereiche
jedoch getrennt verschlüsselt werden. So kann der Händler z.B. nur die
für ihn bestimmten Bestelldaten entschlüsseln. In diesem Sinne bietet
das System eine beschränkte Anonymität des Käufers. Sie wird durch ein
einfaches kryptographisches Verfahren erreicht, das als „duale Signatur"

das System eine beschränkte Anonymität des Käufers. Sie wird durch ein einfaches kryptographisches Verfahren erreicht, das als „duale Signatur" bezeichnet wird. Ein weiteres spezifisches Merkmal von SET ist die Online-Verifikation der Kundenzahlungsfähigkeit, die dem Kunden allerdings verborgen bleibt. Alle Parteien im SET-Protokoll – Käufer, Verkäufer und Bank – sind mit asymmetrischen Schlüsselpaaren ausgestattet, so dass die Nachvollziehbarkeit und damit die Nichtabstreitbarkeit des Kaufvorganges gewährleistet ist. Der Ablauf lässt sich folgendermaßen vorstellen:

1. Wenn ein Kunde ein Produkt erwerben möchte, schickt er dem Anbieter seine Bestellung. Diese enthält die Artikelbeschreibung, den Betrag und die Kreditkartenangaben der von ihm gewählten Keditkarte.

2. Der Anbieter übermittelt dem Kunden die Transaktionsnummer, sein Händlerzertifikat und das Zertifikat des Gateways zum Kreditkartennetz.

3. Der Kunde übergibt dem Anbieter anschließend sein Kundenzertifikat und die digital unterschriebene Bestell- und Zahlungsinformation, wobei die Zahlungsinformation nur durch die Händlerbank geöffnet werden kann.

4. Der Anbieter überprüft das Kundenzertifikat und die digitale Unterschrift und fordert im nächsten Schritt die Authorisierung des Kunden.

5. Die Bank entschlüsselt die Kreditkartendaten und den Betrag des Artikels und führt anschließend eine Online-Verifikation durch, dessen Ergebnis mit einer Authorisierungsnummer in einem digitalen Kuvert an den Händler geschickt wird.

6. Der Händler schickt eine Quittung an den Kunden.

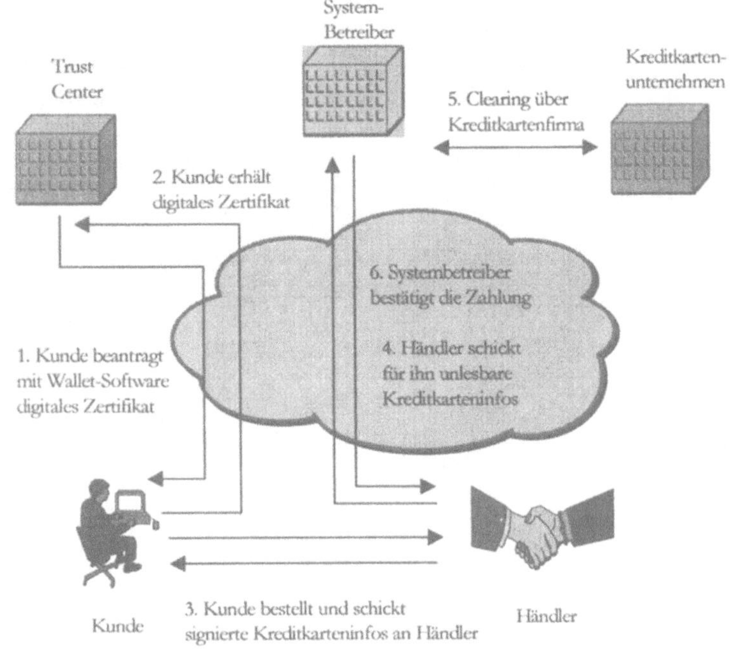

Abbildung 8.9: Ablauf des SET-Protokolls

Quelle: Brokat

Bei **Ecash** handelt es sich um ein anonymes, auf digitalen Münzen basierendes Zahlungssystem, bei dem die Zahlung online von der Bank kontrolliert wird. Charakteristisch ist die Anonymität des Kunden. Für die Teilnahme am Ecash-Verfahren müssen Kunde und Anbieter ein Konto bei einer Bank eröffnen. Anschließend lädt der Kunde Geld in Form von digitalen Münzen von seinem Konto auf den lokalen Rechner. Der weitere Ablauf gestaltet sich wie folgt:

Ecash-Ablauf

1. Mit Hilfe eines „blinden Signaturverfahrens" erzeugt der Kunde digitale Münzvordrucke mit verschlüsselten Seriennummern.

2. Löst der Kunde eine Kaufaktion aus, erhält er eine Zahlungsaufforderung. Dieser begegnet er mit dem Senden eines entsprechen Betrages in Ecash-Münzen.

3. Der Anbieter leitet diese unmittelbar nach Erhalt an seine Bank weiter.

4. Diese prüft die Seriennummern auf doppelte Einlösung. Ergibt die Prüfung, dass die Münzen noch nicht zur Zahlung verwendet wurden, wird der Betrag dem Anbieter gutgeschrieben.

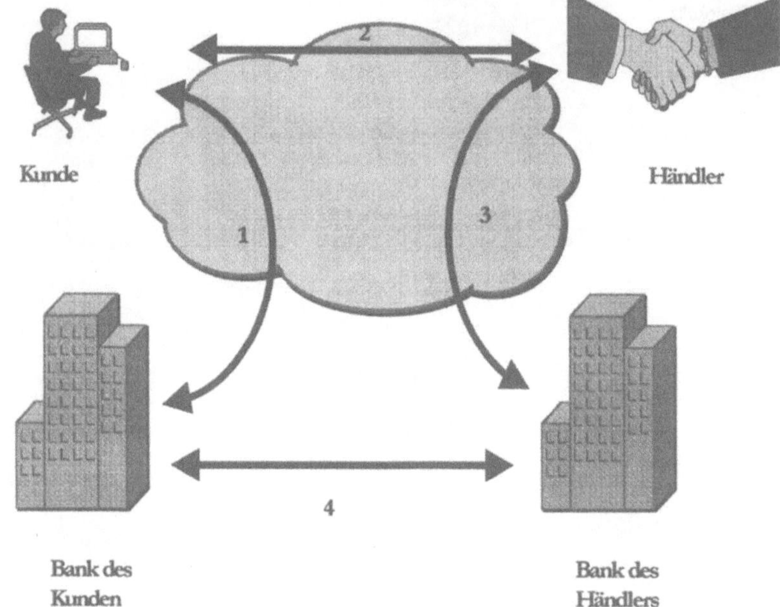

Abbildung 8.10:
Ablauf der E-Cash-Nutzung

Dieser Ablauf zeigt, dass die Online-Verfikation unverzichtbarer Bestandteil des Verfahrens ist.

Die folgende Tabelle fasst einige wesentlichen Merkmale der Bezahlsysteme zusammen [4]:

Tabelle 8.1:
Überblick über Merkmale von SET und Ecash

Merkmal	SET	Ecash
Authentizität	Ja	Ja
Vertraulichkeit	Ja	Ja
Nicht-abstreitbar	Ja	Nein
Anonymität	Teilweise	Ja
Kommunikation	Online	Online/Offline
Zeitpunkt der Zahlung	Post-paid	Pay-now
Zahlungsart	Kreditkarte	Cash
Geldübertragung	Nein	Ja (Online-Verifikation)
Eignung für Micropayment	Nein	Ja
Geldverlust möglich	Nein	Ja
Datenschutzakzeptanz	Hoch	Hoch

Die Bezahlung mit elektronischem Geld steckt noch in der Pilotphase, so dass eine realistische Einschätzung und praktische Erfahrungen fehlen. Allerdings liegt eine große Erwartung auf der Systemsicherheit, wohl wissend, dass dieses einer der Schlüsselfaktor des Erfolges für E-Commerce-Anwendungen ist.

Ein weiteres Betätigungsfeld eröffnet sich der Marktforschung. Während Druck- und Telemedien die Nachricht nur unidirektional verbreiten, erfährt der Informationsanbieter durch den interaktiven Charakter des Internets unweigerlich auch etwas über die Nutzer.

8.4   Standards

Business-to-Business-Konzepte

Neben den allgemeinen Standards und Protokollen, die die Basis des E-Commerce bilden, existieren mehrere Konzepte, den Business-to-Business-Verkehr zu standardisieren:

> **EDI** ist der älteste Standard, der sich dem Austausch von Geschäftsdokumenten widmet. Der Verbreitungsgrad lässt trotz der Festschreibung einer Vielzahl von Nachrichten insbesondere bei kleineren und mittleren Unternehmen noch zu wünschen übrig.

> **OBI (Open Buying on the Internet)** hat zum Ziel, die unterschiedlichen E-Commerce-Systeme einzelner Hersteller miteinander zu verbinden.

> **OPS (Open Profiling Standard)** ermöglicht es den Benutzern, persönliche Profile mit eigenen Vorgaben auf Web-Servern abzulegen. Ziel ist es, den Interessenten für eine bestimmte Branche z.B. Bücher oder Filme durch die E-Commerce-Anbieter ein spezielles Angebot gemäß ihrer Präferenzen zuzustellen.

> **OTP (Open Trade Protocol)** integriert bestehende herstellerabhängige Zahlungssysteme wie Ecash, CyberCash oder GeldKarte, um ein Verfahren zur Abwicklung von Angebot, Rechnung und Quittung zu ermöglichen.

> **SET (Secure Electronic Transactions)** soll sichere Transaktionen über das Internet auf der Basis von Kreditkarten ermöglichen.

> **SSL (Secure Socket Layer)** stellt eine sichere Verbindung zwischen Web-Servern auf der Grundlage einer Public-Key-Verschlüsselung her.

8.5   Probleme des E-Commerce

Barrieren für ein umfassendes E-Commerce-Geschäftsmodell sind in mehreren Bereichen zu suchen:

> ➤ Unzureichendes Know-How insbesondere bezüglich eigener Geschäftskonzepte für das E-Commerce

> ➤ Qualifikationsengpässe durch unzureichende Schulung und ungenügenden Support

> ➤ Kostenbelastung durch:

>> ❖ Erstellung der Web-Präsenz

>> ❖ Pflege und Aktualisierung des Angebotes

>> ❖ Telekommunikationsanbindung

>> ❖ Kauf von Hard- und Software

Der elektronische Geschäftsverkehr ist nur sinnvoll, wenn er in die Unternehmensabläufe integriert ist. Diese Einbindung erfordert Umstrukturierungen in der Datenverarbeitung, der Fakturierung, der Lagerhaltung und dem Bestellwesen. Die typischen Problemfelder lassen sich in mehrere Kategorien einteilen:

Abbildung 8.11:
Problemfelder des
E-Commerce

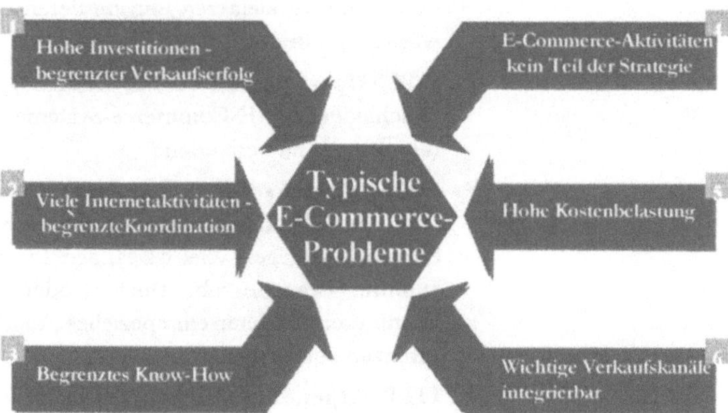

Quelle : Th. Goette, SAG-Symposium, Hamburg 1999

Bei einer Entscheidung zugunsten einer Web-Präsenz sollte nicht außer Acht gelassen werden, dass es sich um Investitionen in einem extrem wachsenden Markt handelt. Wer jetzt spart, kann später viel verlieren, da er im Wettbewerb nur Nachzügler ist. Bisher haben Skeptiker eher die Oberhand, wie die folgende Umfrage zeigt:

Abbildung 8.12:
E-Commerce
Hemmnisse

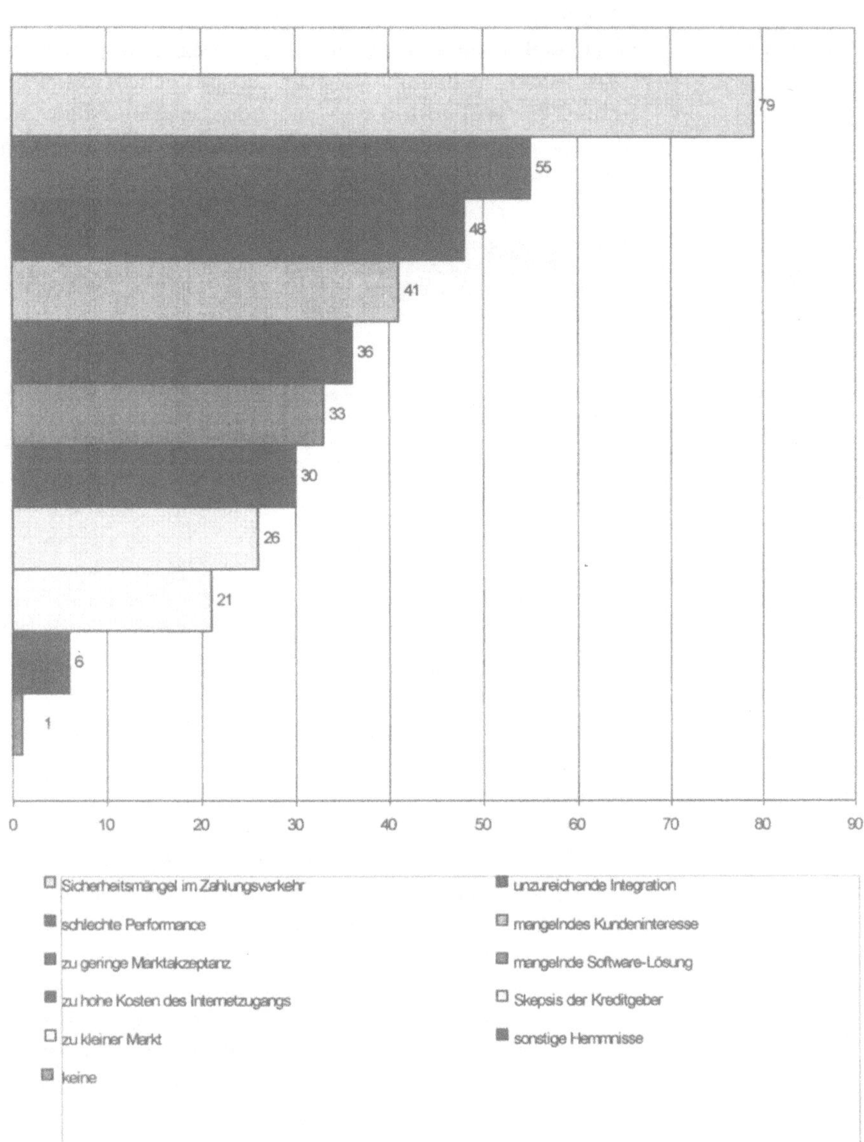

Dienstleistung
rund um E-
Commerce

Für den Betrieb des E-Commerce-Auftritts stellt sich die Frage „Make or Buy". Eine unübersehbare Anbieterzahl offeriert eine undurchsichtige Palette von Dienstleistungen rund um das Internet, so dass objektive und vergleichende Information, die zudem noch aktuell ist, schwer fällt. Wer jedoch nicht mit Weitsicht und Sorgfalt das Angebot prüft, kann schnell in eine Performance- und/oder Bindungsfalle laufen. Die folgende Übersicht versucht einen Eindruck der Servicegrade rund um den WEB-Auftritt zu vermitteln [2]:

Tabelle 8.2:
Serviceangebot
rund um Web-
Auftritt

Kategorie	Leistung
Private Homepage	Einige MB Speicherplatz zur privaten Nutzung
Visitenkarte	Einige MB Speicherplatz und eine E-Mail-Adresse
Basis	Einige MB Speicherplatz, einen eigenen Domainnamen und eine E-Mail-Adresse
Normal	Größere Speichermenge, eigener Domainname, eigene E-Mail-Adresse, Statistiken und Standardskripte
Mehrwertdienste	Normal plus Zusatzfunktionen wie Video-/Audio-Server oder Produktdatenbank
Dedizierter Server	Der Provider stellt dem Kunden einen eigenen Server zur Verfügung.
Server Housing	Der Kunde betreibt einen eigenen Server beim Provider.

Technische Rah-
menbedingungen

Neben den organisatorisch – strategischen Aspekten des E-Commerce besteht ein weiterer Gesichtspunkt in den technischen Rahmenbedingungen. Wichtiger Indikator für ein zufriedenstellendes Kundenangebot ist die Performance, mit der der Interessent auf das Angebot zugreifen kann. Zwei Faktoren sind hierfür ausschlaggebend: die Serverkapazität und die Netzwerkbandbreite. Aus Architektursicht hat die Hauptlast der Anfragen der Rechner zu tragen, auf dem das Angebot platziert ist. Ist seine Dimensionierung nicht ausreichend, sind Engpässe unvermeidbar. Während auf dieses Problem ein Unternehmen eigenverantwortlich reagieren kann, besteht auf die Performance des Internets nur geringer Einfluss. Einzig durch die Strukturierung des Auftritts hinsichtlich Bilder, Sound oder Videos kann in das Übertragungsvolumen und damit in die Aufbereitung beim Empfänger eingegriffen werden. Hier ist daher die Abwägung zwischen einer eleganten und einer ökonomisch vertretbaren Präsentation zu entscheiden.

8.6   Online-Shopping und EDI

Online-Shopping als sichtbare Form des Consumer-to-Business E-Commerce kann die Art des Einkaufs der Zukunft werden: keine einschränkenden Öffnungszeiten, meist eine bessere Produktinformation und die Möglichkeit eines schnellen und umfassenden Preisvergleichs lassen das Online-Angebot attraktiv erscheinen. Damit gehören auch Parkplatzprobleme und unfreundliche Verkäufer der Vergangenheit an. Allerdings fehlt das eigentliche Kauferlebnis, und manchmal trüben zusätzliche Gebühren die Freude am Online-Einkauf. Dennoch ist davon auszugehen, dass kein größerer Anbieter ohne Online-Angebot auskommt, sofern er wettbewerbsfähig bleiben will. Der Internethandel eignet sich vor allem für bestimmte von ihrem Charakter her uniforme Güter wie Bücher, Computer, Software oder CD's.

EDI-Integration

Welche Rolle spielt nun EDI in der Abwicklung dieser Art von Geschäftsprozessen? Für den Konsumenten laufen unsichtbar eine Reihe von Prozessen ab, die nicht unmittelbar mit dem Internet in Beziehung stehen. EDI als Kopplung von Shopping-Lösung mit der internen betriebswirtschaftlichen Anwendung ist ein solcher Prozess. Werden bisher noch häufig im Internet generierte Bestellungen dem Unternehmen per Fax oder E-Mail zugestellt, kann in der Folge dieser Bestellvorgang über EDI automatisiert werden. Dieses Vorgehen erspart die manuelle Eingabe in ein Warenwirtschaftssystem, ist daher schneller und fehlerfreier.

EDI-gestützter
Ablauf

Folgender Ablauf ist denkbar:

> ➢ Die vom Online-Käufer erzeugte Bestellung wird vom Web-Server mit der E-Commerce-Anwendung auf ein nachgelagertes EDI-System weitergeleitet.

> ➢ Das EDI-System konvertiert die Bestellung in das standardisierte EDIFACT-Format und sendet diese Nachricht an das EDI-System des Anbieters.

> ➢ Der Anbieter nimmt die EDI-Bestellung entgegen, konvertiert sie in ein Inhouse-Format und stellt sie anschließend seiner betriebswirtschaftlichen Anwendung zur Weiterverarbeitung zur Verfügung.

8.7   Trends und Entwicklungsperspektiven

Auf vielen Internetseiten zeichnet sich deutlich ab, dass neue technische Möglichkeiten sofort umgesetzt und genutzt werden. Die Basistechnologien, die dem Electronic Business zugrunde liegen, stützen sich auf eine Vielzahl von Standards:

> • DBMS unterstützen komplexe Datentypen
>   – Multimedia, komplexen Text
> • Standard-Darstellungssprache   . . . . **HTML**
> • Abbildung des Inhaltes   . . . . **XML**
> • Cross-Plattform Programmiersprache . . . . **Java**
> • Standard Komponenten   . . . . **EJB/DCOM**
> • Standard-Middleware   . . . . **CORBA (IIOP)**

Neben dieser rein technischen Seite fällt auf, dass die Trennung von Anwendung, Information oder Multimedia zusehens verschwimmt. Außer sachlichen Nachrichten und Produktinformationen werden Video-Clips oder virtuelle Welten gezeigt, Shops erlauben die Ansicht und den Kauf von Produkten, aber auch die Analyse der Rechnung. Deutlich wird in diesem Szenario, dass Web-Seiten in Zukunft nicht mehr nur aus einer Technik bestehen, sondern ein Mix der traditionellen Darstellung mit graphischen Elementen und der Einbindung einer Vielzahl von Audio- und Video-Effekten ist. Dies führt im Ergebnis zu stark personalisierten Darstellungen, die aus dem ermittelten Nutzerprofil individuelle Seiten präsentieren. Für ein gezieltes Marketing stehen unterschiedliche Verfahren zur Verfügung:

Technikmix der Web-Präsentation

Tabelle 8.3:
Marketingverfahren und Internetnutzung

Methode	Beschreibung
Automatische Eingruppierung von Nutzern	Gesammelte Nutzerdaten werden mit gespeicherten Gruppenprofilen verglichen.
Bildung von Ähnlichkeitsgruppen	Auf der Basis von unterschiedlichen Kriterien werden Cluster erzeugt. Dabei kann es sich um übereinstimmende Begriffe, einen festgelegten Zeitraum oder Firmennamen handeln.
Dialogsysteme	Explizite Fragen werden zur Gruppenbildung ausgewertet.
Neuronale Netze	Menschliche Lernvorgänge werden anhand eines Regelwerkes nachgebildet.
Fallbasierte Schlussfolgerung	Logische Entscheidungen nach dem Wenn-Dann-Prinzip ermöglichen eine Zuordnung zu Clustern.

Ziel dieser Analyse ist eine Erforschung des Navigationsverhaltens der Nutzer, um folgende Fragestellungen auszuwerten:

➢ Wieviele Kunden verlassen nach dem Einstieg über die Home-Page die Präsentation wieder?

➢ Gibt es andere typische Ausstiegsseiten?

➢ Welche Seiten werden von Kunden mehrmals besucht?

➢ Welches sind erfolgreiche Pfade, die tatsächlich zu einer Bestellung führen?

➢ Auf welchen Seiten bewegen sich die Kunden typischerweise häufig?

Die Auswertung dieser Information gibt Aufschluss über das Verhalten der Web-Seiten-Besucher und weist auf mögliche Schwächen in der Topologie der Seiten hin. Die Kunst einer effizienten Analyse ist es, Benutzerinformationen und Attribute der Nutzer so zu verbinden, dass bestimmte Regelmäßigkeiten abgeleitet werden können. Dies betrifft nicht nur die Häufigkeit, sondern allgemeingültige Regeln in Form von Assoziationsmerkmalen, die den Einfluss verschiedener Pfade und Teil-sequenzen aufeinander beschreiben. Aus den Erkenntnissen lassen sich verschiedenen Schlussfolgerungen ziehen:

➢ Besonders häufig frequentierte Seiten können mit Werbebannern versehen werden.

➢ Durch „Verlinkung" stark besuchter Seiten kann auf weniger benutzte Seiten aufmerksam gemacht werden.

➢ Mehrere zusammenhängende Artikel werden auf einer Seite präsentiert.

➢ Unattraktive Seiten werden in ihrem Layout aufgewertet.

➢ Produkte werden auf häufig benutzten Seiten platziert.

Trotz aller Bemühungen um einen effizienten Web-Auftritt bleibt die Erkenntnis, dass der Onlinekauf durch Angebotsvergleich geprägt ist und zwei Drittel der Käufe vor Abschluss abgebrochen werden. Die Ursachen können vielfältiger Natur sein. Offenbar sind „Browser" nicht unbedingt Käufer, weil sie:

➢ das Gesuchte nicht finden

➢ noch Fragen zum Angebot haben

➢ ihre Kreditkartendetails nicht angeben möchten.

Ein ansprechendes Design des Web-Auftritts und eine unterhaltende Untermalung bleiben dennoch Pflicht, um Interessenten zum Verweilen auf der Web-Site zu veranlassen. Technische Möglichkeiten wie Streaming oder Surround-Bilder bieten die Gelegenheit, Web-Sites aufzuwerten:

> Beim **Streaming** erscheint im Gegensatz zu den langwierigen Ladeprozeduren herkömmlicher Audio- oder Videodaten die erste Tonfolge/das erste Bild sofort, nachdem die Sequenz beim Empfänger eingetroffen ist. Ein permanenter Datenstrom = Stream in Verbindung mit einem Puffer sorgen für eine kontinuierliche Darstellung. Die Bildqualität passt sich der verfügbaren Bandbreite dynamisch an, liegt aber noch weit unter der von Hi-Fi oder Fernsehen. Streaming-Server übertragen in Echtzeit also live über das Internet. Typische Anwendungen hierfür sind Pressekonferenzen, Hausmitteilungen oder Schulungen.

> Als ein weiterer Integrationsstandard kristallisiert sich das **MPEG-4 Format** der Motion Picture Expert Group heraus. Diese Technik erlaubt nicht nur die Kompression von Videodaten, sondern auch eine objektorientierte statt der üblichen pixelorientierten Übertragung. Dieser Unterschied ist vergleichbar den Graphiken unter „MS Paint" und „MS Powerpoint".

Zielgruppenspezifische Präsentation

Ziel aller Anstrengungen ist aber letztendlich der Versuch, eine zielgruppengenaue Präsentation des Internetangebotes zu erreichen, um E-Commerce für breite Käuferschichten mit sehr unterschiedlichen Präferenzen attraktiv zu machen.

Diese technischen Möglichkeiten lassen das revolutionäre Potential virtueller Märkte erahnen. Effizienz und Kooperationen werden in einem Umfang möglich, der mit herkömmlichen Geschäftsprozessen undenkbar wäre. Dieser Umbruch wird sich für diejenigen Unternehmen auszahlen, die sich frühzeitig an die elektronische Geschäftsabwicklung heranwagen.

8.8   Literatur

[1] Information Week Spezial: E-Commerce, 1999
[2] Lux, H.: Die Tücken des Web-Hosting, in CW Extra 2, 1999, S. 24-26
[3] All Future is Electronic Business, Symposium Software AG, Hamburg, 1999
[4] Zangeneh, K.: Kein E-Commerce ohne E-Money, in: CW Extra 2 , 1999, S. 20 – 23, 27

9   Wissensmanagement

Die Nutzung von Wissen wird in Zukunft für immer mehr Unternehmen zu einer Überlebensfrage. Deshalb sind sie bestrebt, den planlosen Umgang mit dieser wichtigen Ressource durch ein systematisches Wissensmanagement zu beenden. Das Sammeln, Aufbereiten und Bereitstellen des Wissens und der praktischen Erfahrungen der Mitarbeiter wird zu einer wichtigen Aufgabe. Dabei machen Wissensprobleme weder vor Abteilungsgrenzen halt noch unterscheiden sie zwischen betriebswirtschaftlichen und informationstechnischen Konzepten. Beide Beschränkungen gilt es für ein erfolgversprechendes Wissensmanagement zu überwinden.

Bereits ein beträchtlicher Teil des Wissens über die Planung, Steuerung, Durchführung und Kontrolle der Geschäftsprozesse ist in Software verborgen, die Unternehmen im Rahmen von Groupware- oder Workflow-Projekten zur Unterstützung und Entlastung ihrer Mitarbeiter einsetzen. Doch dieses Wissen ist außerhalb der Anwendung nur bruchstückhaft vorhanden, in wenigen Köpfen gespeichert und damit nur eingeschränkt verfügbar. Wissen und Erfahrung von Mitarbeitern werden in der Regel gar nicht dargestellt. Genau diese Informationen bilden aber den zentralen Punkt des Wissensmanagements.

9.1   Grundlagen und Prinzipien

Im Kern geht es darum, Wissen transparent zu machen, zu erwerben, zu sammeln, zu verteilen, zu bewahren und zu nutzen. In Bezug zur Unternehmenswirklichkeit bedeutet dies, vorhandene Informationen zu identifizieren, zu sammeln, abzufragen, zu teilen und zu bewerten. Ziel und Zweck des Wissensmanagements ist daher der produktive Einsatz des Wissens zum Nutzen des Unternehmens. Dieser Anspruch lässt sich in separate Aktivitäten gliedern, deren Grundlage Dokumente, Unternehmensgrundsätze oder Sachkenntnis und Erfahrung der Mitarbeiter sein können:

> - Vermittlung von Wissen
> - Produktion und Weiterentwicklung von Wissen
> - Suchen und Ordnen von Wissen
> - Extraktion von Informationen aus der Datenflut
> - Planung der Wissensentwicklung in einem Unternehmen

Wissen ist allerdings kein homogenes Gut, sondern vielmehr kann es in vielfältige, sehr subjektive Kategorien unterschieden werden. Eine Auswahl zeigt die folgende Tabelle:

Tabelle 9.1:
Wissenskategorien

Wissenskategorie	Beschreibung
Verborgenes Wissen	Der Träger von Wissen weiß unterschwellig mehr als er artikulieren kann.
Verinnerlichtes Wissen	Durch Erfahrung gewonnenes Wissen
Kodiertes Wissen	Noch vorhandenes Wissen, wenn die Mitarbeiter das Unternehmen verlassen, z.B. Verfahrensregeln oder Produktkataloge
Konzeptionelles Wissen	Durch die Fähigkeit übergeordnete Zusammenhänge zu erkennen; erworbenes Wissen
Ereigniswissen	Wissen über Ereignisse und Trends inner- und außerhalb des Unternehmens
Prozesswissen	Wissen über Prozesse und Abläufe

Abbildung 9.1:
Elemente des
Wissens

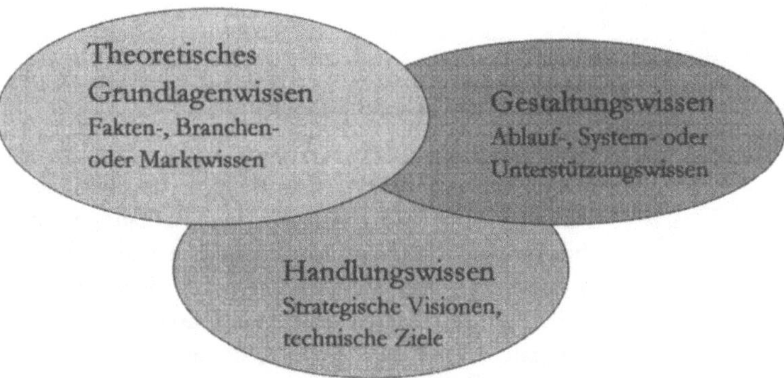

Im unternehmerischen Leistungsprozess kann sich Wissen auf drei Säulen stützen. Jeder Arbeitsplatz bedingt Grundwissen, aber kein Handlungswissen. Dieses bleibt der Managementebene vorbehalten, die die strategische Ausrichtung des Unternehmens bestimmt.

Zwei Wissensarten sind für ein Wissensmanagement besonders relevant: „explizites" und „implizites" Wissen. Implizites Wissen umfasst die persönliche Kompetenz und Erfahrung; Merkmale, die sich nicht formal ausdrücken lassen und die an seinen Eigentümer gebunden sind. Dieses Know-How anderen mitzuteilen – somit explizit zu machen – ist die eigentliche Herausforderung. Es steht gewissermaßem zwischen den Zeilen, wird mehr über das „WIE" einer Aussage als über das „WAS" ausgedrückt. In den Deskriptoren eines Dokumentes findet sich diese Information nicht wieder. Explizites Wissen hat demgegenüber eine formale Struktur und lässt sich losgelöst von Personen verwalten. Seiner leichteren Überführbarkeit in technische Konzepte verdankt es eine Schlüsselposition im Wissensmanagement. Oft liegt der Schwerpunkt des Wissensmanagements auf dem expliziten Teil, indem der Zugriff auf Informationen durch Navigatoren oder Suchmaschinen verbessert wird. Dabei wird jedoch verkannt, dass Informationen ohne das Wissen über den Kontext häufig wertlos sind und diese Medien in der Regel eher eine Rückfrage provozieren.

Metawissen über die Umwelt, das im Unternehmen existiert

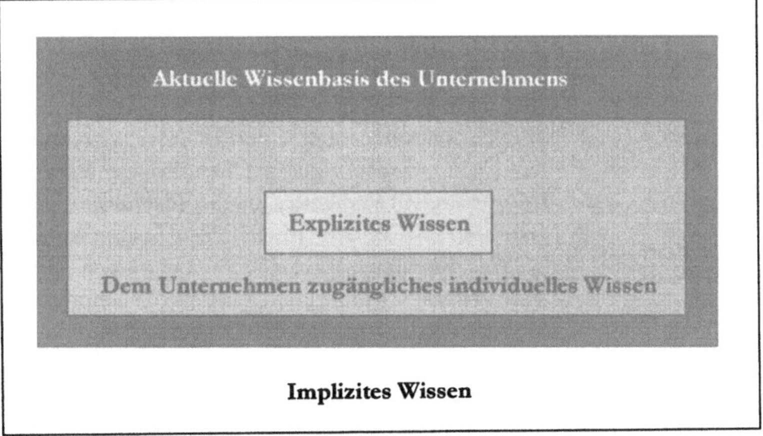

Die Herausforderung besteht also darin [5],

> beide Facetten von Wissen, sowie die Wissensinhalte und –zusammenhänge als zusammengehörig zu erkennen.

> die jeweils besten Werkzeuge für die Speicherung, Bearbeitung und Suche zu nutzen.

> die produktiven und kontraproduktiven Einflüsse von kulturellen Erfahrungen, Einstellungen und Emotionen auf das Wissensmanagement zu erkennen.

Implizites vs. explizites Wissen

Abbildung 9.2: Wissenspotential eines Unternehmens

Der Vorgang der Wissensbildung lässt sich folgendermaßen veranschaulichen:

Abbildung 9.3: Prozess der Wissensbildung

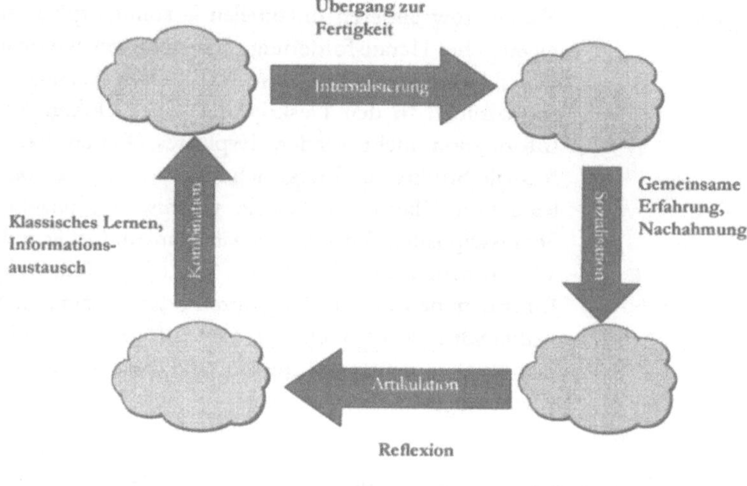

Die unterste Ebene expliziten Wissens stellen immer Daten dar, die erst durch Sortierung, Analyse und Interpretation zu Informationen heranreifen. Damit wird ein zusätzlicher Prozess notwendig, der die Daten zu Informationen verdichtet, die als Grundlage von Geschäftsentscheidungen oder als Teil der Geschäftsprozessunterstützung dienen. Sollen z.B. E-Mails der letzten Woche archiviert werden, ohne dass das darin enthaltene Wissen verloren geht, sind dazu Suchmechanismen notwendig, die nicht nur die Häufigkeit von Wortkombinationen oder Wörtern auswerten, sondern den vielschichtigen Inhalt der Dokumente analysieren.

Informationsgewinnung

Wissen ist folglich eine sich ständig wandelnde Kombination aus Informationen, individuellem Kontext und Erfahrungen. Erfahrung entsteht aus bereits erarbeitetem Wissen, den Kontext bestimmen persönliche Faktoren wie soziale Wertvorstellungen, Religion oder Bildungshintergrund.

Die begriffliche Trennung in Daten, Informationen und Wissen hat vielleicht dazu beigetragen, dass lange Zeit kein umfassendes Verständnis eines integrierten Wissensmanagement bestand. Die Informatik widmet sich der Datenseite, die Fortbildungseinrichtungen fördern die Informationsebene und die Forschung ist für die Produktinnovation zuständig, benutzt also beide Facetten. Diese isolierten Aktivitäten hemmen den abteilungsübergreifenden Wissensaustausch [13].

Abbildung 9.4:
Definition von
Wissen

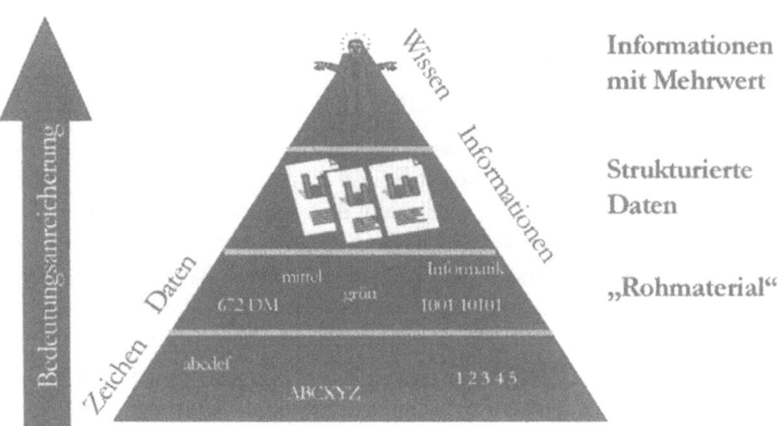

Wissensaustausch

Beim Wissensaustausch kommt es entscheidend auf Erfahrung und Kontext der Beteiligten, aber auch auf die Abgrenzung des expliziten vom „stillschweigenden" Wissen an. Je ähnlicher diese Komplexe bei den Personen der Gruppe oder Organisation sind, desto einfacher gestaltet sich eine Verständigung. Nur in einer Atmosphäre der Offenheit und des Vertrauens kann eine hinreichende Kommunikationsintensität erzeugt werden, die den Prozess der Wissensverteilung fördert. Vielfach mangelt es an der Einsicht für Relevanz und Zweck der Wissensverteilung. Allgemein werden fünf Interessen und Bedürfnisse der Mitarbeiter unterschieden, die Widerstände erzeugen [9]:

➢ Existenzsicherung durch den Beruf

➢ Sicherheit über den Arbeitsvollzug

➢ Eingliederung in ein Beziehungsgeflecht

➢ Verantwortlichkeit

➢ Möglichkeit, durch die Arbeit eigene Wünsche zu erfüllen

Motivationsfaktoren des Wissensaustausches

Die Motivation der Mitarbeiter verlangt dabei nicht nur eine Neustrukturierung der Lernprozesse, sondern oftmals auch die Einbindung von Motivationsfaktoren in die Gehalts- und Beförderungspolitik. Wünschenswert sind dabei Motivationsfaktoren, die auf nicht-monetärer Ebene existieren:

> **Gegenseitigkeit:** Informationsaustausch zwischen Mitarbeitern und Bezahlung von Wissen mit Wissen

> **Reputation:** Die Vorstellung, dass Kompetenz und Wissen die Stellung und das Ansehen seines Trägers fördern

> **Selbstlosigkeit:** Die Bereitschaft, anderen zu helfen, ohne dafür eine Gegenleistung zu verlangen

9.2   Wissensverteilung

Idealerweise steht das benötigte Wissen der richtigen Person zum richtigen Zeitpunkt zur Verfügung. Die Umsetzung dieser Anforderung setzt voraus, dass die Wissensquellen des Unternehmens lokalisiert sind und jeder Mitarbeiter darauf Zugriff hat, sobald er Informationen zur Erfüllung seiner Aufgaben benötigt. Je nach Informationsbedürfnis werden unterschiedliche Ressourcen herangezogen. In erster Linie wird die Wissensbasis durch externe Quellen erweitert:

> **Gedruckte Quellen:** Zeitungen, Zeitschriften, Bücher, Bestände aus Archiven oder Bibliotheken.

> **Datenbanken:** Online-Datenbanken, CD-ROM-Datenbanken, Internet

> **Personen:** Experten, Forscher, Mitarbeiter

Bezogen auf interne Quellen finden sich Informationssplitter in E-Mails, Handbücher für Verfahren und Prozesse im Unternehmen, Produktbeschreibungen, Marketingmaterialien, Kundenlisten, Budget- oder Umsatzprognosen, Web-Sites oder Gruppendiskussionen.

Arten der Wissensvermittlung

Die traditionelle Methode der Wissensvermittlung ist „trainerzentriert". Der Lehrende stellt die Lehrmaterialien, überwacht das Lehrtempo und verweist auf die Literatur. Ein anderer Ansatz stellt den Lernenden in den Mittelpunkt. Dieser sollte nicht nur passiv Wissen empfangen, sondern dieses auch interpretieren. Als Lernhilfe unterstützt der Lehrende den Lernenden, so dass dieser individuelle Erfahrungen gewinnt und eine eigene Lerngeschwindigkeit entwickelt. Der Lerngruppen-Ansatz schafft eine Umgebung, in der Wissen auftaucht und von Gruppenmitgliedern geteilt wird. Experten- und Vorwissen werden explizit in den Prozess der Wissensübertragung eingebunden. Studien haben gezeigt, dass dieses Konzept die Ziele Wissenstransfer oder Erwerb neuer Fähigkeiten gut unterstützt. Lernen in einer Gruppenumgebung erzeugt besseres strategisches Denken, eine größere Vielfalt von Ideen, verstärkt kritische Gedanken und eine zunehmende Kompromissbereitschaft. Daneben fördert es als Seiteneffekt den Erwerb sozialer Kompetenz im Sinne zwischenmenschlicher Kommunikation und Abstimmung.

Den Aufbau, die Umsetzung und die Kontrolle eines umfassenden Wissensmanagements zeigt folgende Übersicht [13]:

Abbildung 9.5:
Bausteine eines
Wissensmanagements

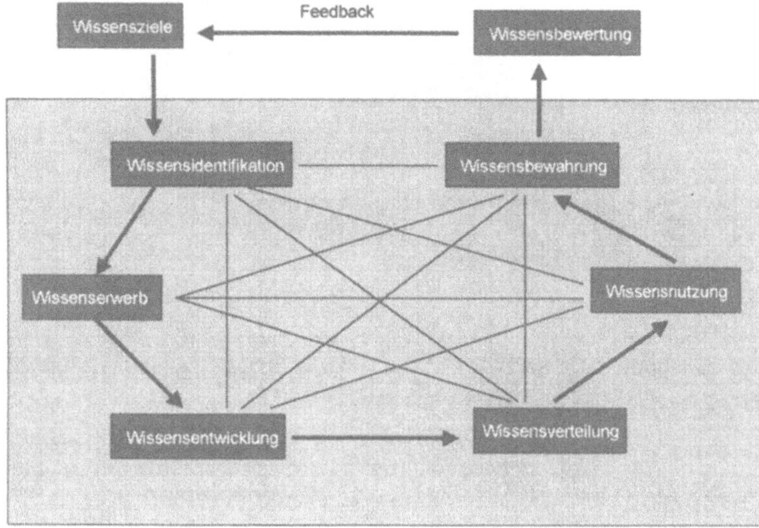

9.3   Wissenserwerb

Die Identifikation von Fähigkeitsdefiziten und Wissenslücken bildet den Ausgangspunkt für Maßnahmen des Wissenserwerbs [2]. Dazu reicht die Verfügbarkeit von Wissensquellen allein nicht aus. Damit ist auch zu fragen, wie Mitarbeiter optimal fortgebildet werden können und welche Medien sie bevorzugen. Da aus Kostengesichtspunkten Schulungen häufig in Form des Distributed Learnings stattfinden, interessiert Unternehmen naturgemäß die von den Mitarbeitern bevorzugte Lernart. Eine Befragung zu diesem Thema ergab folgende Abstufung:

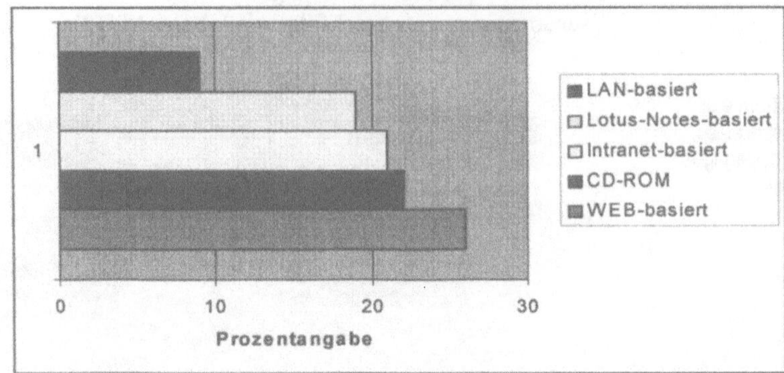

Quelle: IBM nach CW 11/99

Motive für Distributed Learning

Während Mitarbeiter die Notwendigkeit des lebenslangen Lernens vielfach erkannt haben und aus persönlichen und beruflichen Entwicklungsmöglichkeiten diesem Trend positiv gegenüberstehen, hinkt die
Organisation den Fortbildungsbestrebungen hinterher. In Kenntnis
dieser Situation versuchen Unternehmen:

> die Geschwindigkeit und Reichweite des Trainings zu optimieren

> die Kosten externer Kurse zu reduzieren

> externe Trainer für größere Gruppen zu gewinnen

> gruppenbezogenes Lernen in Verbindung mit „Distance
Learning" einzuführen

Der letzte Aspekt gewinnt nicht zuletzt durch die technischen Möglichkeiten und durch sein hohes Potential an Bedeutung. Dabei versteht sich
„Distance Learning" als Ansatz, der das traditionelle simultane Lernen
am gleichen Ort in üblicher Klassenraum-Atmosphäre durchbricht. Eine
besondere Ausprägung dieses neuen Lerntyps ist das verteilte Lernen,
das technologiegetrieben die Gruppenarbeit in den Vordergrund stellt
und versucht durch die Einbindung von Moderatoren und der Möglichkeit zu jeder Zeit an jedem Ort zu lernen, die traditionellen Beschränkungen aufzuheben. Auch in diesem Kontext werden Lernziele formuliert, deren Schwerpunkt auf dem Wissenstransfer oder der Aneignung
neuer Fähigkeiten liegt.

Lernmethoden
und   technische
Umsetzung

Die Lernmethoden lassen sich unterschiedlich in ein technisches Umfeld
einbetten. **Verteilungstechniken** unterstützen in erster Linie den „trainerzentrierten" Ansatz durch Broadcast TV, Video- und Audiosequenzen. Diese Eins-zu-viele-Kommunikation kommt der traditionellen Lehrform des „Frontalunterrichts" nahe und drängt die Lernenden eher in

eine passive Rolle. **Interaktive Techniken** wie CBT's, CD-ROM's oder Simulationen liefern jederzeit an jedem Ort die Möglichkeit der Wissensaufnahme und stellen folglich verstärkt den Lernenden in den Vordergrund. Ihre Grenzen ergeben sich aus den beschränkten Interaktionsmöglichkeiten zwischen Lehrenden und Lernenden. Der Lernende erhält nur von der Technik aber nicht von Trainer eine Antwort. **Gruppenbezogene Techniken** bieten hier den Ausweg, indem sie einen geteilten virtuellen Arbeitsraum zur Verfügung stellen, der Interaktionen sowohl zwischen Personen als auch zwischen Personen und Technik zulässt. Der Kommunikationsschwerpunkt liegt auf einem Viele-zu-viele-Modell von Personen, die das gleiche Ziel teilen und dazu miteinander Informationen und Wissen austauschen und erwerben müssen.

Verteiltes Lernen ist heutzutage noch mit der Technologie gekoppelt. Die Fähigkeiten der Hard- und Software, des Netzanschlusses und der Möglichkeiten des WWW und der Applikationen bestimmen die Lernmöglichkeiten. Stetig wird aber die Technik zugunsten der eigentlichen Lernumgebung an Gewicht verlieren, so dass Lernende in die Lage versetzt werden, ihre Zeit, in der sie in Interaktion mit anderen Lernenden oder dem Lehrenden treten wollen, gezielter zu steuern. Damit wird sich langfristig das Lernverhalten nicht nur des individuell Lernenden, sondern auch des in eine Organisation eingebundenen Mitarbeiters stark verändern. Dennoch sollten die Erwartungen an multimediales Lernen nicht zu hoch geschraubt werden. Grenzen bestehen insbesondere in der Interaktion mit dem Lehrenden [3]:

Grenzen des Distributed Learning

> ➤ Elektronische Medien ersetzen nie einen guten Trainer, angeregte Diskussionen oder einen blendenden Vortrag.

> ➤ Lernprogramme können keine spontanen Interaktionen und Fragestellungen, Verhaltensweisen und Werte vermitteln. Sie können ferner keine sozialen Kontakte nutzen oder die Gruppendynamik berücksichtigen.

9.4   Wissensmanagement in Unternehmen

Für viele Unternehmen gehört das Phänomen mangelnder Transparenz zum Alltag. Gerade große Organisationen klagen darüber, dass sie in Kernbereichen den Überblick über interne Fähigkeiten und Wissensbestände verloren haben. Aber auch das Gegenteil ist zu beobachten. Trotz steigender Informationsflut fühlen sich viele Mitarbeiter schlecht informiert, getreu dem Motto: „Ich habe alle Informationen außer denen, die ich benötige". Im Zentrum eines Wissensmanagements steht daher das

Wissensentdeckung

Entdecken, der Transfer und das Schaffen von Wissen. Wissen ist ohne Wert solange es unentdeckt bleibt. Für eine systematische Wissensentdeckung werden Kriterien und Selektionsraster benötigt. Automatisierung läuft jedoch Gefahr statisch zu werden, so dass wirkungsvolles Wissensmanagement die individuelle Weiterentwiclung von betrieblichen Wissen zum Ziel haben muss :

> ➤ Das intellektuelle Kapital eines Unternehmens ist besser zu nutzen. Gleich welcher Art die Information ist, für ihre Einordnung in eine übergeordnetes Schema ist eine globale Referenz mit einem kontrollierten Vokabular zur Suche unumgänglich. Nur dann kann sichergestellt werden, dass in einem Unternehmen mit unterschiedlichen Kulturen und Sprachen Wissen allen Mitarbeitern gleichermaßen präsentiert werden kann.

> ➤ Erfahrungen müssen im Sinne der Wissensverbesserung und der Verbreiterung der Wissensbasis ausgetauscht werden. Um wertvolle Erfahrungen nicht leichtfertig verfallen zu lassen, müssen die Prozesse der angemessenen Speicherung und der regelmäßigen Aktualisierung bewusst gestaltet werden.

> ➤ Die Kosten der „Wiederverwendung" von Wissen sind zu reduzieren. Wissensbestandskarten als Verzeichnisse über Wissensträger und deren Wissensschwerpunkte zeigen an, wo und wie Informationen abgelegt sind. Für den Suchenden bedeutet es einen Unterschied, ob die gesuchte Information auf einer Diskette, in Papierform, im Internet oder im Gedächtnis eines pensionierten Experten vorhanden ist.

> ➤ Der Wissensverlust bei Umstrukturierung ist zu minimieren. Dezentralisierung, Globalisierung, Lean Management und steigende Fluktuation erhöhen die Intransparenz in vielen Unternehmen. Im Zuge dieser Umstrukturierung beklagen Unternehmen oft, dass sie einen Teil ihres „Gedächtnisses" verloren haben. Daher gilt es, Mitarbeiterwissen über alle Veränderungsprozesse hinweg zu retten.

Ziele des Wissensmanagements

Auf Basis dieser Überlegungen sind die Erwartungen relativ breit gefächert (Studie des Fraunhofer-Institut für Arbeitswirtschaft und Organisation, 1998):

> ➤ Produktqualität verbessern

> ➤ Innovationsfähigkeit erhöhen

> ➤ Kundennähe verbessern

> ➤ Kosten senken

> ➤ Produktivität erhöhen

> Kreativität fördern

> Durchlaufzeiten minimieren

> Wachstum steigern

Um diese Ziele angemessen umzusetzen, ist eine genaue Untersuchung der Denkweise, der Einstellungen und der Einschätzungen der Wissensakkumulation bei den potentiellen Benutzern unumgänglich. Diese Analyse sollte dann in eine detaillierte Beschreibung der nachgefragten Funktionen und Eigenschaften eines zu konzipierenden Systems einfließen. Entsprechend den formulierten Wissenszielen werden hier auch Methoden der Bewertung der Zielerreichung notwendig. Zu abstrakte, wenig klar formulierte Vorgaben rächen sich, da sie auch nicht annährungsweise zu verifizieren sind. Klar ist dabei, dass die Zukunft den Wissensarbeitern gehört, die bereit sind - unabhängig von vorgegebenen Wissenszielen - ihr Leben lang zu lernen. Nur mit ihrer Hilfe entwickelt sich das Unternehmen zur lernenden Organisation, die sich im Informationszeitalter die entscheidenden Wettbewerbsvorteile verschafft.

Implementierungsgrundsätze

9.5   Wissensbewahrung

Wissensmanagement ist für sich genommen keine Technologie, sondern ein Vorgang. Basis sollte eine intern entwickelte logische Struktur sein, die das Know-How nach Themengebieten systematisiert. Der Einsatz von Technologiekomponenten im Rahmen von Geschäftsprozessen, um die Wissenslücke zu schließen und die Systematisierung zu fördern, stößt in der Anfangsphase häufig auf Widerstand bei den Mitarbeitern. Abhilfe schaffen hier festgelegte Verfahren, benutzerfreundliche Bedienung und Nutzenorientierung. Wie ein erfolgreiches Wechselspiel zwischen Technologie und Organisationskonzepten aussehen kann, verdeutlicht das Vorgehen bei einer Geschäftsprozessoptimierung: Geschäftsprozesse werden überwiegend in Diagrammform modelliert. Ziel ist es, implizites Wissen der Mitarbeiter zu bündeln und anschließend zu visualisieren. Der Erfahrungsschatz der Beteiligten fließt so unmittelbar in den neu gestalten Prozessablauf ein. Dieser Ansatz setzt voraus, dass Einsichten schnell umzusetzen sind und dass Mitarbeiter in der Lage sind, zwischen organisatorischen Abläufen und deren Umsetzung in Workflow-Funktionalität zu unterscheiden.

Geschäftsprozess und Wissensmanagement

Bisher unterstützt ausschließlich die Informationstechnik den meist formalisierten Informationsaustausch. Im Vordergrund stehen Transfer und Schaffen von Wissen. Die begleitenden Faktoren wie Kontext und Erfahrungen bleiben unberücksichtigt. Je mehr es gelingt, die Erfahrungen und die Kompetenz der Mitarbeiter über räumliche und zeitliche

Distanzen hinweg allen Mitarbeitern gezielt zur Verfügung zu stellen, desto schneller und effektiver können sie handeln. Erwartet wird daher eher ein System, das Wissen statt Information, die im Zweifel vieldeutig ist und deren Menge täglich zunimmt, im Unternehmen transportiert. Die IT-Struktur derartiger Systeme setzt sich aus mehreren Basiskomponenten zusammen, deren Kern die unternehmensweite Verteilung und zeitübergreifende Verfügbarkeit von Wissen im Sinne von Groupware bildet:

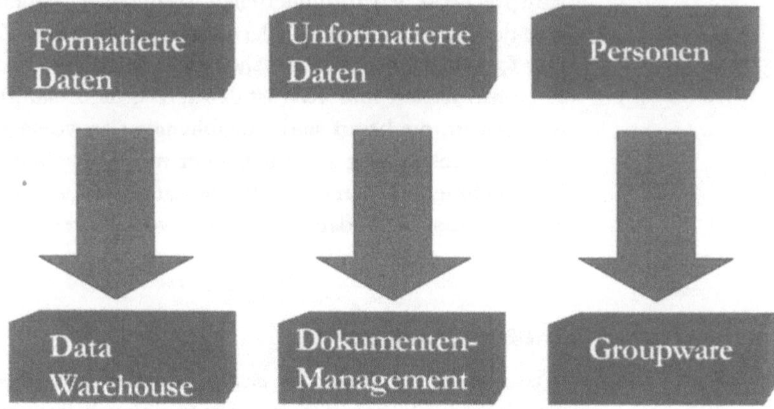

Software zur Wissensaufbereitung

> **Data Warehouse:** Zur Produktion von Wissen stehen Data-Warehouse-Systeme im Vordergrund. Ein Data Warehouse stellt Werkzeuge und Prozeduren zur Verfügung, die vollständige, zeitnahe, genaue und verständliche Informationen liefern, um richtige Entscheidungen für schnelle, markt- und sachgerechte Aktivitäten zu treffen. Die Daten sind subjektorientiert, d.h. sie orientieren sich an unternehmensbestimmenden Sachverhalten und nicht an der Abwicklung von Geschäftsprozessen. Mit diesen Werkzeugen gelingt es, die bereits im Unternehmen vorhandenen Daten zu analysieren und für die Recherche aufzubereiten.

> **Data-Mining:** Mit der Gewinnung und Visualisierung von Wissen aus großen Datenbeständen befasst sich das Data-Mining. Im Gegensatz zum Data Warehouse, das in erster Linie ein Datenangebot bereithält, versucht das Data-Mining Beziehungen zwischen Daten und auffälligen Mustern in den Beständen zu erkennen. In großen Data Warehouses können regelmäßige Muster existieren, ohne aufzufallen. Dennoch stellen sie wertvolles Wissen über die Daten dar und wollen

entdeckt werden. Leider ist die Anzahl möglicher Beziehungen innerhalb der Daten so groß, dass eine Suche nach relevanten Beziehungen durch Bewerten aller denkbaren Verknüpfungen unmöglich ist. Benötigt werden daher Verfahren, die selbständig die Datenbestände auf mögliche Regelmäßigkeiten und Abhängigkeiten durchsuchen und entsprechende Auswertungen vornehmen. Data-Mining erweist sich damit als induktiver Vorgang, dessen Ergebnisse ständig evaluiert werden müssen und ähnlich der Ergebnisse statistischer Methoden nur zu „annährend korrekten" Resultaten führen.

➤ **Dokumentenmanagement-System**: Ein DMS bildet das unternehmensweite Gedächtnis, das alle erarbeiteten Dokumente, Graphiken, E-Mails, Programme oder Tabellen aufnimmt. Voraussetzung für eine Steigerung der Produktivität ist eine gute Recherchemöglichkeit und Katalogisierung. Dabei gilt es, eine hierarchische Abstufung zu berücksichtigen, wie sie auch in der Entstehung von Wissen zum Ausdruck kommt; denn erst aus Daten werden Informationen und aus gewichteten Informationen entsteht Wissen im Kontext, das als Basis für geschäftliche Entscheidungen dienen kann.

➤ **Suchfunktionen**: Um die Informationsflut gezielt auswerten zu können, sind flexible und mächtige Suchmechanismen erforderlich. Dazu zählen Volltextrecherche, Synonymsuche, Suchverknüpfungen, Verbesserungsmöglichkeiten alter Suchanfragen oder die Suche nach formalen Deskriptoren.

➤ **Workflow- und Groupwarefunktionalität**: Einerseits ist die Unterstützung der Kooperation ein wichtiger Gesichtspunkt, andererseits soll den Mitarbeitern die Information bedarfs- und zeitgerecht zur Verbesserung der Koordination bereitgestellt werden. Ein Mittel hierzu ist die Push-Technologie. Ein Agent der Datenbasis wird über definierte Gruppen- und Benutzerprofile beauftragt, selbständig nach für den Benutzer interessanten Informationen zu suchen und ihm diese zuzustellen. Das Produkt der Recherche ist eine Auflistung der gefundenen Quellen. Um für die Aufgabenerfüllung essentielle Informationen nicht zu übersehen, sollte die Technik so konfigurierbar sein, dass bestimmte Rechercheergebnisse nicht abgelehnt werden können.

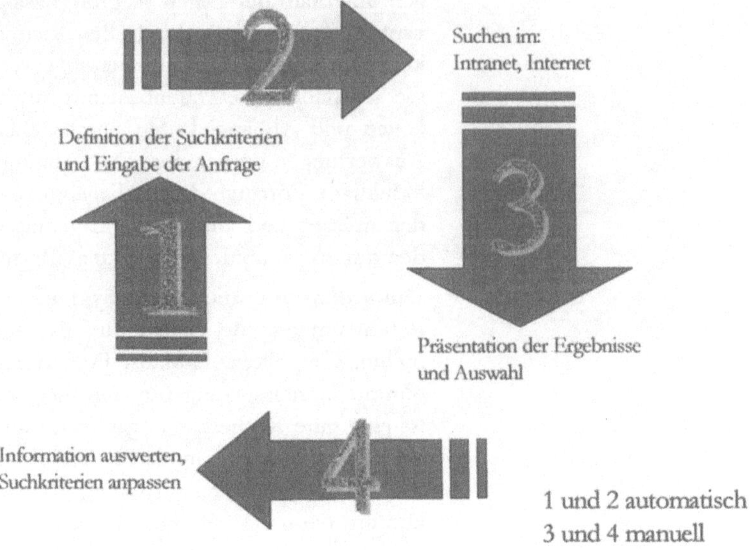

Abbildung 9.8: Prozess der Informationssuche

9.6   Wissenserwerb

Neben den klassischen Wegen der Informationsbeschaffung gewinnt der Einsatz moderner Informationstechnologie immer mehr an Bedeutung. Hinter welchen Technologien das größte Potential zur Bereitstellung, Sicherung und Vermehrung des Wissens in den Unternehmen vermutet wird, zeigt folgendes Diagramm:

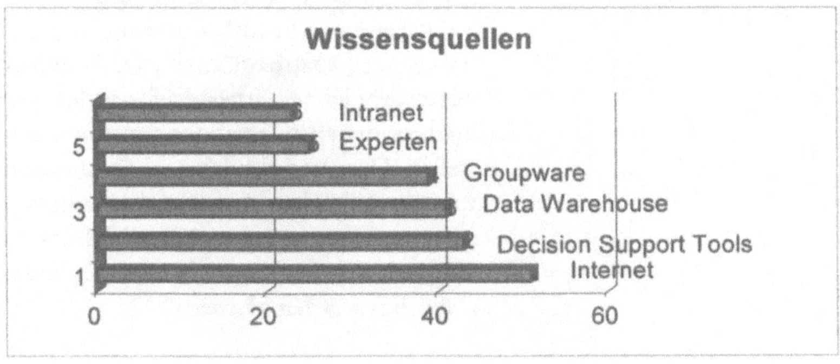

Abbildung 9.9: Medien des Wissenserwerbs

Quelle: Ernst & Young 1998, nach Information Week Nr. 17/1998, S. 65

Die Verbindung aller Medien zu einem Wissensmanagement-System und die Stellung des Einzelnen in diesem Umfeld ist verschieden vorstellbar. Dazu zählt die Wissensbeschaffung von außerhalb der Organisation über Berater, Experten oder Datenbanken genauso wie der Erwerb durch unternehmensinterne Quellen wie Intranet oder Mitarbeiter. Da Wissen ein immaterielles Gut ist, kann beim Erwerb allerdings nichts über dessen Qualität gesagt werden.

Abbildung 9.10:
Wissensmanagement und Nutzer

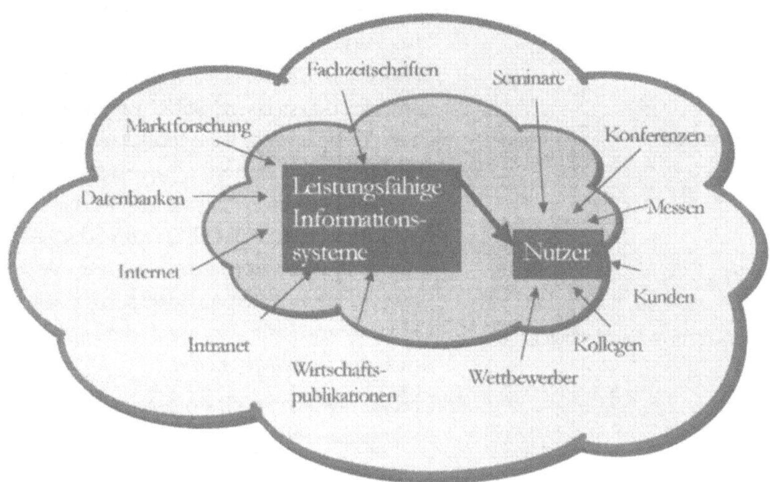

Wissensbewertung

Um alle Quellen zu einem homogenen Ganzen zusammenzufügen, bedarf es einer Bewertung, nach welchen Kriterien wie Komplexität, praktischer Nutzen oder Schematisierbarkeit Wissenbausteine isoliert werden. Hierzu sind Techniken wie Data-Warehouse oder Data-Mining notwendig.

9.7   Probleme des Wissensmanagements

Die Wissensverteilung lässt sich dank Internet, Intranet und Groupware technisch relativ einfach realisieren. Doch ein wichtiger Faktor bleibt die Wissensaufbereitung. Tools zur Verdichtung von Informationen, Erschließung von Zusammenhängen, Abbildung von Assoziationen und Reduktion auf wesentliche Inhalte sind naheliegende Anforderungen.

Wissensaufbereitung

> Die Eigenmotivation der Mitarbeiter spielt eine entscheidende Rolle. Selbstorganisation kann nicht verordnet werden. Motivation ist das Zauberwort. Doch Wissen wird von vielen noch als Macht angesehen, das es nicht zu teilen gilt. Hier wird ein Teil der menschlichen Psyche offenbart. Es gehört zu den angestammten Neigungen, eigenes Wissen zu horten und das

Wissen anderer nur zögernd anzunehmen. Transparenz hat seine Feinde. Wer schon immer gut informiert war, hat nichts zu gewinnen, aber viel zu verlieren. Für ihn ist Intransparenz die Basis zum Machterhalt. Ein Wandel in den Verhaltensweisen der Mitarbeiter wird damit zur Grundvoraussetzung eines erfolgreichen Wissens-Management.

> Die Akkumulation von Wissen unterstützt die organisierte Zusammenführung von Fachinhalten, das Bereitstellen von Orientierungswissen, Schulungen oder Chancen zur persönlichen Fortbildung. Die kollektive Wissenstransparenz hat allerdings auch Grenzen. Gewisse Fähigkeiten einer Organisation gleichen einer „Black Box": die Fähigkeit der Gruppe ist ersichtlich, aber die Erklärung dergleichen fällt schwer. Offenbar spielen komplexe soziale Verhaltensmuster in einer Gruppe eine nicht zu unterschätzende Rolle. So zerfällt eine Gruppe und mit ihr die Leistungsfähigkeit bei Ausscheiden nur eines ihrer Mitglieder.

> Neben vielen psychologischen Barriere existieren aber auch technische Restriktionen. Die Datenmenge in einem Knowledge-Management-System kann sehr schnell und vor allem unkontrolliert wachsen. Um die Datenflut einzugrenzen, sind organisatorische Maßnahmen erforderlich. Einzelne Gremien müssen entscheiden, was und wie etwas veröffentlicht wird; speziell geschulte Mitarbeiter betreuen die Erstellung von Beiträgen und Tutoren ergänzen bestehende Dokumente. Eine Alternative besteht darin, den Wildwuchs zuzulassen und nicht nachgefragte Informationen automatisch anhand des Zugriffsdatums zu verwerfen.

> Die Kernaufgabe bleibt dennoch, aus dem Meer der Informationen die Fakten herauszufischen, die das Informationsproblem des Nutzers lösen können. Dazu muss der Nutzer in der Lage sein, die „Beute" zu zerlegen und aufbereitet zu verarbeiten. Die Vielgestaltigkeit der Quellen macht die Aufgabe, zwischen schädlicher und gesunder Ignoranz oder zwischen überlastender und anregender Informationsflut zu unterscheiden, nicht leichter. Je klarer die Wissensziele formuliert und verstanden werden, desto einfacher dürfte dem Einzelnen die Orientierung in diesem Spannungsfeld fallen.

> Alle Medien verlangen allerdings einen hohen Ergänzungs-, Aktualisierungs- und Pflegeaufwand. Wissensbestände aktuell und ständig verfügbar zu halten, ist keine zu unterschätzende Aufgabe und bedarf einer wohldefinierten organisatorischen Einbettung in den Unternehmenskontext. Dazu bedarf es

Wissen ist Macht

Wissenstransparenz

Informationsflut

Wissensaktualität

auch Mechanismen zur koordinierten Fortentwicklung, um gezielt Maßnahmen zur Förderung und Weiterentwicklung von Wissen einzusetzen. Entscheidend für ein erfolgreiches Wisssensmanagement ist aber auch die Frage, wie der Verlust von Wissen vermieden werden kann und wie das Wissen zum Kunden kommt.

Für den Bauplan und den Gestalter des Knowledge Managements bleibt die Kernfrage: Wie, wo und wann wird welches Wissen zur Schaffung von Mehrwert eingesetzt? Die Antwort zielt vor allem auf das Zusammenspiel von Geschäftsprozess und dem für seine erfolgreiche Abwicklung benötigtem Wissen.

9.8 Anforderungen an das Wissensmangement

> ➤ Wissensmanagement ist ein evolutionäres Projekt [8]: Es dient als Schnittstelle zu Informationen im Unternehmen, zu bestehenden Anwendungen oder für den Zugriff von außen. Diese Sichtweise ist ständigen Änderungen unterworfen, weil neue Techniken, Informationsangebote und Kooperationen verfügbar werden.

> ➤ Der Informationsbesitzer muss seine Information publizieren können: Der zentrale Ansatz, der Wissen von einer Stelle bewertet und gepflegt, ist bei der Schnellebigkeit vieler Informationen wenig erfolgversprechend. Es sollte zwar ein grobes Regelwerk geben, nach denen Informationen strukturiert und präsentiert werden sollen, dieses darf aber nicht den Informationsfluß behindern. Dies setzt auch eine Infrastruktur voraus, in der Anwender ohne fundierte technische Kenntnisse Wissen bereit stellen können. Die Strukturierung der Information mit einheitlichem Layout und einheitlichem Navigationsdesign ist wichtig, damit der Nutzer auf wiedererkennbarem Weg sein Informationsbedürfnis stillen kann.

> ➤ Wissensmanagement ist ein Kommunikations- kein Technikprojekt: Die Technik ist zwar die steuernde Basis, aber nicht das Ziel. Wohl wird das Wissensmanagement hauptsächlich durch die Entwicklung der Technik getrieben, die Umsetzung in eine Präsentationsform, die alle potentiellen Interessenten anspricht, bleibt aber Hauptanliegen.

> ➤ Das Projekt bedarf der Unterstützung durch das Management: Wissensmanagement verändert zwangsläufig die Unter-

nehmens- und Informationskultur. Ein solcher Wandel funktioniert aber nicht, wenn er nicht vom Management getragen wird. Im Zuge eines Wissensmanagements werden Kompetenzen neu bewertet und Prioritäten entsprechend verteilt. In diesem Prozess können bisherige Experten ihre Sonderstellung verlieren. Dies reduziert die Machtbasis der bisher besser Informierten und verdeutlicht, warum Wissensmanagement natürliche Feinde hat und die Rolle des Managements so wichtig ist.

> Wissensmanagement muss in den Organisationsstrukturen und in der Unternehmenskultur verankert sein: Als Querschnittsaufgabe hat das Wissensmanagement auch zum Ziel, Wissen der gesamten Organisation transparent zu machen. Der Austausch über eigene Erfahrungen und Probleme gedeiht nur in einer Atmosphäre des Vertrauens. Nur dann wird ein Feedback über Abteilungs- und Positionsgrenzen hinweg gefördert. Dabei ist insbesondere der Umgang mit Fehlern entscheidend für das Bekenntnis zum Wissensmanagement.

> Wissensmanagement bedarf einer Vision: Eine Vision dient dazu, Ziele auf ihren Sinn für eine strategische Entwicklung zu überprüfen. Sie hilft auch, Ziele zu definieren, entfernte Ziele zu erkennen oder zukünftige Entwicklungen abzuschätzen. Nur so kann Wissensmanagement zu einem positiven Wettbewerbsfaktor heranreifen.

9.9 Beispiele für Wissensmanagement

Der effiziente Umgang mit Informationen und Wissen wird für viele Unternehmen zunehmend wichtiger. Das Motto „Wenn Firma S. wüsste, was Firma S. weiß" drückt die unbewältigte Aufgabe einer umfassenden, das ganze Unternehmen betreffenden Wissensverwaltung und –steuerung aus. Während die Frage, wie das Wissen der Mitarbeiter „anzuzapfen" ist, noch diskutiert wird, kann die Frage, wie das erfahrene Wissen verteilt werden kann, sehr viel eindeutiger beantwortet werden. Die neuen Techniken wie Intranet, Internet und WWW bieten eine geradezu prädestinierte Plattform, um gewonnene Erfahrungen oder erworbenes Wissen einem breiten Kreis von potentiellen Interessenten nahezubringen.

Technik der Wissensverteilung

9.9.1 Virtuelle Hochschule

Im Hochschulbereich lassen sich einige wesentliche Strukturen erkennen, die sich anders als in kommerziellen Unternehmen durch den Einsatz von speziellen Kommunikations- und Informationsfunktionen unterstützen lassen. Dazu zählen [11]:

- der E-Mail-Austausch zwischen den Lehrenden und Lernenden von allen Arbeitsplätzen des Campus und der häuslichen Arbeitsumgebung unabhängig von Zeit und Ort

- die Zugriffsmöglichkeiten auf bereits digital abgelegte Informationen zu Studium und Praktikum über kommentierte Vorlesungsverzeichnisse, Studien- und Prüfungsordnungen

- die Organisation und der Ablauf des Studiums hinsichtlich Vorlesungsterminen, Räumen, Zensuren, Zeugnissen und Fragen an das Prüfungsamt

- eine einfache Möglichkeit der gemeinsamen Informationsnutzung durch Unterlagen in Form von Vorlesungsskripten, Präsentationen, Fallstudien, CBT-Programmen, Softwaretools und Literaturhinweisen

- die Projekte im Studium oder in der Wirtschaft mit dem dazu benötigten Umfeld wie Literatur, Produktinformationen, Koordination von Teams, Adressen und Informationen zu interessanten Unternehmen, Verbänden oder Diskussionsforen.

Tabelle 9.2:
Infomationsstruktu-
ren einer virtuellen
Hochschule

	Infor-mation	Organis-ation	Studien-inhalte	Projekte	Auslands-kontak-te	Selbst-verwal-tung
Basis-infor-mation	Studien-führer		Vorle-sungs-skripte	Litera-tur, Diskus-sionsfo-ren	Studien-ordnung	Gre-mien, Termine, Mitglie-der
	Studien-ordnung		Litera-tur, Fallstu-dien	Unter-neh-mensin-formati-on	Ansprec-hpartner, Instituti-onen	Anträge, Tages-ordnung, Proto-kolle
	Prüfungs-sord-nung		CBT-Soft-ware, Software tools	Koordi-nation von Teams	Studien-plätze	
Periodi-sche Semes-teror-ganisa-tion		Semes-terter-mine	Exkursi-on	Wirt-schafts-kontakte	Semes-terter-mine	Finanz-pläne
		Vorle-sungsver-zeichnis, Raum-plan	Praktika		Vorle-sungsver-zeichnis	Inven-tarüber-sicht
Studi-um		Prü-fungster-mine			Koordi-nation	Adres-sen, Korres-pondenz
		Zensu-ren, Zeugnis-se				Umläufe

Aus dieser Übersicht lässt sich ablesen, dass sich die Rahmenbedingungen des Studiums verändert haben. Insbesondere die Bewältigung des
Informationsangebotes erfordert Erfahrungen mit den Methoden der

Informationsverarbeitung. Dies gilt gleichermaßen für die Wirtschaft. Auch dort unterliegt das Umfeld dramatischen Umbrüchen:

> ➢ Konsequente Kundenorientierung

> ➢ Schneller Wandel der Märkte für Produkte und Dienstleistungen mit verkürzten Produktzyklen und verringerter Produktlebenszeit

> ➢ Globalisierung der Märkte und wachsender Wettbewerb erfordern Anpassungen der Organisationsstruktur und der Informationssysteme.

Diese Aufgaben können nur mit einer ausgefeilten Informationstechnik bewältigt werden.

9.9.2   Wissensverteilung durch Replikation

Bei geographisch verteilt operierenden Unternehmen kommt der Verfügbarkeit von Informationen zum richtigen Zeitpunkt am richtigen Ort ausschlaggebende Bedeutung zu. Weltweite Verknüpfungen von Abläufen und Prozessen stellen daher höchste Anforderungen an das Informationsmanagement. Neben strukturellen und organisatorischen Maßnahmen bilden effiziente Technologien den Grundstein für ein optimales Zusammenwirken eingesetzter Ressourcen. In diesem Kontext stellt sich häufig die Frage, wie zentral verwaltete und erfasste Daten optimal an die Außenstellen zu verteilen sind. Der technologische Automatismus hierzu heißt Replikation. Dieses Konzept versetzt die Filialen in die Lage, unabhängig von der aktuellen Netzwerksituation ihre Informationen abzufragen und auszuwerten. Durch die konzentrierte Übertragung/Abgleich der Daten und die Bestimmung des Übertragungszeitpunktes können die Netzlast und die Übertragungskosten kontrolliert werden.

Synchrone Replik

Die Replikation kann entweder synchron oder asynchron erfolgen. Synchron bedeutet, dass sich Sender und Empfänger im Gleichlauf befinden und nach einem Commit über den gleichen Datenbestand verfügen. Bei einem Systemausfall besteht jedoch die Gefahr, dass das Replikationsverfahren zum Erliegen kommt und logisch konsistent erneut gestartet werden muss.

Asynchrone Replik

Die asynchrone Replikation erlaubt das Halten mehrfacher Datenkopien an mehreren Stellen in einer verteilten Umgebung. Dadurch werden sofortige lokale Zugriffe ermöglicht, unabhängig von der Funktionsfähigkeit des Netzwerkes, allerdings erzeugt diese Operation auch Redundanz. Änderungen am Datenbestand werden zunächst lokal vorgenommen und anschließend zu vordefinierten Zeitpunkten mit einer Masterkopie auf einem zentralen Rechner abgeglichen, so dass unter dem Aspekt der Sicherheit replizierte Daten sicherer sind als zentrale. Kommt es dabei zu Aktualisierungskonflikten, weil Daten von mehreren dezentralen Stellen verändert wurden, setzt eine automatische Auflösung nach vorgegebenen Regeln ein. Erst wenn die Regeln zu keinem Erfolg führen, muss manuell eingegriffen werden.

Replikation gehört zu den wesentlichen Merkmalen von Groupware [7]. Mit diesem Mechanismus werden verteilte Datenbestände synchronisiert, ohne dass zwischen den beteiligten Systemen eine permanente Verbindung existiert. Welche Bedeutung hat dieses Merkmal noch, wenn sich heutzutage jeder Rechner zu jeder Zeit an jedem Ort ins Internet begeben kann, um mit anderen Systemen Daten auszutauschen? Wird unter solchen Bedingungen ein Konzept wie Replikation nicht überflüssig? Kann nicht eine unternehmensweite Datenbank alle Informationen für die Anwender vorhalten, ohne die Notwendigkeit von Verteilung und Abgleich?

Tatsächlich ist die weltweite Verfügbarkeit von Daten gerade im Internet eine Frage des Aufwandes und der Kosten. Bandbreiten und Performance stellen immer noch einen Engpass dar und nicht von ungefähr kommt der Slogan: „Send and Pray" zur Charakterisierung der Merkmale des Internets.

Verteilte Datenbestände haben ihre Berechtigung vor allem dort, wo es um Flexibilität und Performance zu angemessenen Kosten geht. Das Internet mit seiner globalen Kommunikationsstruktur macht Replikationen daher nicht überflüssig, weil permanent bestehende Online-Situationen häufig weder erforderlich noch hinsichtlich Bandbreite und Geschwindigkeit realisierbar sind. Wichtig ist die Replikation für mobile Systeme, z.B. bei Außendienstorganisationen oder beim Kundendienst, also überall dort, wo Daten offline bearbeitet und zyklisch abgeglichen werden müssen.

9.10   Trends und Entwicklungsperspektiven

Vor der Etablierung eines Wissensmanagements müssen zunächst die angestrebten Ziele formuliert werden. Üblicherweise werden drei Zielkategorien unterschieden [13]:

Tabelle 9.3:
Wissensziele

Ziel	Beschreibung
Normativ	Definition einer Wissensmanagementvision
Strategisch	Bestimmung des inhaltlichen Wissens, seiner Organisation und seiner Akkumulation
Operativ	Konkretisierung des Wissenstransfers

Erst wenn Klarheit über diese Zielhierarchie und deren Umsetzung besteht, kann ein Wissensmanagement erfolgreich in Angriff genommen werden.

Diese technischen Entwicklungen legen einen Wandel der künftigen Bürostruktur nahe, etwa in der Form eines Wechsels vom herkömmlichen „Arbeite in einer zentralen Struktur, an einem festen Ort zu einer festen Zeit" hin zu einem „Arbeite mit wem, wo und wann Du willst".

Virtuelle Unternehmen

Letztendlich führt dieser Gedanke zur Auflösung starrer Unternehmensstrukturen und zu einer Bildung virtueller Unternehmen. Das Unternehmen verändert sich zu einer „Knowledge Factory", die lediglich noch Informationstechnologie bereitstellt. Das Internet spielt dabei naturgemäß die treibende Kraft [4]:

Abbildung 9.11:
Wissensmanagement und Groupware

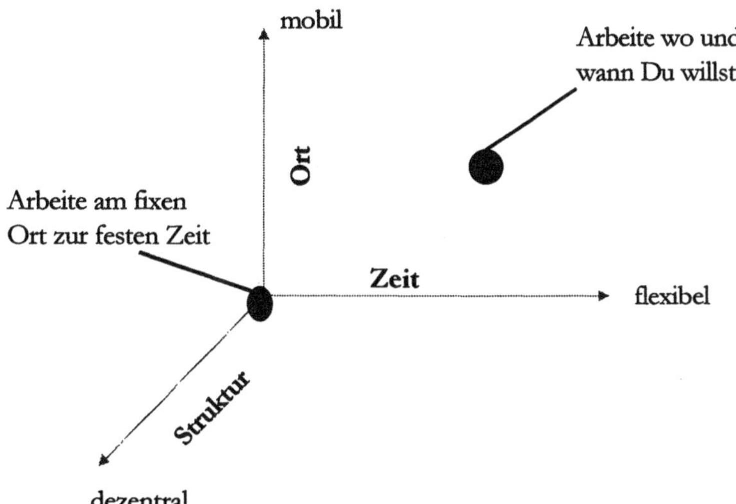

In einem virtuellen Unternehmen ist jeder Leistungsträger ein Unternehmer, das Unternehmen selbst nur die Zusammenballung der jeweils benötigten Kompetenz. Im Idealfall ergänzen sich diese Kompetenzen zu einem optimalen Geschäftsprozess, ansonsten formieren Spezialisten virtuelle Teams. Der Bestand eines derartigen Zusammenschlusses ist häufig nur temporärer Natur, um zunächst flächendeckende Präsenz in globalisierten Märkten zu zeigen. Die Evolutionsstufen virtueller Unternehmensstrukturen lassen sich folgendermaßen veranschaulichen:

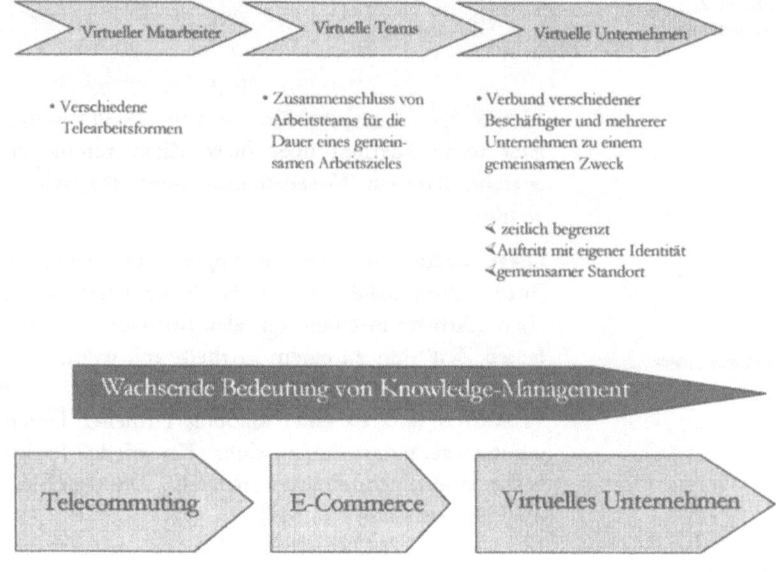

Abbildung 9.12: Wissensmanagement und virtuelle Unternehmen

Probleme des Internet

Noch ehe Sinn oder Unsinn, Segen oder Fluch des Internets erschöpfend diskutiert werden konnten, ist es zu einer Selbstverständlichkeit geworden. In kurzer Zeit hat es die WWW-Adresse geschafft, zum Bestandteil des Alltags wie eine Haus- oder Telefonnummer zu werden. Die strukturellen Probleme des Internets wie [6]:

> ➢ keine garantierten Bandbreiten
>
> ➢ keine gesicherten Übertragungswege
>
> ➢ geringe Performance
>
> ➢ keine Dienstgüte

haben seinen Erfolg in keiner Weise aufhalten können. Die Idee, an jedem Ort zu jeder Zeit Daten auszutauschen, ist offenbar so attraktiv, dass sich Anwendungsgebiete auftaten, die mit der Ursprungsidee nichts gemein hatten.

Die unternehmensweite- und –übergreifende Kommunikation über das Internet abzuwickeln erscheint auf den ersten Blick zwiespältig. Das zugrunde liegende TCP/IP-Protokoll besitzt nämlich Eigenschaften, die seine grundsätzliche Eignung in Frage stellen. So werden die Informationen zunächst in Datenpakete zerlegt, mit einer Empfängeradresse versehen und dann unabhängig voneinander verschickt. Während des Übertragungsvorganges existiert keine direkte Verbindung zwischen Sender und Empfänger. Im Gegenteil, es gehört zu den Besonderheiten des Protokolls, dass niemand vorhersagen kann, auf welchem Wege die Pakete ihr Ziel erreichen. Der Hintergrund für ein derartiges Konzept ist einfach: ein „Steckenbleiben" von Daten infolge Rechner- oder Leitungsausfall oder Streckenüberlastungen auf jeden Fall zu vermeiden. Sicherstellung der Kommunikationsmöglichkeit ist das oberste Ziel und tatsächlich gilt im Internet: irgendwie kommt alles an. Allerdings muss ein Sender auch damit rechnen, dass seine Datenpakete einen Knoten passieren, den ein ungebetener Gast kontrolliert. Für diesen bestände dann die Möglichkeit, sensible Informationen herauszufischen.

Vorteile der Internetkommunikation Diese gravierenden Bedenken bestehen zwar nicht mehr für ein Intranet, wenn sich das Unternehmen praktisch hinter ein Firewall auf ein eigenes Internet zurückzieht, aber wo liegen die eigentlichen Vorteile ? Zwei Argumente lassen sich anführen:

> ➢ Heterogene Unternehmensnetze lassen sich mit TCP/IP einfach und kostengünstig verbinden. In der internen Kommunikation lässt sich eine Niederlassung in Timbuktu ebenso einfach wie ein mobiler Außendienstmitarbeiter integrieren.

> ➢ Neben dem Kommunikationsaspekt basiert die Internet-Technologie auf Standards wie HTML oder HTTP. Damit gelingt es, Anwender einfach und plattformunabhängig einzubinden. Ob der Benutzer einen PC, einen MAC oder eine AS/400 für seinen Kommunikationsbedarf verwendet, wird zweitrangig; Browser stehen als universelles Interface für jede Plattform zur Verfügung.

Bei näherer Betrachtung zeigt sich jedoch, dass die Kombination eines flexiblen Protokolls mit einem Browser zwar eine Kommunikationsinfrastruktur aber noch keine Lösung liefert, die in einem Unternehmen produktiv eingesetzt werden kann. Dazu bedarf es der Überlegung, wie Daten in das Internet hineinkommen und wie sie gepflegt und aktualisiert werden. Diverse Untersuchungen zu diesem Thema zeigen, dass die Hauptkostenlast erst nach Einführung des Intranets anfällt. Damit wird allerdings auch klar, dass jede Intranet-Applikation, die über die Kommunikation oder den Datentransport hinausgeht, in funktionale Schwierigkeiten gerät.

9.11   Literatur

[1] Computerwoche Spezial: Produktivkraft Wissen, Heft 2, 1999

[2] Distributed Learning: Approaches, Technologies and Solutions, White Paper, Lotus Institute, 1996

[3] Gieringer, H.: Vorteile, Arten und Grenzen multimedialen Lernens, in: Wissensmanagement, Heft 1, 1999, S. 35 – 38

[4] Henkel, N.: Office 21: „Arbeite mit wem, wann und wo Du willst", in: Computerwoche 14/98, S. 70

[5] Klinger, H.: Ein Erfolgsrezept für professionelles Wissensmanagement, in: Wissensmanagement, Heft 1, 1999, S. 8 – 11

[6] Krüger, S.: Ohne Lösungen ist wenig los, in: Gateway, Heft 4, 1998, S. 50 - 58

[7] Krüger, S.: Replikation im Internet-Zeitalter: Alles andere als überflüssig, in: Notes Magazin, Heft 2, 1998, S. 95 - 97

[8] Kuppinger, M.: Die sieben goldenen Regeln für Intranets, in: Notes Magazin, Heft 3, 1999, S. 22 – 23

[9] Mündemann, B.: Wissen teilen und gemeinsam weiterentwickeln, in: Wissensmanagement, Heft 1, 1999, S. 12 – 17

[10] Nonanka, J.: Teh Knowledge-Creating Company, Harvard Business Review, Heft 12, 1991

[11] Thiele, W.: Auf dem Weg zur virtuellen Hochschule, Vortragsunterlagen, Fachhochschule Ostfriesland

Web-Sites

[12] Knowledge Management: Perspektiven und Technologien, Oracle Business White Paper, 1999, in: http://www. oracle-publications.de

[13] Probst, G., Romhardt, K.: Bausteine eines Wissensmanagement – ein praxisorientierter Ansatz, in: http://www.cck.uni-kl.de/wmk/papers/public

Die Entwicklung des nationalen und internationalen Handels und seine zunehmende Verflechtung bedingt einen wachsenden Informationsbedarf zwischen allen beteiligten Partnern über sämtliche Handelsstufen. Diese Anforderungen gehen mit einem Bedarf nach beschleunigter Informationsübermittlung einher. EDI als Ablösung des traditionellen Weges der Übertragung von Papierdokumenten zwischen den Kommunikationspartnern ist inzwischen zu einem vertrauten Begriff der DV-Welt geworden. Die Rationalisierungs- und Logistikpotentiale, die sich mit diesem Verfahren realisieren lassen sind beeindruckend: Zahlen wie Senkung des Transaktionsaufwands um 70 %, Reduktion der Durchlaufzeiten von 50 % und Verringerung der Kapitalbindung um 30 % werden oft genannt.

10.1   Grundlagen und Prinzipien

EDI beschreibt den interventionsfreien Austausch von Geschäftsdaten firmen- und branchenübergreifend nach internationalen Standards direkt zwischen den Computern der beteiligten Geschäftspartner. Die Zielsetzung reduziert sich damit auf zwei Schwerpunkte:

EDI-Zielsetzung

> ➤ manuelle Arbeitsvorgänge zur Erstellung und Weiterverarbeitung von Geschäftsdokumenten zu ersetzen

> ➤ als Sender und Empfänger von Nachrichten nicht mehr Mitarbeiter, sondern die beteiligten Anwendungsprogramme anzusehen.

Diese Sicht legt es nahe, dass durch EDI auf externer Ebene die Chance erwächst, bestehende Geschäftskontakte zu intensivieren und zu optimieren und dass auf interner Ebene die Möglichkeiten einer umfassenden Reorganisation der Geschäftsabläufe entsteht.

Tragfähig wird diese Idee der automatischen Abwicklung von Geschäftsaktivitäten aber nur, falls bereits die Existenz computergestützter Außenbeziehungen eines Unternehmens in nennenswertem Umfang existieren. Leider trifft diese Bedingung keineswegs für das Gros der mittleren und kleinen Unternehmen zu. Insofern ist es nicht verwunderlich, dass EDI eher größeren Betrieben vorbehalten ist.

Unabhängig von ihrer Größe sind alle Unternehmen über verschiedene Aktionen mit Firmen unterschiedlicher Branchen verbunden. Hieraus ergibt sich das individuelle Beziehungsgeflecht jedes Unternehmens:

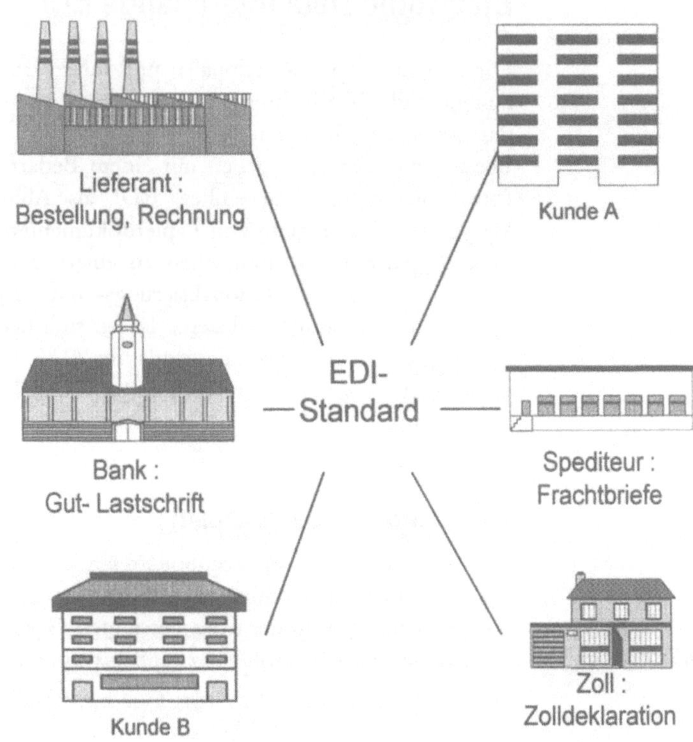

Abbildung 10.1 :
EDI-Beziehungs-
geflecht eines
Unternehmens

Um Kommunikationsbeziehungen zu jedem Geschäftspartner aufzubau-
en, hat ein Unternehmen die Wahl, ein Austauschformat selbst zu definieren oder auf ein standardisiertes Format zurückzugreifen.

Freies vs. Stan-
dardformat

Das freie Format besitzt den Vorteil einer beliebigen Gestaltbarkeit und
Reihenfolge der Datenfelder. Es werden nur die benötigten Daten übermittelt, so dass kein Zwang besteht, Felder zu bedienen, die nicht ausgewertet werden. Infolgedessen entsprechen die übertragenen Daten dem
tatsächlich geforderten Volumen. Ist nur eine Kommunikationsbeziehung zu verwirklichen, so bedeutet es keinen großen Aufwand, ein
individuelles Programm zur Datenselektion und -übertragung in die
bestehende Entwicklungsumgebung einzubetten.

Kommuniziert ein Unternehmen aber über vielfältige Verbindungen mit
seinem Geschäftsumfeld, hat dieser Ansatz zur Folge, dass für jeden
Partner je Kommunikationsrichtung und Dokumententyp ein Format

festgelegt und umgesetzt werden muss. Abgesehen von dem beträchtlichen Verwaltungsaufwand, den viele Kommunikationsverbindungen unterschiedlicher Art mit sich bringen, entstehen gravierende Probleme, sobald sich die Systemanforderungen ändern, da dann zahlreiche Programmmodifikationen notwendig werden.

Hinweis

Ohne eine Norm für den Datenaustausch führen bilateralen Vereinbarungen dazu, dass die Anzahl benutzter Formate gleich der Anzahl der Partner ist.

Diese Situation lässt erhebliche Kosten für die Pflege und Wartung der verschiedenen Austauschformate erwarten, so dass gerade für Unternehmen mit vielen Außenbeziehungen ein standardisiertes Format vorteilhaft erscheint.

Beispiel

Einem Batteriehersteller, der

> Zulieferer der Automobilindustrie

> Lieferant von Taschen- und Radiobatterien für Groß- und Einzelhandel

> Belieferer individueller Kunden

ist, stellt sich die Frage: welcher Kunde erhält welche Rechnung in welchem Layout?

Vorteile internationaler Standardisierung

Eine internationale Normung garantiert in diesem Fall eine problemlose Kommunikation mit allen Partnern. Da alle Beteiligten mit gleichen Formaten arbeiten, sind keine Anpassungen für jede einzelne Kommunikationsverbindung mehr notwendig. Die benötigten Elemente eines Dokumententyps werden mit entsprechenden Werkzeugen internen Datenfeldern zugewiesen, so dass Änderungen in der firmeneigenen Datenstruktur nur einmal je Dokumententyp und nicht je Verbindung nachvollzogen werden müssen. Auch bedarf es keines zeitraubenden Abstimmungsprozesses zwischen einzelnen Partnern bezüglich der übermittelten Datenfelder mehr, da der Standard einen eindeutigen Rahmen für jedes Dokument festschreibt. Allerdings gestatten optionale Elemente eine gewisse Flexibilität, die den Vorteil der Verwendung eines fixen Standards einschränken, doch die Beschränkung auf „Musselemente" kann hier Abhilfe schaffen.

Gründe für eine EDI-Einführung

Wann und mit welchen Partnern neben dem Formatgesichtspunkt die Aufnahme des externen Geschäftsverkehrs vorteilhaft ist, lässt sich nicht prinzipiell beantworten. Zu oft bestimmen die bestehenden Abhängigkeiten zwischen Lieferanten und ihren Kunden diese Entscheidung. Einen Indikator bildet jedoch das zu bewältigende Belegvolumen. Eine kleinere Zahl von Unternehmen zeigt Einführungsbereitschaft auch aus strategisch-innovativen Gründen, obwohl das Belegvolumen eher gering ist.

Neben dem eigentlichen Belegaufkommen spielt aber auch die inhaltliche Komponente des Austausches eine wichtige Rolle, denn Geschäftsdaten beziehen sich in der Regel auf alle Felder unternehmerischer Aktivität. Von Nachteil für die Verbreitung von EDI ist es daher, dass in der internationalen Standardisierungsvariante von EDI, EDIFACT, nur ein Bruchteil wünschenswerter Nachrichten genormt sind und folglich das Einsatzfeld von vornherein eingeschränkt ist. Dadurch behalten nationale, bilaterale und branchenspezifische Vereinbarungen weiterhin ihren Reiz, und Unternehmen, die auf dieser Basis arbeiten, sind kaum bereit, sich zusätzlich auf das Testfeld EDI zu wagen.

Dennoch können mehrere Motive für Unternehmen eine Rolle spielen, den EDI-Ansatz nicht aus dem Auge zu verlieren:

> ➢ den Wunsch innerorganisatorischer Leistungssteigerung
> ➢ die Senkung innerorganisatorischer Kosten
> ➢ der Druck von Geschäftspartnern.

Beispiel

> Großunternehmen setzen ihre Nachfragemacht gegenüber Zulieferbetrieben ein, um ihre Wertschöpfungskette verstärkt computergestützt zu betreiben.

10.2 Historische Entwicklung von EDIFACT

Die historische Entwicklung von den Anfängen der Definition bis zum jetzigen Standard dokumentiert die Schwerfälligkeit des Prozesses einheitliche Strukturen und Nachrichtentypen für einen komplexen Bereich weltweit festzuschreiben. Über zehn Jahre befasste sich die Arbeitsgruppe für die Vereinfachung von internationalen Handelsverfahren (TRADE/WP.4) bei den UN mit der Entwicklung von Normen für Datenelemente, Codes und Syntaxregeln im Zusammenhang mit EDI. Die Arbeitsgruppe selbst untersteht der UN/ECE (United Nations / Economic Commission for Europe) mit Mitgliedern in Europa und Nordamerika. Das Ergebnis der Bemühungen zeigt der folgende zeitliche Ablauf [13, S. 6/7]:

Tabelle 10.1: Historische Daten zu EDIFACT

Jahr	Beschreibung
1985	Weltweit existieren zwei Normen für EDI: die Entwicklung GTDI (Guidelines for Trade Data Interchange) unter der Schirmherrschaft der europäischen Wirtschaftskommission der UN und die Entwicklung von X.12 unter der Schirmherrschaft des amerikanischen Transportdaten-Koordinierungsausschusses. Auf Betreiben der UN/ECE entsteht die Idee einer internationalen EDI-Norm.
1986	Annahme des Begiffes „UN/EDIFACT" durch die Arbeitsgruppe für die Vereinfachung von internationalen Handelsverfahren (WP.4 = Working Party)
1987	Veröffentlichung der EDIFACT-Syntax als ISO-Norm 9735 Die UN/ECE gibt den Nachrichtentyp INVOIC = Rechnung als Pilotversion frei
1988	Die Zusammenstellung gebräuchlicher Handelsdatenelemente UNTDID (United Nations Trade Data Interchange Directory) wird als Basis der EDIFACT-Nachrichten als ISO-Norm 7372 verabschiedet.
1989	Nachrichtentypen für alle wesentlichen Geschäftsfunktionen erreichen den Status 1 = Entwurf.
1990	Die Nachrichtentypen INVOIC = Rechnung und ORDERS = Bestellung werden zur Norm erhoben.
1991	Das Verzeichnis UN/TRIAL 91.1 wird als Basis aller künftigen Nachrichtenentwicklungen verabschiedet.
1992	Die Zeichensätze UNOC, UNOD, UNOE und UNOF als Änderung 1 zu ISO 9735 unterstützen die Übermittlung weiterer europäischer Sprachen.
1994	EDICORE, die zentrale Datenbank für das UN/EDIFACT-Regelwerk, wird bei den UN eingerichtet.

ab 1996	Die zunehmende Verbreitung und Anwendung von EDIFACT führt zur Vorbereitung einer Version 4 der Syntax mit einigen wesentlichen Neuerungen: Interaktiv-EDI Servicetyp CONTRL Datensicherheit

10.3   EDI-Benutzergruppen und -organisationen

Der Einsatz von EDIFACT wird insbesondere von den Dachverbänden der unterschiedlichsten Branchen gefördert. Der Arbeitskreis EDIFACT des BHB (Bundesverband deutscher Heimwerker-, Bau- und Gartenfachmärkte) beispielsweise bereitet die Verwendung des EANCOM-Subsets (EDI-Teilmenge der Konsumgüterbranche, das die Zentrale für Koorganisation in Köln verwaltet) vor. Aber auch die Büromöbelhersteller und der Sanitärfachhandel setzen verstärkt auf die Nutzungsmöglichkeiten von EDIFACT. Zu den neueren Nachrichtenarten neben Rechnung und Bestellung, die für viele Unternehmen attraktiv werden, zählen der Artikelstammdatenaustausch (PRICAT), die Bestellbestätigung (ORDRSP) und die Zahlungsavisen (REMADV).

Gemäß der Kriterien Branche und Gültigkeitsbereich lässt sich EDIFACT wie folgt zu anderen Standards positionieren:

Abbildung 10.2:
EDI im Vergleich
zu anderen
Standards

ODETTE	EDIFACT	international
VDA	ANSI X.12	national
branchenab-hängig	branchenunab-hängig	

EDI-Anwendungs-
organisationen

In der Vergangenheit sind mehrere Organisatoinen in unterschiedlichen Wirtschaftszweigen gegründet worden, um den EDI-Gedanken verstärkt in der Industrie zu publizieren:

> ➤ **ODETTE** (Organisation de Donnees Exchangees par Tele Transmission en Europe) wurde Anfang 1984 ins Leben gerufen und setzt sich sowohl aus Herstellern als auch aus Lieferanten zusammen. Schwerpunkt der Tätigkeit ist die Entwick-

lung von Nachrichten für den Geschäftsverkehr zwischen Automobilherstellern und ihren Lieferanten. Die Arbeiten betreffen den gesamten europäischen Raum und werden in festen Arbeitsgruppen durchgeführt. Der inhaltliche Rahmen geht über EDI hinaus und betrifft auch Fragen der Barcodemarkierung genormter Container oder des Austausches technischer Daten.

- ➤ **CEFIC** (<u>C</u>entre <u>E</u>uropeen des <u>F</u>ederations de l'<u>I</u>ndustrie <u>C</u>himique) vertritt seit 1987 fünfzehn Verbände der chemischen Industrie Westeuropas. Drei Arbeitsgruppen leisten die praktische Arbeit dieses Zusammenschlusses. Eine Nachrichtengruppe beschäftigt sich mit der Entwicklung von Mitteilungen für die chemische Industrie in den Bereichen Geschäftsverkehr, Transport und Verwaltung; eine technische Arbeitsgruppe prüft die betrieblichen Voraussetzungen für den elektronischen Datenaustausch unter Einbeziehung von EDIFACT und X.400, und eine dritte Gruppe versucht, die geschäftsinnovativen Aspekte von EDI zu identifizieren.

- ➤ **EDIFICE** (<u>EDI</u>-<u>F</u>orum for Companies with <u>I</u>nterest in <u>C</u>omputing and <u>E</u>lectronics) wurde 1986 unter Beteiligung europäischer Elektronikkonzerne gegründet. Seitdem arbeitet EDIFICE auf sämtlichen Stufen des EDIFACT-Boards und der Nachrichtenentwicklungsgruppen mit. Mehrere Mitglieder sind Tochterunternehmen großer amerikanischer Konzerne.

- ➤ Die deutsche Konsumgüterindustrie, die zunächst **SEDAS** (<u>S</u>tandardregelungen <u>e</u>inheitlicher <u>Da</u>tenaustausch<u>s</u>ysteme [5, S. 35]) als ihr proprietäres Instrument des Datenaustausches nutzte, erkannte bereits Ende der achtziger Jahre die Bedeutung eines einheitlichen Standards und forcierte den Entwurf einer EDI-Teilmenge. Da diese Nachrichten stark mit der Artikelidentifikation verwoben sind, wählte man den Namen EANCOM, für den mittlerweile 19 Nachrichten existieren. Neben dem traditionellen Konsumgüterbereich wird EANCOM zunehmend auch von den Baumärkten, der Bürowirtschaft, der Keramik-, Kosmetik- und Sanitärindustrie eingesetzt.

Beispiel

Branche	Merkmale
VDA (Verband der Deutschen Automobilindustrie)	seit 1978 Abwicklung von 70 % des Kerngeschäfts über VDA → geringes Interesse an EDI, Übertragung mittels Telefonnetz oder Datex-L, praxiserprobt und versionsstabil
ODETTE	seit 1988 auf EDIFACT-Syntax basiert; Migrationsweg: VDA - EDI
SEDAS	seit 1985; für Bestellung des Handels; fixiert Datensatz und Netz (Mark III von GE); beschreibt Nummernsysteme: BBN=bundeseinheitl. Betriebsnummer und EAN=europ. Artikelnummer

Hinweis

Der Einsatz und die Verbreitung von EDI zeigt zudem erhebliche Differenzen zwischen einzelnen Ländern, wohl aber eine gleiche Struktur beim Einsatzprofil:

- die Niederlande, Großbritannien und Schweden verfügen über das größte EDI-Know-How.
- die höchsten Umsätze mit EDI werden in Großbritannien, Frankreich, Italien und Deutschland erzielt
- nach Branchen zeigen Handel und Elektronik den höchsten Durchdringungsgrad

10.4   Nutzen von EDIFACT

Die Vorteile von EDI beruhen im Kern auf beschleunigten Geschäftsvorgängen in der unternehmensübergreifenden Vorgangskette und sind dementsprechend schwer zu quantifizieren. Unternehmen, die sich auf rechenbare Kalküle zurückziehen, haben demnach große Schwierigkeiten, eine ausreichende Argumentationsbasis für dem Einsatz von EDI zu finden. Weiterhin wird die Zurechenbarkeit von Kosten- und Leistungswirkungen deutlich dadurch erschwert, dass zeitlich verzögerte oder räumlich und organisatorisch verteilt Effekte auftreten. Der Versuch, dennoch eine Klassifizierung der positiven Effekte unter allgemeinem und betriebswirtschaftlichen Blickwinkel zu wagen, konzentriert sich auf folgende Aspekte:

Tabelle 10.2:
Nutzenaspekte
von EDI

Aspekt	Vorteile
allgemeiner Natur	• wirtschaftlicher, schnellerer, sicherer und korrekterer Datenaustausch • elektronische Verfügbarkeit der Geschäftsdaten • Verringerung der Eingabe- und Übertragungsfehler
betriebswirtschaftl. Natur	• bessere und eindeutigere Lieferinformation • Senkung der Fehler- und Fehlmengenkosten • Einsparung von Gemeinkosten im Verwaltungsablauf • Senkung der Kapitalkosten bei Kreditoren/Debitoren • Reduktion der Logistikkosten entlang der gesamten Prozesskette • Reduktion der Porto- und Papierkosten
Produktivitätsanstieg durch	• Verminderung der Papierflut • Reduzierung des Management-/Verwaltungsaufwandes • Vermeidung wiederholter Datenerfassung • Verringerung der Eingabefehler • Bestelldatenübernahme in die DV-Anwendung
Erhöhung der Logistikleistung durch	• Anbindung an Just-in-Time-Konzepte • Verminderung der Lagerbestände, Reduktion von Lagerflächen • geringere Kapitalbindung • kürzere Beschaffungszeiten, kleinere Bestellmengen, schnellere Bestellübermittlung • Reduzierung des Warenbeschaffungsrisikos
normbedingter Natur	• weltweit eindeutig • soft- und hardwareneutral

Problem

Diesen Vorteilen stehen aber durchaus innerbetriebliche Probleme gegenüber, die nicht zu unterschätzen sind. EDI bedeutet nämlich nicht nur die Installation eines neuen Kommunikationsmechanismusses, sondern schafft eine neue Qualität in der internen und externen Aufgabenabwicklung, die zu unterschiedlich starken organisatorischen Anpassungen führt. Die direkte Integration betrieblicher Anwendungen substituiert Funktionen, die bei herkömmlicher Geschäftsabwicklung auf Papierbasis mit der manuellen Weiterleitung und Verarbeitung der Daten beschäftigt waren. Funktionen des Posteingangs, der Sichtung und Verteilung und der manuellen Dokumentbearbeitung werden schlagartig überflüssig. Dem steht gegenüber, dass durch überbetriebliche Prozessketten mit einer engen Verzahnung der zusammenhängenden Funktionen, bilaterale Absprachen über Inhalt, Datenfelder, Formate, Bereinigung von Fehlersituationen, effektive Betriebsstunden und vieles mehr zu führen sind, die im Einzelfall fachliches Know-How erfordern. Auch diese Überlegungen zum praktischen EDI-Betrieb unterstreichen die Konsequenzen des EDI-Einsatzes. Das zusätzliche Know-How und die für dessen Erwerb erforderlichen Kosten stellen einen von den Unternehmen als nicht gering erachteten Hemmschuh für die konsequente EDI-Umsetzung dar.

10.5 EDI-Implementierungsszenarien

In welchem unternehmerischen Umfeld EDI erfolgversprechend eingesetzt werden kann, zeigen die folgenden Szenarien, die alle standardisierte Nachrichten verwenden [9, S. 17 ff]:

Angebot / Vertrag: Ein potentieller Kunde, der ein Produkt kaufen oder sich beim Hersteller erkundigen möchte, kann den Lieferanten um eine Angebotsanforderung bitten, mit Angaben zu:

> ➤ beteiligten Parteien

> ➤ dem gewünschten Produkt

> ➤ der Liefermenge und den Lieferterminen

> ➤ den Lieferkonditionen und dem Lieferort

Der Lieferant kann dem Käufer ein Angebot mit diesen Angaben zurückschicken, auf Grundlage dessen es zu einer Bestellung oder einem Vertrag kommt:

Abbildung 10.3:
Angebotsabwicklung unter EDI

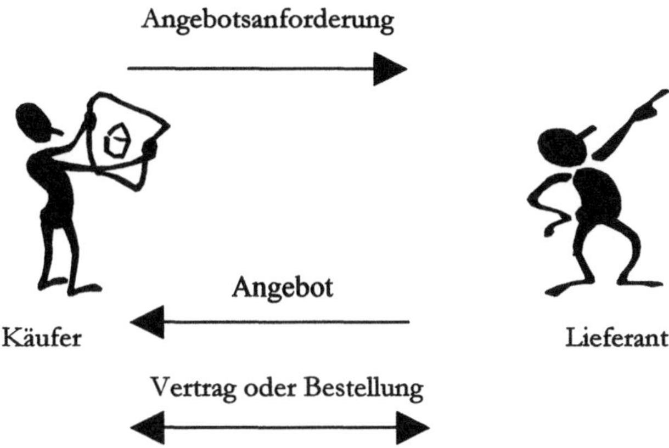

Rechnung / Zahlung: Nach Auslieferung der Waren schickt der Lieferant dem Käufer eine EDI-Rechnungsnachricht mit Angaben zur Ware, den Mengen, den Preisen und den Zahlungsbedingungen. Dabei kann eine Rechnung für eine oder mehrere Lieferungen gelten. Zusätzlich kann der Lieferant regelmäßig eine Abrechnung mit den ausstehenden Zahlungen schicken. Zur eventuellen Berichtigung von Rechnungspositionen können die Gutschrift- und Belastungsanzeige verwendet werden. Der Käufer leistet seine Zahlung dadurch, dass er seiner Bank einen Zahlungsauftrag mit der Bank des Lieferanten, der Rechnungsnummer und den entsprechenden Beträgen erteilt. Gleichzeitig kann er dem Verkäufer einen Zahlungsavis schicken. Nach Zahlungseingang unterrichtet die Bank den Verkäufer darüber durch eine Zahlungsbestätigung:

Frachtauftrag: Im Laufe des Geschäftsablaufs bucht der Versender bei einem Spediteur Transportleistungen. Dem folgt, sobald Näheres über die Sendung bekannt ist, eine Festbuchung, die eine Buchungsanweisung auslöst. Der Spediteur bestätigt die Buchung im Allgemeinen auf verschiedenen Stufen der Vereinbarung. Zusätzlich kann der Spediteur den Versender laufend über den Stand der Transportabwicklung und eventuelle Änderungen des Terminplanes unterrichten. Nach Abschluss des Auftrages sendet der Spediteur dem Versender eine Frachtrechnung in Verbindung mit einer Zahlungsaufforderung. Der Versender seinerseits kann nun mit einem Zahlungsauftrag seine Bank zur Überweisung des entsprechenden Betrages anweisen.

Abbildung 10.5:
Frachtauftrag
unter EDI

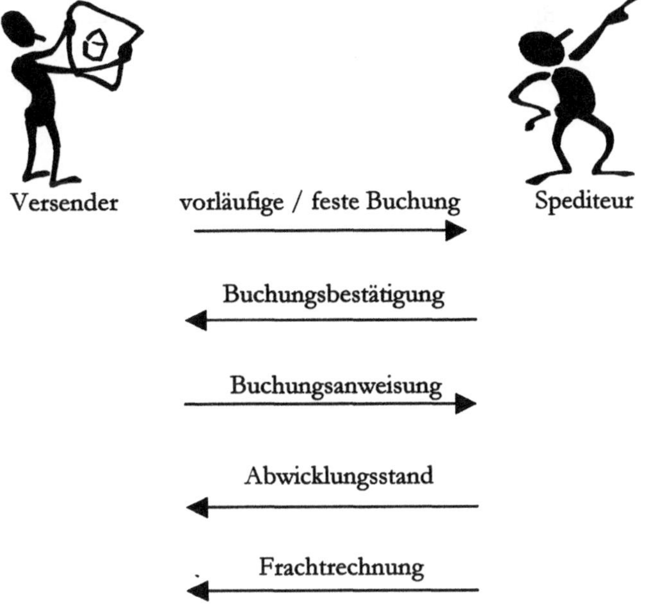

ELFE (elektronische Fernmelderechnung): Zur Abrechnung von Fernmeldegebühren verwendet die Telekom für Großkunden aus der Industrie eine elektronische Fernmeldeabrechnung auf Basis der EDI-Nachricht INVOICE. Alle Rechnungsdaten werden als EDI-Datei bei der Telekom aufbereitet und für den jeweiligen Empfänger in einem elektronischen Briefkasten des TELEBOX 400-Systems abgelegt. Durch die Vielzahl der Nutzer und deren vielfältiger Auswertungswünsche sind Programme entstanden, die die Zuordnung der Fernmeldekonten zu den jeweiligen Kostenstellen, Orten, Projekten, Gebührennummern, Diensten etc. ermöglichen.

Just-in-Time-Logistik: Die Just-in-Time-Logistik als die sequenzgerechte Beschaffung von Produktionsmaterialien benötigt schnelle elektronische Mitteilung darüber:

> was verbaut werden soll

> wann Produkte benötigt werden

> wieviel Produkte notwendig sind

> von wem Produkte benötigt werden

> wie geliefert werden soll

Der kurzfristige Abruf der Fabrikationsteile bedeutet geringe Bestandsführung und den Verzicht auf Reservebestände.

Beispiel

Der Verfahrensablauf in der Automobilindustrie verdeutlicht die Zielrichtung. Die unterschiedlichen Nachrichtentypen drücken dabei die Nähe zum Produktionsprozess aus:

1. Nachricht VDA 4905 = Lieferabruf für ein halbes Jahr auf wöchentlicher Basis ➔ Disposition des Materials

2. Nachricht VDA 4915 = Feinabruf als tagesgenaues Produktionsprogramm im 3-Wochenausschnitt ➔ Bedarfskonkretisierung

3. Nachricht VDA 4915 = Feinabruf als 2-Stundeneinteilung, 24-Stunden vor Verbauzeitpunkt

4. Nachricht VDA 4916 = produktionssynchroner Abruf per Standleitung bei Einlauf der Karosse in die Montage ➔ Abruf

10.6   EDI-Syntax

Wie ist nun eine EDI-Datei als die eigentliche Basis des Datenaustausches aufgebaut und aus welchen Einzelelementen setzt sie sich zusammen ? EDI zeichnet sich gegenüber den historischen Formaten wie VDA und SEDAS durch variable Satzlängen und Formate aus. Als Folge dieser flexiblen Struktur ist es nicht mehr notwendig, nicht verwendete Felder leer zu übertragen. Des Weiteren kann durch den Verzicht auf feste Satzvorgaben das Übertragungsvolumen stark reduziert werden, was sich positiv auf die Übertragungskosten auswirkt.

EDI-Syntaxelemente

Der erfolgreiche Einsatz von EDI setzt die Verständigung auf einen Zeichensatz, eine einheitliche Darstellung in Form von Datenelementen, eine Strukturierung der Nachrichteninhalte durch ein Nachrichtenaufbaudiagramm und die Existenz einer Netzwerkanbindung als Transportmedium der Nachricht voraus. Die Datenelemente sind in EDIFACT Directories enthalten, die international von der UN/ECE und in Deutschland von der DIN veröffentlicht werden. Sie umfassen die Definition und Beschreibung aller einzelnen Syntaxelemente [11, S. 7 ff].

Verwendete Zeichensätze: Zur Darstellung der Nachrichteninhalte werden mehrere Typen von Zeichensätzen verwendet:

> ➤ Typ A enthält ausschließlich druckbare Zeichen.

> ➤ Typ B umfasst alle zulässigen Zeichen des 7-Bit und 8-Bit-Codes und definiert neben den allgemein üblichen Druckzeichen damit auch Steuer- und Trennsymbole.

> ➤ Typ C, D, E und F können für nationale Zeichensätze genutzt werden.

Qualifier: Sie legen aufgrund ihres Inhaltes nachfolgende oder vorausgehende Elemente bis zu gesamten Segmenten fest. Auf diese Weise können gleiche Segmente mit unterschiedlichen Qualifiern versehen, mehrmals vorkommen.

Datenelement: Hierbei handelt es sich um den Basisbaustein einer Nachricht, mit folgenden Eigenschaften:

> ➤ Er bildet die kleinste Informationseinheit: Bestellnummer oder Preis ≈ Datenfeld einer Bildschirmmaske.

> ➤ Er steht in den übergeordneten Strukturen stets an der gleichen Position. Seine Identifikation geschieht also anhand der Position.

Beispiel

Das Datenelement 2002 ist numerisch, 4-stellig und in der Form HHMM codiert: 2002 Uhrzeit, codiert, n4, HHMM. Der Eintrag „0945" entspricht also der Uhrzeit 9.45 h.

Datenelementgruppe: Die Datenelementgruppe ist eine Zusammenfassung von Datenelementen mit Informationen, die in einem logischen Zusammenhang stehen. Auch hier ist die Position innerhalb eines Segmentes identifizierend:

Tabelle 10.3:
Datenelement-
gruppe

Datenelementgruppe	Datenelement in einer Daten-elementgruppe = Gruppenda-tenelement
Zusammenfassung von Informati-on, z.B. Menge und Mengenein-heit	Bezieht sich auf die einzelnen in einer Datenelementgruppe enthal-tenen Informationen, z.B. Menge, Mengeneinheit
Es existiert ein sachlicher und logischer Zusammenhang von Datenelementen.	

Alle Datenelemente lassen sich durch ihre Position in der Datenelement-gruppe identifizieren.

Beispiel

c033 Datum/Zeit der Referenz-Angaben			
2001 Datum, codiert	Kann	n6	JJMMTT
2002 Uhrzeit, codiert	Kann	n4	HHMM

Die Elementgruppe c033 setzt sich aus zwei Elementen „Datum" und „Uhrzeit" zusammen.

Segment: Segmente fassen logisch zusammenhängende Datenelemente oder Datenelementgruppen, z.B. Adresse oder Bankverbindung zusam-men und zeichnen sich durch folgende Merkmale aus:

> ➤ Die Identifikation erfolgt durch einen Segmentbezeichner = Kombination aus drei Buchstaben.

> ➤ Die Reihenfolge des Auftretens einzelner Segmente ist im Nachrichtenaufbaudiagramm festgelegt.

> ➤ Es existieren zwei Segmentarten:

- ❖ *Nutzdatensegment:* Informationen bezüglich des Geschäftsvorganges

- ❖ *Servicesegment:* Identifikation und Strukturierung der auszutauschenden Daten

➤ Der Segmentstatus kann muss oder optional sein. Daraus ergeben sich die Definitionsmöglichkeit vieler spezieller Nachrichten und die Vielfalt der EDI-Teilmengen.

➤ Segmentwiederholungen sind zulässig. Grundsätzlich besteht die Möglichkeit einzelne Segmente bis zu einer Höchstgrenze zu wiederholen, z.B. Lieferpositionen. Segmente können auch geschachtelt werden (nested loops).

Beispiel

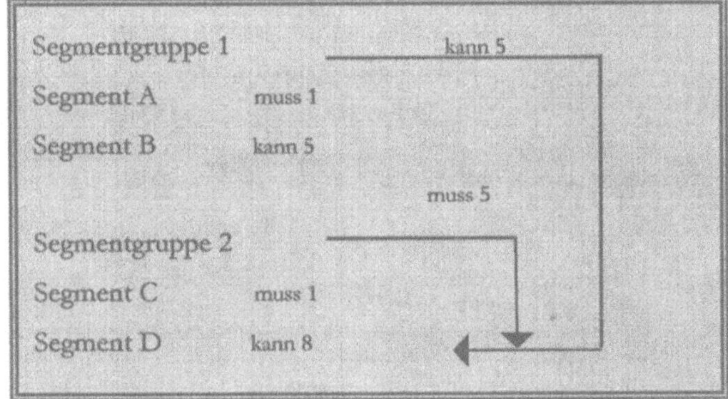

Segmentgruppe 2 ist in Segmentgruppe 1 eingebettet. Segmentgruppe 1 muss mindestens einmal und darf maximal fünfmal auftreten. Segment A muss bei jedem Auftreten der Segmentgruppe 1 vorkommen, Segment B kann bis zu fünfmal darin enthalten sein.

Nachricht: Eine Zusammenfassung aller Segmente, die zur Darstellung eines Geschäftsvorgangs gehören, bilden eine EDI-Nachricht.

➤ Die Identifikation einer Nachricht erfolgt durch UNH = Kopf- und UNT = Endesegmente.

➤ Die Nachrichtenstruktur ist im Nachrichtenaufbaudiagramm festgelegt.

Nachrichtengruppe: Die Zusammenfassung gleicher Nachrichtenarten für den gleichen Empfänger führt zu einer Nachrichtengruppe.

> Die Identifikation erfolgt durch UNG = Kopf- und UNE = Endesegmente.

> Zur Identifikation einer Nachricht in einer Nachrichtengruppe dient eine Referenznummer, so dass die Reihenfolge einzelner Nachrichten beliebig sein kann.

Übertragungsdatei: Sie bildet die Zusammenfassung von Nachrichten oder Nachrichtengruppen eines Absenders für einen Empfänger oder eines Absenders zur Verteilung über Clearing Center an mehrere Empfänger:

> Die Identifikation erfolgt durch UNB = Kopf- und UNZ = Endesegmente.

> Die Identifikation einer Nachricht in einer Übertragungsdatei geschieht durch Absender- und Empfängerangaben. Die Reihenfolge ist demgemäß beliebig.

Trennzeichen: Sie bieten die Möglichkeit, nur den bedeutungtragenden Inhalt von Nachrichten zu übertragen. Folgende Definitionen sind üblich:

> + für Segmentbezeichner und folgende Datenelemente sowie Datenelemente untereinander

> : für Datenelemente in einer Datenelementgruppe

> ' als Segmentendezeichen

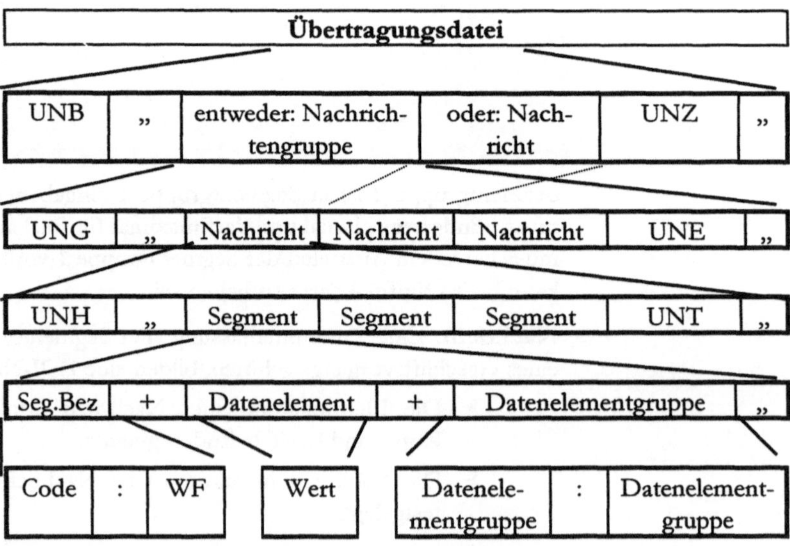

Abbildung 10.6: Struktur einer EDI-Übertragungsdatei

Verkürzung einer Übertragungsdatei: In einer Nachricht nicht benötigte Datenelemente und Segmente können ausgelassen werden, sofern es sich um KANN-Elemente handelt, da viele Anwendungen nicht alle im Nachrichtenaufbaudiagramm festgelegten Strukturen auswerten. Der Verzicht auf syntaktische Elemente wird durch Trennzeichen angezeigt, wobei alle inhaltslosen Datenelemente am Ende eines Segmentes lediglich durch ein einzelnes Trennzeichen symbolisiert werden.

Prinzipien des Nachrichtenaufbaus: Jede Nachricht wird durch ein Nachrichtenaufbaudiagramm definiert mit folgenden Anforderungen:

> ➤ Muss-Elemente stehen stets am Segmentanfang.

> ➤ Segmenttypen sollten möglichst in unterschiedlichen Nachrichtentypen wiederverwendet werden.

Abbildung 10.7:
Bereiche von EDI-Normen

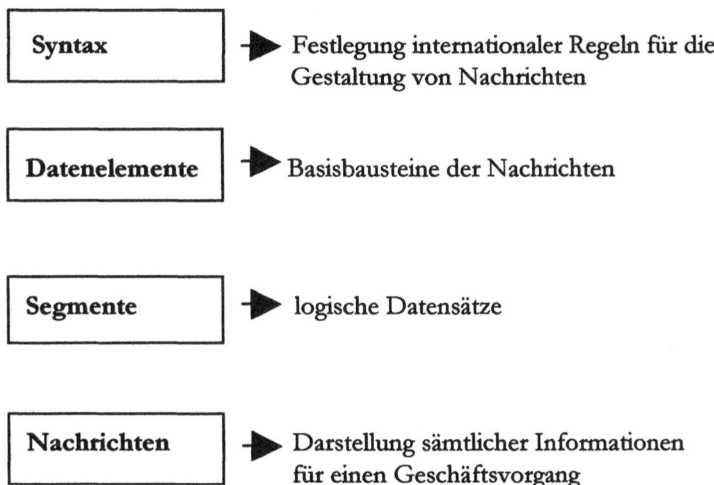

Subsets: Aufgrund der Komplexität branchenübergreifender Standardnachrichten und den damit verbundenen Integrationsproblemen entschieden sich viele Anwendergruppen in der Vergangenheit für eine Reduzierung der Nachrichtentypenvielfalt auf den in ihrer Branche notwendigen Umfang. Diese branchenspezifischen Untermengen der ursprünglichen Nachrichtentypen bilden die sog. Subsets. Ein Subset eines EDI-Nachrichtentypes stellt also eine Nachricht dar, die direkt von der zugehörigen Norm abgeleitet ist und dieselben Funktionen wie das Original erfüllt:

Anforderungen an Subsets

> ➤ Alle Muss-Datenelemente oder -Segmente sind enthalten. Es darf keine Änderungen des Status oder des Aufbaus innerhalb der Nachricht geben.

➤ Segmente oder Datenelemente dürfen nicht neu eingefügt werden.

➤ Der Nachrichtentyp, die verwaltende Organisation, die Version und die Freigabenummer bleiben unverändert.

➤ Die Wiederholbarkeit einzelner Elemente kann das definierte Maximum unterschreiten aber niemals überschreiten.

Beispiel

EDIFACT-Nachricht: Rechnung = INVOICE

Firma Meyer KG
Elektronische Bauteile
Edistrasse
24943 Flensburg

Herrn
Hans Muster
Fördestr. 12
24943 Flensburg   17.11.99

Rechnung Nr. 12-333/97

Artikelnummer	Bezeichnung	Stück	Preis	Betrag
123-1071	Transistor	20	0.50	10.00
137-3533	Transistor	10	6.40	64.00
188-7400	IC TTL	50	0.90	45.00

Porto und Verpackung   6.50
Gesamtsumme   DM 125.50

Zahlbar 30 Tage netto auf Kto-Nr. 80-11111-7 bei der Volksbank Flensburg

Achtung: Betriebsferien vom 9.6 - 21.6.2000

```
UNA:+.?'
UNB+UNOA:1+126401+126891+991117:1436+REF700'
UNH+INV001+INVOIC:1++1'

BGM+380+12-333/97+971117'

REF+94003-T001:PO+004:971009'

NAD+BY+126891++HANS MUSTER+ FÖRDESTR.12+FLENSBURG+24943'

NAD+SE+126401++FIRMA MEIER KG+EDISTRASSE+FLENSBURG+24943'

UNS+D'

LIN++123-1071+20:21:PC+0.5:CA:1+20+10'
LIN++137-3533+10:21:PC+6.4:CA:1+10+64'
LIN++188-7400+50:21:PC+0.9:CA:1+50+45'
LIN++999-9901++++6.5'

UNS+S'
TMA+125.5
UNT+13+INV001'
UNZ+1+REF700'
```

Segmentbe-zeichner	Erläuterung	muss/kann -Segment
UNA	Segment für Trennzeichenvorgabe	k
UNB	Nutzdatenkopfsegment	m
UNH	Nachrichtenkopfsegment	m
BGM	Nachrichtenbeginn	m
REF	Referenzangaben	k
NAD	Name und Anschrift	k
TRI	Steuerangaben	k
PAT	Zahlungsbedingungen	k
UNS	Abschnittskontrollsegment	m
LIN	Positionsdaten	m
UNS	Abschnittskontrollsegment	m
TMA	Endsumme	m
UNT	Nachrichtenendesegment	m
UNZ	Nutzdatenendesegment	m

Segmentbedeutung

Die einzelnen Segmente besitzen folgende Bedeutung:

> UNA: Segment zur Definition der Trennzeichensätze

> UNB: Enthält Angaben über den verwendeten Standard und die Version (UNOA: 1), EDIFACT-spezifische Absender- und Empfängeradressen (126402, 126981), Erstellungsdatum der Datei und eine Referenz-Nr. (REF700).

> UNH: Markiert den Nachrichtenstart und benutzt eine Nachrichtenreferenznummer des Absenders (INV001) und den Nachrichtentypen (INVOIC).

> BGM: Enthält den Code für eine kommerzielle Rechnung (380), die Rechnungsnummer und das Rechnungsdatum

> REF: Enthält Verweise auf andere Dokumente, die einen Bezug zu dieser Rechnung haben, z.B. die auslösende Bestellung

> NAD: Name und Adresse des Absenders (BY=Buyer) und des Empfängers (SE=Seller), deren EDI-spezifische Nummer mit deren Herkunft (91=Vergabe vom Verkäufer, 92=Vergabe durch den Käufer)

> UNS+D: Markiert den Anfang der Aufzählung der Rechnungspositionen

> LIN: Rechnungspositionen mit Artikelnummer, Bestellmenge (20, PC=Maßeinheit ist Stückzahl), Preis (0.50; CA=gemäß Katalog; 1=Größe der Preiseinheit), Anzahl und Gesamtpreis der Position

> UNS+S: Markiert das Ende der Rechnungspositionen

> TMA: Gesamtbetrag der Rechnung

> UNT: Endesegment der Nachricht mit Nachrichtenidentifikation (INV001) und Gesamtzahl der Segmente (13)

> UNZ: Endesegment der Übertragungsdatei mit Referenznummer (REF700).

10.7   Nachrichtenentwicklung

Auf welche Weise gelangen nun EDI-Nachrichten, die von der Wirtschaft als wichtig erachtet werden, in den Status eines Standards? Das Dokument R.875 „UN/EDIFACT Procedures" legt eindeutig ein Verfahren zur Registrierung der EDIFACT-Nachrichtentypen fest. Darüber hinaus enthält es ein Klassifizierungsschema, das den jeweiligen Stand der Entwicklungsarbeit wiedergibt. Danach gliedert sich der Weg zur Standardisierung in drei Phasen:

Tabelle 10.4:
EDI-Standardi-
sierungsstufen

Status	Entwicklungsstufe
0	Arbeitspapier (draft document)
1	Entwurf (draft recommendation): gibt den aktuellen Stand der Nachrichtenentwicklung wieder und wird von der UN/ECE mit dem Vermerk „Freigegeben zur Probeanwendung" veröffentlicht.
2	Empfehlung (recommendation): stellt den aktuellen Nachrichtentypen mit dem Status einer UN/ECE Empfehlung dar.

In der Vergangenheit zeigte sich, dass viele Nachrichten relativ zügig den Status 1 erreichten, dann aber übermäßig lange auf die endgültige Standardisierung warteten. Diese Verzögerung führte häufig dazu, dass bereits vor der endgültigen Festschreibung die Nachrichtentypen im Vorgriff eingesetzt wurden. Da die Differenz zwischen den Vereinbarungen des Status 1 und 2 meist gering ausfällt, ist dieses Verfahren in der Mehrzahl der Fälle risikolos.

10.8   Einführung von EDI

Die Einführung von EDI verlangt Entscheidungen auf mehreren Ebenen:

> die Wahl eines Datenübertragungsweges
> die Einbettung in das betriebliche Umfeld

10.8.1   Datenübertragungswege

Am Anfang der Einführung steht zunächst die Überlegung, wie die EDI-Daten vom Sender zum Empfänger gelangen. Datenübertragungseinrichtungen sind zwar Bestandteil des EDI-Betriebes, ihre Definition, Dienste und Protokolle fallen aber nicht in den Bereich der EDI-Normen. Die Vermittlungsdienste bilden vielmehr einen eigenen umkämpften Markt zwischen privaten Netzbetreibern und öffentlichen Telekommunikationsunternehmen. Dabei kann der EDI-Betreiber zwischen der Alternative privater und öffentlicher Netze wählen. Werden Nachrichten über Punkt-zu-Punkt-Verbindungen ausgetauscht, so geschieht dies über öffentliche Datennetze oder das Telefonnetz. Private Netzbetreiber konzentrieren ihre Dienstleistung in ausgewählten Netzknoten, die auf gemieteten Leitungen erreicht werden. Ihre Leistungen sind breitgefächert und erstrecken sich auf folgende Bereiche:

➤ Kommunikationsdienstleistungen

    ❖ Bereitstellung von Kommunikationswegen

    ❖ Übergang in Netze mehrere Dienstleister

    ❖ Betrieb eines eigenen Mailbox-Systems

    ❖ Übertragungsprotokollierung und -kontrolle

➤ Nachrichtenbearbeitung

    ❖ Ver- und Entschlüsselung von Nachrichten

    ❖ Konvertierung zwischen unterschiedlichen Standards

    ❖ Aufbereiten von Fehler- und Statusreports

➤ Unterstützungsdienste

    ❖ Beratung und Ausbildung in EDI

    ❖ EDI-Projektabwicklung

    ❖ Pflege des verwendeten EDI-Standards

    ❖ Pflege der Partnerprofile und Parameterdefinitionen

➤ Managementfunktionen

    ❖ Verfolgung und Bearbeitung verlorener oder zerstörter Nachrichten

    ❖ Analyse und Korrektur fehlerhafter Nachrichten

    ❖ Abrechnung

Der Unterschied zwischen privaten Dienstleistern und Direktverbindungen über öffentliche Netze liegt einerseits in der Tarifierung, andererseits im Angebot dieser speziellen Dienstleistungen. Darüber hinaus ist zu bedenken, dass eine VAN (Value Added Network)-Verbindung nur eine Übertragungsstrecke zum VAN-Anbieter voraussetzt, so dass trotz möglicherweise vieler Kommunikationspartner nur eine EDI-Schnittstelle und das entsprechende Protokoll zu pflegen ist. Diesem Vorteil steht die Fehlererkennungs- und -behandlungsproblematik entgegen, die entsteht, wenn eine Nachricht verloren geht oder fehlerhaft übermittelt wird. Die Zurückverfolgung über die zentrale Schaltstelle des VAN-Anbieters ist dabei umständlich und zeitaufwendig. Die Faktoren, die die eine oder andere Entscheidung begünstigen, zeigt folgende Tabelle [3 , S. 118]:

Tabelle 10.5:
VAN vs. Punkt-
zu-Punkt-
Verbindung

Merkmal	VAN-Verbindung	Punkt-zu-Punkt
Sendeart	Zeitversetzter Sende- und Empfangsbetrieb	sofortiger Empfang der gesendeten Nachricht
Empfangsart	Empfangsquittungen zeitversetzt	sofortige Empfangsquittung
Empfangsmöglichkeit	Partner muss nur zu festen Zeiten aktiv werden = Abholfunktion	Partner muss rund um die Uhr verfügbar sein
Kosten	zusätzliche Kosten für VAN-Dienste	nur Übertragungskosten
Mehrwertdienste	Zusatzdienste des VAN-Anbieters	Zusatzfunktionen sind selbst zu realisieren
Protokolle	verschiedene oft proprietäre Zugangsprotokolle: - AT&T Easy Link - IBM IE - Telebox 400	Partner müssen gleiche Protokolle unterstützen: - FTP-VDA 4914 - OFTP(ODETTE FTP) - X.400
Schnittstellen	Übergänge zu anderen VAN's nur selten möglich	oft existieren branchenbezogene Übertragungsprotokolle

10.8.2   Betriebliche Einsatzformen

Der EDI-Einsatzbereich umfasst sämtliche geschäftlichen und geschäftsbezogenen Tätigkeiten. Diese können aus den Bereichen Handel und Industrie, Bankwesen, Bauindustrie, Transport mit Luft- und Schiffsverkehr, Spedition, Lagerung und Umschlag sowie der staatlichen Verwaltung einschließlich der Zollbehörden stammen. Je nach Eingangs- oder Ausgangsverarbeitung zeigen sich Unterschiede in der Häufigkeit der verwendeten Nachrichtentypen. Nach wie vor dominieren jedoch die beiden Typen Bestellung und Rechnung den EDI-Verkehr [2]:

Tabelle 10.6:
Am häufigsten
verwendete
Nachrichtentypen

Eingangsverarbeitung	Ausgangsverarbeitung
Bestellung 54 %	Rechnung 50 %
Lieferabruf 35 %	Bestellung 42 %
Bestellbestätigung 27 %	Liefermeldung 42 %
Bestelländerung 27 %	Bestelländerung 31 %
Liefermeldung 27 %	Lieferabruf 31 %
Angebot 19 %	Bestellbestätigung 27 %
Gutschriftenanzeige 19 %	Zahlungsauftrag 23 %

Vielschichtig kann auch die Integration von EDI in den betrieblichen Ablauf ausfallen. Im Kern lassen sich zwei Einführungsstrategien unterscheiden:

EDI-Einführungs-
strategien

> Beim **substitutiven Einsatz** erfolgt der Anstoß von außerhalb des Unternehmens. Ein Kunde übt seine Nachfragemacht aus, um verstärkt Nachrichtenarten auf elektronischen Wege abzuwickeln. Dem betroffenen Unternehmen bleibt nur die Wahl, bei Verzicht auf eine EDI-Einführung einen Kunden zu verlieren oder sich der Marktmacht des Kunden zu beugen und eine Einführung von EDI zu akzeptieren. Beide Fälle sind mit einem gewissen Risiko behaftet. Einerseits kann der Verlust eines Großkunden das Unternehmen in Existenzschwierigkeiten bringen, andererseits rentiert sich der EDI-Einsatz für einen Einzelkunden kurzfristig kaum.

> Beim **innovativen Einsatz** kommt der Anstoß meist aus den Unternehmen selbst. Häufig bilden die erkannten Schwächen der innerbetrieblichen Prozesse den Auslöser zur Umstrukturierung der Ablauforganisation.

Mit der Anwendungsintegration geht oft die Erweiterung von Datenbanken und Applikationsprogrammen einher, um:

> im Empfangsfall neue Felder einbinden zu können

> im Sendefall spezielle vom Partner geforderte Felder zu berücksichtigen.

Die Kosten der Integration verteilen sich folgendermaßen [1]:

Kosten für EDI-Systeme in deutschen Unternehmen	Prozentangabe
Anpassung der betriebswirtschaftlichen Anwendung	30.4
Softwarekosten	29.7
Hardwarekosten	16.4
Kosten der Informationsbeschaffung	3.6
Schulungskosten	7.5
sonstige Kosten: externes Personal etc.	12.4

Tabelle 10.7: Kostenverteilung einer EDI-Implementation

Ein deutliches Übergewicht zeichnet sich dabei für die Softwareintegration im weitesten Sinne ab. Je nachdem, ob das Unternehmen über Punkt-zu-Punkt-Verbindungen oder VAN's überträgt, ergeben sich unterschiedliche Anforderungen:

Sender über Punkt-zu-Punkt-Verbindung: Diese Art der Datenübertragung ermöglicht den direkten Kontakt der Kommunikationspartner. Der typische Ablauf lässt sich in mehrere Stufen unterteilen:

EDI-Übertragungsverfahren

Zunächst werden EDI-Daten aus den vorhandenen Datenbeständen selektiert. Am Ende des Selektionsprozesses wird die EDI-Syntax hinzugefügt. Als letzte Stufe erfolgt das direkte Versenden der EDI-Nachricht über das Netz an den Partner. Aus diesem Verfahrensablauf ergeben sich gewisse Notwendigkeiten:

> ➤ Pro Nachrichtenart und Konvertierungsrichtung ist eine Tabelle = Zuordnungstabelle notwendig, die die zu konvertierenden Daten beschreibt.

Konverterfunktionalität

> ➤ Die Konvertierungssoftware muss folgende Funktionalität beinhalten:
>
>   ❖ Archivierung der Nachricht als Verwendungsnachweis
>
>   ❖ Protokollierung der EDI-Aktivitäten zu Revisionszwecken
>
>   ❖ EDI-Partnerverwaltung zur Beschreibung der einzelnen Anforderungen der Partner
>
>   ❖ Anwendungsintegration inklusive Datenselektion und -konversion
>
>   ❖ Sicherung der EDI-Normkonformität aller gesendeten Nachrichten
>
>   ❖ Syntaxprüfung aller erstellten und empfangenen EDI-Nachrichten
>
>   ❖ Verfahren für einen gesicherten Datenaustausch

❖ Versionsfähigkeit, d.h. die ungehinderte Verarbeitung
aktueller und früherer EDI-Versionen

Inhouse-Anwendung

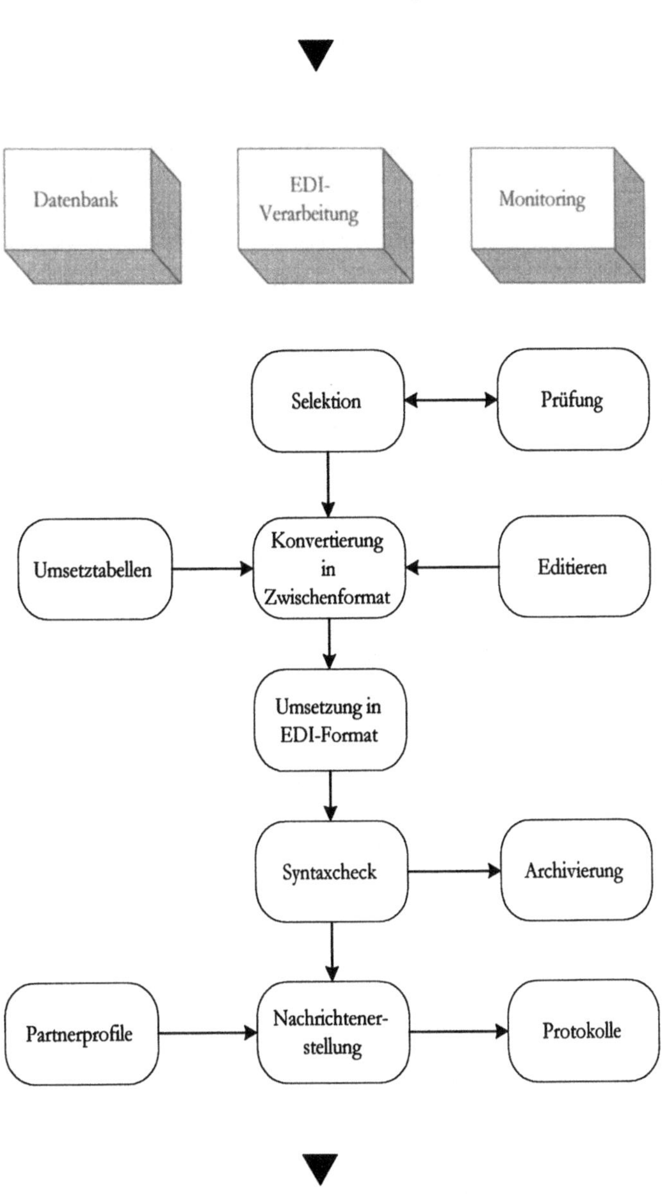

EDI-Partner

Abbildung 10.8: Schematischer Nachrichtenversand mit Konverterfunktionalität [10, S. 522]

Sender über VAN: Die Inanspruchnahme einer Schaltstelle in Form eines speziellen Service Providers hat völlig andere Rahmenbedingungen und erfolgt nur asynchron. Insbesondere für kleine und mittelständische Unternehmen, die in den EDI-Nachrichtenaustausch einsteigen, bietet sich hier eine beachtenswerte Alternative. Durch guten Service und die Anbindung mehrerer Partner können Anlaufschwierigkeiten und Einstiegshemmnisse weitgehend überbrückt werden. Zu berücksichtigen sind allerdings die relativ hohen Übertragungskosten und die monatliche Fixgebühr. Der Verfahrensablauf gliedert sich in acht Teilschritte:

1. Der Sender übermittelt dem VAN eine Übertragungsdatei mit mehreren Nachrichten und Nachrichtentypen für unterschiedliche Geschäftspartner.

2. Die Übertragungsdatei wird in separate für die einzelnen Empfänger bestimmte Teile zerlegt.

3. Es wird anhand vorliegender Partnerprofile geprüft, ob zwischen Sender und Empfänger eine Kommunikationsbeziehung besteht.

4. Es wird geprüft, ob die enthaltenen Nachrichtentypen zwischen den Partnern ausgetauscht werden dürfen.

5. Die einzelnen Nachrichten werden auf Syntax und Vollständigkeit geprüft.

6. Die Nachrichten werden in die Empfängermailbox gestellt.

7. Der Empfänger ruft die Nachrichten bei Bedarf aus seiner Mailbox ab.

8. Treten bei diesem Vorgang Fehler auf, wird ein Fehlerprotokoll generiert und in die Mailbox des Senders gestellt.

10.8.3   Planung und Implementation

Die Analyse des EDI-Potentials richtet ihr Augenmerk auf die Aufbau- und Ablauforganisation, die bestehende DV-Struktur und deren EDI-Fähigkeit, das in Frage kommende Belegvolumen, den überbetrieblichen Kommunikations- und Informationsfluß und die Zusammenstellung der Inhalte für die EDI-Nachrichten. Damit lässt sich EDI nur unter Berücksichtigung der Organisation, der Fachabteilung und der Rahmenbedingungen des Unternehmens erfolgreich implementieren:

> ➤ die Organisation, die in ihrem Aufbau die notwendigen Änderungen von Geschäftsprozessen durchführen muss und die in ihrem Ablauf nun maschinelle statt manuelle Arbeitsvorgänge verlangt und damit eine neue Mensch-Maschine-Kommunikation voraussetzt. Die sich daraus ergebenden

Konsequenzen hängen von den zu übermittelnden Nachrichten, dem anfallenden Beleg- und Datenvolumen und der Integrationstiefe der EDI-Applikation ab.

> die Fachabteilung, die EDI einsetzen will und dazu neuartige Aufgaben bewältigen muss:

  ❖ den Einsatz der Anwendung

  ❖ die Überwachung der korrekten Konversion der Inhousedaten und den Abgleich mit der verwendeten EDI-Norm

  ❖ die Protokollierung von Fehlern

  ❖ die Nachrichtenarchivierung für Revisionszwecke

  ❖ den Einsatz zusätzlicher Sicherungsverfahren bei der Datenübertragung

  ❖ den Netzbetrieb, u.U. rund um die Uhr

> den Ordnungsrahmen in Form rechtlicher Rahmenbedingungen wie EDI-Vereinbarungen, Behördennachweisen oder AGB.

Tabelle 10.8:
EDI und Umfeld

Organisation	EDI-Anwendung	Umwelt
Aufbauorganisation	Anwendung, Monitoring, Ablauf	Rechtlicher Rahmen
	Übersetzung, Syntax, Codes	AGB, EDI-Vertrag
	Protokollierung, Nachricht, Felder	Behördennachweis
	Archivierung	Dokumentenersatz
Ablauforganisation	Sicherungsverfahren, Authentisierung, Verschlüsselung	Normänderung
	Übertragung, Netz, Telekommunikation	

Technische EDI-Integration

Die technische Integration von EDI in das Unternehmensumfeld lässt sich als Schichtenmodell auffassen, das Entscheidungen bezüglich der Einbindung der Applikation, des verwendeten EDI-Standards und der gewählten Kommunikation beinhaltet:

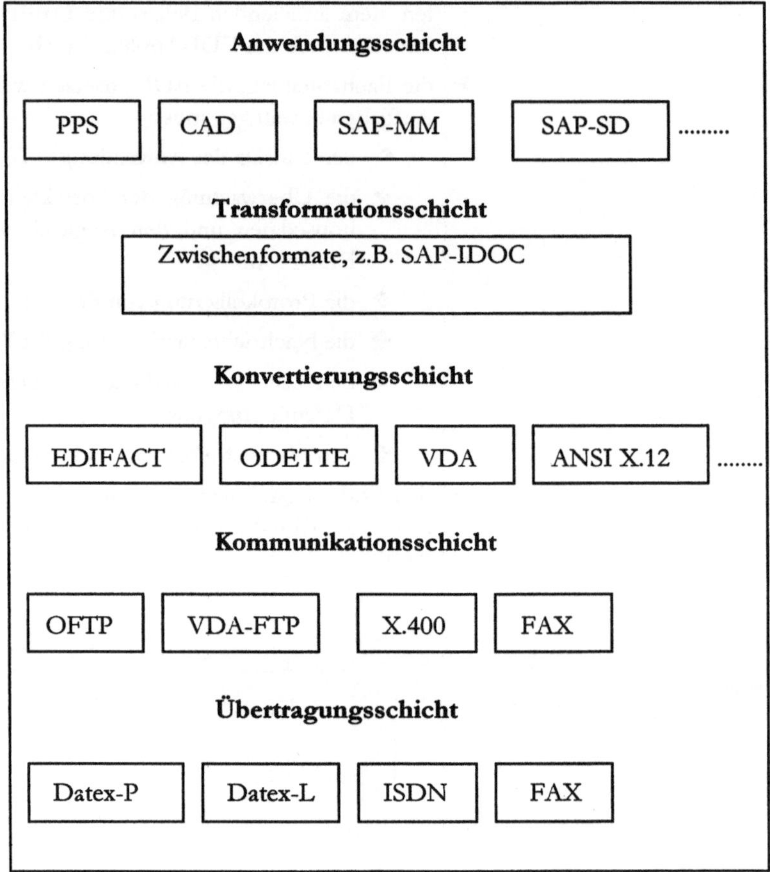

10.9   Probleme der EDI-Implementation

Aus der Kostenverteilung und dem zögerlichen Einsatz in weiten Bereichen der Wirtschaft wird deutlich, dass eine EDI-Implementation auf große Vorbehalte und Hindernisse stößt. Die Schwierigkeiten, EDI in den Geschäftsablauf zu integrieren, rühren aus

> ➤ Applikationsgegebenheiten, wie sie mit jeder Einführung neuer Softwareprodukte verbunden sind

> ➤ normbedingten Aspekten

> ➤ gesellschaftlichen Rahmenbedingungen in Form gesetzlicher Vorschriften.

10.9.1   Applikationsprobleme

Die Problematik liegt hier in erster Linie im Umfeld der Software:

> ➤ Die Implementierung und Anpassung neuer an bestehende Software, um existierende Daten in EDI verfügbar zu machen, ist unabdingbare Voraussetzung für einen erfolgreichen EDI-Betrieb.

> ➤ Die Neugestaltung der Aufbau- und Ablauforganisation durch Änderungen der mit EDI abgewickelten Geschäftsvorfälle bedeutet einen erheblichen organisatorischen Aufwand

> ➤ Externe Beratungsleistung, um firmeneigenes Know-How zu erwerben, ist in den meisten Fällen unumgänglich.

> ➤ Allgemein besteht eine geringe Anwendungsintegration, da Informations- und Güterflüsse auseinanderfallen und so Prüfvorgänge erforderlich machen. Der Eingang gelieferten Materials bewirkt keine automatische Lieferantenrechnungsstellung, sondern erfordert einen separaten Vorgang. Der Auftraggeber einer Lieferung kann den zeitlichen Fortschritt nur verfolgen, wenn ihm der Lieferant eine entsprechende Nachricht übermittelt. Hieraus wird die Notwendigkeit einer unternehmensübergreifenden Datenmodellierung ersichtlich.

10.9.2   Syntaktische Probleme

Dieser Problemtyp zielt in erster Linie auf die Möglichkeit der Berücksichtigung von Subsets [6, S. 242]:

Abbildung 10.10:
Subsetproblematik

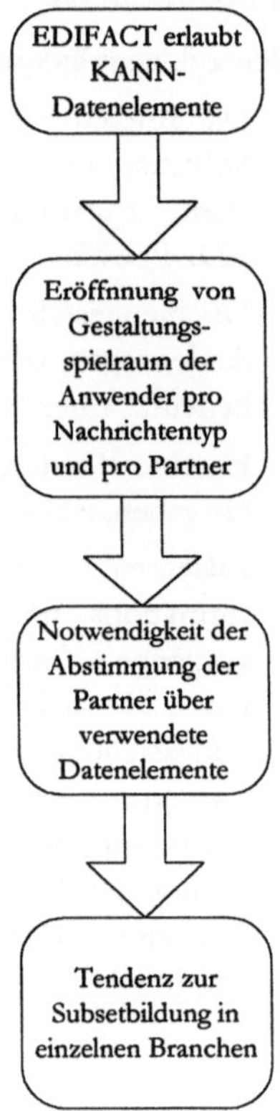

Probleme: EDI -
Anwendung

Darüber hinaus können strukturelle Probleme zwischen Applikation und EDI auftreten [8, S. 125]:

➢ Von EDI definierte obligatorische Felder sind in der Applikation nicht vorhanden.

➢ Vom Standard definierte Feldlängen stimmen mit denjenigen der Applikation nicht überein.

➢ Intern verwendete Datenfelder können in EDI nicht abgebildet werden.

➢ Die Wiederholfaktoren der Segmente stellen eine Beschränkung gegenüber der Applikation dar.

10.9.3   Semantische Probleme

Schwierigkeiten ergeben sich auch aus den unterschiedlichen Interpretationsmöglichkeiten der Felder [6, S. 243]:

> ➢ ***Heterogene Bewertungssysteme*** innerhalb der Logistikkette Hersteller - Handel - Verbraucher führen dazu, dass von jedem Teilnehmer ein Artikel hinsichtlich Art, Ausführung, Verpackung, Identifikation, Gebindegröße anders spezifiziert wird. Die 13-stellige EAN-Artikelnummer gestattet - nach Abzug der Stellen für die BBN (=Bundeseinheitl. Betriebsnummer) zur Identifizierung von Herkunftsland und -unternehmen und Prüfziffer - noch fünf Stellen für die eigentliche herstellerspezifische Artikelnummer. Die dadurch mögliche Bezeichnung von 99 999 Artikeln mag für viele Unternehmen ausreichen, für solche mit einem tiefen Sortiment oder mit komplexen Produkten ist dies allerdings eine ernste Einschränkung. Dies gilt insbesondere deshalb, weil Artikelnummern sich als sehr langlebig erweisen.

> ➢ ***Interpretation von Textfeldern*** muss manuell geschehen. Dadurch wird die rein maschinelle Verarbeitungskette unterbrochen.

10.9.4   Rechtliche Aspekte

Rechtliche Anforderungen

Aus gesetzlichen Gründen kann beim Rechnungsaustausch nicht vollständig auf den Papierbeleg verzichtet werden. Ursache hierfür ist §14 Umsatzsteuergesetz, der für eine Rechnung immer einen Urkunde verlangt. Diese Beleg muss folgenden Inhalt aufweisen:

> ➢ die Summe der Entgelte der Rechnungen eines Übertragungszeitraums

> ➢ die auf diese Summe entfallenden Steuerbeträge

> ➢ ein Verweis auf die übertragende Einzelrechnung

Die Einführung der elektronischen Übermittlung muss dem zuständigen Finanzamt angezeigt werden.

Neben der grundsätzlichen steuerrechtlichen Behandlungen von Rechnungsbelegen existieren drei weitere Problemfelder:

Abbildung 10.11:
Rechtliche Proble-
me und deren
Lösung

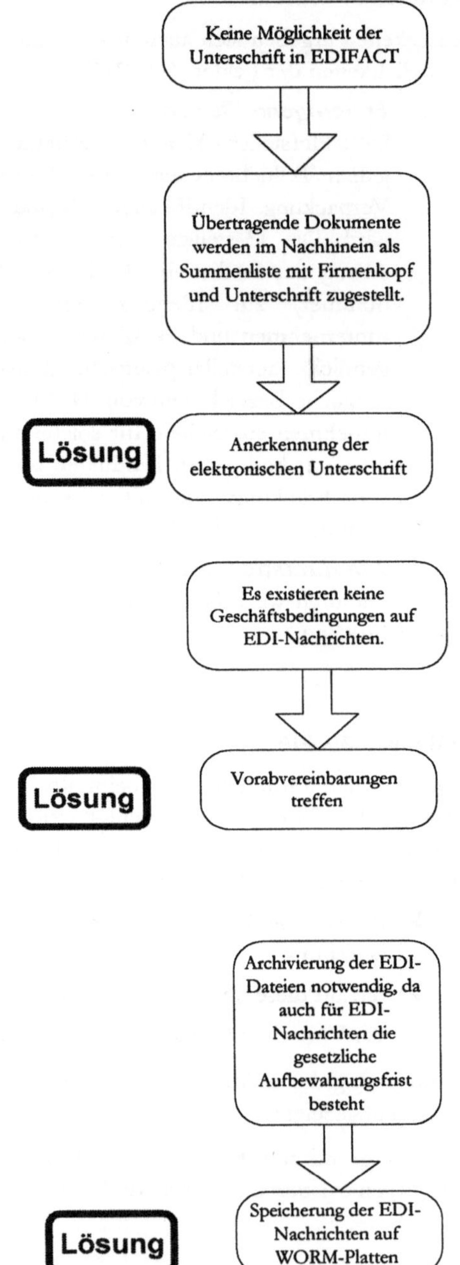

EDI-Vertrag

Unter anderem aus diesen Erwägungen ist dringend der Abschluss eines EDI-Vertrages zwischen den Partnern anzuraten. Diese Vereinbarung sollte folgende Punkte berücksichtigen [4]:

- die EDI-Partner
- die Anwendungsgrundlagen in Form
  - ❖ verwendeter EDI-Standards und Teilmengen
  - ❖ des Sendeprinzips: der Absender gewährleistet den ordnungsgemäßen Datenaustausch
  - ❖ des Verfahren bei Informationsverlusten, -verfälschungen, -verdopplungen
- die Verbindlichkeit der übermittelten Informationen
- die Übertragungsverfahren mit Angaben zu
  - ❖ den Empfangs- und Sendezeiten
  - ❖ den Verfahren bei Störungen
  - ❖ den Vereinbarung über Stillstandszeiten, z.B. Betriebsferien
- die Verfahren bei Hard- und Softwareänderungen
- die Sicherungs- und Aufbewahrungsvorschriften
- die Prüfung logischer Kriterien beim Empfang von EDI-Nachrichten
- die Anforderungen an Vertraulichkeit und Datenschutz
- die Verteilung der Kosten

10.10   Sicherheit bei EDI

Der Sicherheitsaspekt ist eine der Kernfragen, wenn Unternehmen ihre Anwendungen für den Datenaustausch öffnen. Daher gründete die europäische Nachrichtenentwicklungsgruppe MD4 „Bankwesen" 1990 eine EDIFACT-Sicherheitsgruppe, um die Anforderungen hinsichtlich der Übertragungssicherheit bei Zahlungsnachrichten zu prüfen. Sechs Risikoarten wurden identifiziert [13, S. 114 - 116]:

Risikoarten

1. Eine Nachricht kann verloren gehen oder wieder eingespielt werden. Dies kann sowohl unabsichtlich als auch mit dem Hintergrund bewusster Manipulation geschehen.

2. Eine Nachricht kann abgefangen und verändert werden.

3. Ein Dritter kann vorgeben, der Absender einer Nachricht zu sein.

4.   Der Absender kann vorgeben, eine Nachricht nie versendet zu haben.

5.   Ein Empfänger kann vorgeben, eine Nachricht niemals erhalten zu haben.

6.   Nachrichten können von Dritten gelesen werden.

Datenschutzmaß-nahmen

Zur Minderung dieser Risiken sind mehrere Maßnahmen möglich:

> **Digitale Unterschrift**: Hierbei handelt es sich im Wesentlichen um eine Zahl in Form einer Prüfsumme, die an eine Nachricht angehängt wird und diese eindeutig beschreibt. Die Prüfung der Integrität der Nachrichtenreihenfolge und der Vertraulichkeit der Dateninhalte ermöglicht sie aber nicht.

> **Sequenznummern**: gewährleisten die korrekte Reihenfolge der Nachrichten

> **Verschlüsselung**: ermöglicht den Schutz der Dateninhalte durch kryptographische Verfahren

Welche Schutzmaßnahme für welches Risiko geeignet ist, zeigt die folgende Tabelle:

Tabelle 10.9:
Risiken und Schutzmaßnahmen einer EDI-Übertragung

Risiko	Digitale Unterschrift	Sequenznummer	Verschlüsselung
Nachrichtenverlust oder -einspielung	✓	✓	
Nachrichtenmanipulation oder -abfangen	✓		
Dritter als potentieller Sender	✓		
Absender verneint Nachrichtenübertragung	✓		
Empfänger verneint Nachrichtenerhalt	✓		
Nachrichtenkenntnis durch Dritte			✓

10.11   EDI-Erweiterungen

Internet, WWW und XML gelten seit kurzem als die Schlüsseltechnologien, die es auch kleinen und mittelständischen Unternehmen erlauben sollen, am elektronischen Datenaustausch teilzunehmen. Nie zuvor konnten über das Internet so viele Unternehmen erreicht werden, so dass es ein folgerichtiger Schritt ist, diese Kommunikationsplattform zu nutzen, um auch die bisher EDI reserviert gegenüberstehenden Unternehmen einzubinden.

10.11.1   EDI per Internet

Entschließen sich die Geschäftspartner das Internet als Transportmedium zwischen ihren EDV-Systemen einzusetzen, können sie auf einige Vorteile verweisen. Das Netz besitzt eine internationale Verfügbarkeit, eine hohe Akzeptanz bei den Anwendern und geringe Anbindungs- und Übertragungskosten. Demgegenüber stehen allerdings auch einige Nachteile. Die Struktur des Internets ist chaotisch, die Qualität der angebotenen Dienste entspricht nicht den EDI-Verfahren, und Sicherheitsmechanismen sind nicht Bestandteil der Infrastruktur und müssen daher durch ergänzende Funktionen wie Verschlüsselung oder digitale Unterschrift nachgerüstet werden. Als Kommunikationsmechanismen kommen zwei Konzepte in Frage [15]:

Internet als Transportmedium

> ➢ **Punkt-zu-Punkt-Verbindungen über FTP**: EDI-Nachrichten werden als separate Datei übertragen. Daraus ergibt sich eine kurze Transferzeit und eine unmittelbare Bestätigungsmöglichkeit. Ein Problem bilden die Sicherheitsmechanismen, da bei der Nutzung bereits Zugriffsrechte vergeben und Passwörter verwaltet werden müssen.

> ➢ **Asynchrone Verbindungen über E-Mail**: EDI-Daten werden alternativ als Anhang oder als eigentlicher Mail-Inhalt übertragen. Das ursprüngliche SMTP-Protokoll (Simple Mail Transfer Protocol) überträgt Daten im 7Bit-ASCII-Format, wodurch Informationen in binärer oder 8Bit-Form fehlerhaft übermittelt werden. Abhilfe für diese Einschränkung schafft das MIME-Protokoll (Multipurpose Internet Mail Extensions). Dieses erlaubt die Typisierung der Mailinhalte durch eine Reihe neuer Headerfelder. Dadurch wird der Nutzer in die Lage versetzt, normale E-Mails von solchen mit EDI-Inhalt zu unterscheiden. Die Beschreibung der Daten erfolgt im Feld „Content-Type", das zur Angabe von Attributen und Werten des Mailinhaltes dient. Ein zweites Feld „Content-Transfer-Encoding" enthält Angaben zur Übertragungscodierung. Die MIME-Erweiterung gestattet nun die Übertragung

verschiedener Datentypen, aber auch mehrerer Teilnachrichten unterschiedliche Datentyps. Mit dem Content-Typ „Application" lassen sich die übertragenen Informationen einer Anwendung zuordnen, so dass dem Empfängersystem die automatische Weiterverarbeitung möglich wird. Momentan existieren die Varianten EDIFACT, EDI-X12 und EDI-Content zur Beschreibung. Die Inhaltsspezifikation „signed" oder „encrypted" kennzeichnet im Nachrichtenkopf die Art des genutzten Sicherheitsverfahrens. Dabei kann es sich sowohl um die Authentifizierung einer Nachricht mit einer digitalen Unterschrift als auch um eine Verschlüsselung zur Geheimhaltung des Inhaltes handeln. Als weitere Ergänzung kommen Empfangsbestätigungen hinzu, die die korrekte Übertragung und die vom Empfänger geprüfte Integrität der Nachricht belegen.

10.11.2   Web-EDI

Neben den klassischen Internetdiensten in Form von E-Mail oder Filetransfer entstand 1997 die Idee, Unternehmen über ein formularbasiertes Dokumentenmangement anzubinden. Unternehmen stellen ihren Geschäftspartnern Formulare für Transaktionen wie Bestellungen, Lieferabruf oder Anfragen auf Basis von HTML und JAVA bereit, die von diesen mit herkömmlichen WWW-Browsern bearbeitet werden. Diese Architektur besitzt den Vorteil, auch solche Geschäftspartner anbinden zu können, die aufgrund mangelnder Infrastruktur, geringem Transaktionsvolumen oder mangelndem Know-How bisher nicht in der Lage waren, das herkömmliche EDI-Verfahren zu nutzen. Unternehmen, die klassisches EDI bereits einsetzen, bietet sich daher die Möglichkeit, mit geringem Zusatzaufwand auch kleine Partner in die EDI-Landschaft zu integrieren und auf diese Weise eine umfassende EDI-gestützte Anwendungsumgebung aufzubauen. Die unterschiedlichen Beweggründe für eine Web-EDI spiegelt folgende Tabelle wider [15]:

Vorteile von Web-EDI

Tabelle 10.10: Web-EDI zwischen Partner und Betreiber

Angebundener Partner	Web-EDI Betreiber
Zu geringes Belegvolumen für klassisches EDI	EDI-Anbindung auch kleiner Geschäftspartner
Mangel an Know-How und entsprechender EDV-Infrastruktur	Keine Notwendigkeit von Absprachen bezüglich Support oder Implementierung mit den Partnern
Kostengünstige Möglichkeit, der Forderung von Partnern nach EDI nachzukommen	Nur EDI-Inhouse-Schnittstelle erforderlich

Web-EDI ist eine Client-/Server-Anwendung, bei der der Server EDI-Daten als Web-Formulare bereitstellt und dem Partner diese für die Datenerfassung über das Medium Internet anbietet. Unternehmensintern sind dafür drei Architekturvarianten vorstellbar:

Web-EDI-Architekturen

> **Vorrechnerlösung**: Der Betreiber stellt dem eigentlichen EDI-System einen Web-EDI-Server voran. Zwischen beiden erfolgt der Datenaustausch über EDIFACT. Die EDI-Schnittstelle zur Anwendung bleibt bei dieser Topologie vollständig unberührt.

> **Web-EDI-fähiges EDI-System**: Das klassische EDI-System besitzt neben der EDI-Funktionalität auch die Möglichkeit der Web-EDI-Abbildung mit Partnerverwaltung, Zugriffsschutz und Dokumentenmanagement.

> **Direktanbindung des Web-EDI-Systems**: Diese Alternative ermöglicht den Datenaustausch nicht über den Umweg eines herkömmlichen EDI-Systems, sondern mit der Anwendung direkt. Dazu ist allerdings eine zusätzliche Anwendungsschnittstelle erforderlich.

Web-EDI-Funktionen

Alle Varianten zeigen, dass ein Web-EDI-System über eine ähnliche Funktionalität wie herkömmliche EDI-Systeme verfügt:

> Austausch beliebiger EDI-Nachrichtentypen

> Bidirektionale Kommunikation, d.h. Senden und Empfangen von Nachrichten

> Konvertierung zwischen Inhouse- und EDI- bzw. Web-EDI-Format

> Rechtlich korrekte Archivierung elektronischer Dokumente

> Schnittstelle zur betrieblichen Anwendung

Web-EDI-Ablauf

Die Clients als die über Web-EDI angebundenen Unternehmen bekommen die eingegangenen Nachrichten als elektronisches Formular zugestellt und können dieses nach erfolgreicher manueller Bearbeitung an den Partner zurücksenden. Diese Verfahrensweise unterscheidet sich für den Nutzer in keiner Weise von den üblichen im Internet angebotenen Formularen, so dass für ihn Anforderungen wie Systemwartung oder regelmäßige Aktualisierungen entfallen. Allerdings muss der Web-EDI-Nutzer in der Regel die Daten nochmals in seiner betrieblichen Anwendung erfassen. Die Option, die Daten mit dem Web-EDI-Server des Partners auch in strukturierter Form, d.h. als Datei oder XML-Konstrukt auszutauschen, kann sich daher als sinnvoll erweisen.

Üblicherweise entsteht bei Web-EDI für den angebundenen Partner ein Medienbruch, der billigend in Kauf genommen wird, da jede Form der

Anwendungsintegration sich aus Gründen des fehlenden Belegvolumens oder der mangelnden EDV-Ausstattung als unrentabel erweist. Ein typischer Ablauf des Nachrichtenversands lässt sich wie folgt vorstellen:

> Die Absprachen bezüglich des Web-EDI-Betriebs beschränken sich auf die Vereinbarung von Web-Adresse, User-ID und Passwort und entsprechen damit den Erfordernissen eines üblichen Login-Vorganges.

> Der Nutzer wählt aus einer Liste verfügbarer Nachrichtentypen den zutreffenden aus, füllt das entsprechende Formular mit Daten und versendet es an den Partner.

> Beim Web-EDI-Betreiber erfolgt die Integration ankommender Nachrichten vollständig interventionslos. Die eingehenden Daten werden vom Web-EDI-System an das EDI-System übergeben, konvertiert und über eine Schnittstelle der Anwendung zur Weiterverarbeitung zur Verfügung gestellt.

> Ausgehende Daten werden dem Web-EDI-System als Datei oder EDIFACT-Datei übergeben, für das WWW aufbereitet und dem Partner angeboten. Der konkrete Ablauf ist allerdings von der Architekturvariante abhängig. Er vereinfacht sich, wenn Web-EDI-System und klassisches EDI-System nicht als separate Komponenten betrieben werden.

Dieses Geschäftsmodell und sein skizzierter Ablauf führt dazu, dass Partner die zuvor nicht miteinander ökonomisch interagieren konnten, plötzlich einen leichten Weg haben, in Beziehung zu treten. Ermöglicht wird das nicht zuletzt durch eine Vielzahl von Standards des Kommunikationsumfeldes:

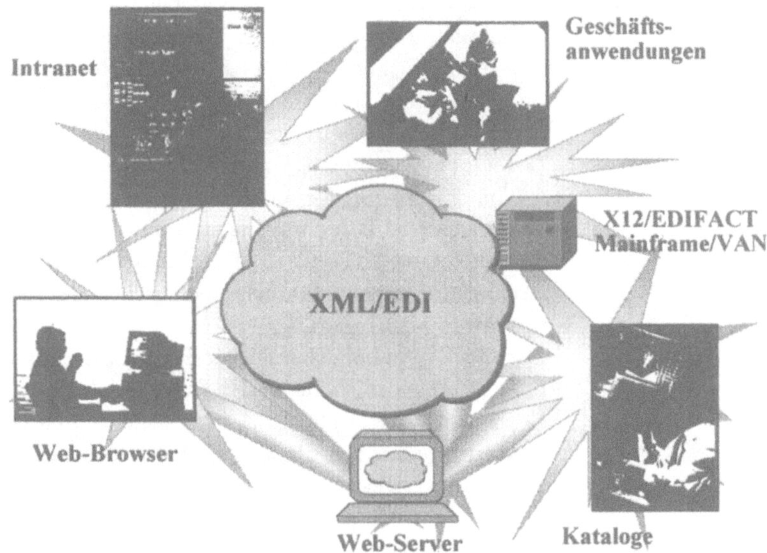

Abbildung 10.12:
Kommunikations-
standards, XML
und EDI

Trotz einer Vielzahl von Bedenken und Kritik kann die konsequente Einführung elektronisch gesteuerter überbetrieblicher Vorgangsketten wie sie Web-EDI ermöglicht, möglicherweise Voraussetzung für den Erhalt der Wettbewerbsfähigkeit im erweiterten europäischen Markt werden.

EDI und Online-Shopping

Ein erster Integrationsschritt ist bei Shopping-Systemen zu beobachten. Allerdings ist die Funktionalität eingeschränkt. Online-Shops geben eine Bestellung nur über die EDI-Schnittstelle an das nachgelagerte EDI-System weiter. Die umgekehrte Kommunikationsrichtung vom Anwendungssystem zum Web-Interface und damit zum Kunden ist nicht möglich. Online-Shops gestatten damit nur den Transaktionstypen „Bestellung" und die EDI-Verarbeitung in Richtung betrieblicher Applikation.

10.11.3   EDI und OBI

Während erste Versuche des Online-Shoppings auf den Business-to-Consumer-Markt zielen, ist ein weiterer Standardisierungsvorschlag in Form des Open Buying on the Internet (OBI) entstanden, der sich auf den zwischenbetrieblichen Einsatz richtet. Sein Schwerpunkt sind häufig auftretende Beschaffungstransaktionen auf preislich niedrigem Niveau.

Dies betrifft in erster Linie Material für die Pflege und Wartung von technischer Ausstattung oder Büromaterial. Zur Vereinfachung des Bestell- und Einkaufsprozesss haben viele Einkaufsabteilungen in der Vergangenheit die Zahl ihrer Bezieher verringert. In der Folge dieser Entwicklung haben Mitarbeiter der Einkaufsabteilung stark mit präferierten Lieferanten zusammengearbeitet, um eine möglichst nahtlose Integration in die logistische Kette zu gewährleisten. Um Abhängigkeiten und Transparenz in diesen Prozess zu bringen, versucht OBI eine nicht proprietäre Lösung anzubieten. Der Standard enthält eine vorgeschlagene Architektur, eine ausführliche technische Spezifikation und Informationen zur Implementierung.

Die OBI-Architektur beruht auf der Prämisse, dass kaufende Organisationen verantwortlich für das Bestellerprofil, Bestellmengen, Steuern und Bestätigung sind, während der Lieferant den elektronischen Katalog mit den entsprechenden Preisen und das Bestellformular bereitstellt. Auf abstraktem Niveau besteht die Architektur aus vier Einzelteilen [18]:

> **Besteller**, der den Endbenutzer der beauftragenden Organisation darstellt und den Auftrag platziert

> **Kaufende Organisation**, die für die Einkaufsabwicklung einen OBI-Server für die Entgegennahme von OBI-Order-Requests und die Sendung von OBI-Orders bereithält, sowie die Verwaltung der Bestellerprofile, die Informationen über Geschäftspartner und Angaben über die Vervollständigung eines Auftrages übernimmt

> **Lieferant**, der einen elektronischen Katalog über das Internet anbietet, in dem aktuelle und korrekte Informationen zu Produkten und Preisen zu finden sind

> **Zahlungsorganisation**, die die mit der Bestellung zusammenhängenden finanziellen Transaktionen abwickelt.

Abbildung 10.13:
OBI-Szenario

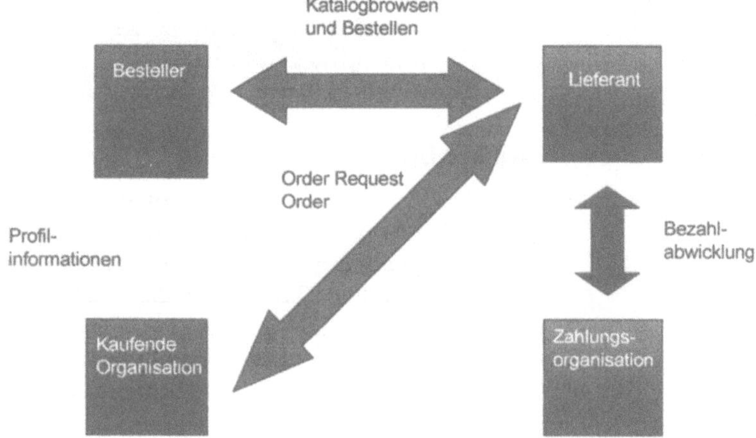

Die technische Spezifikation legt fest, dass für die sichere Kommunikation im Internet das SSL-Protokoll verwendet wird. Digitale Zertifikate zur Authentisierung folgen dem X.509-Standard und digitale Signaturen sollen die Korrektheit der Order Request und der Order sicherstellen. Der Nachrichteninhalt orientiert sich am X.12-Standard für die Einkaufsbestellung.

Eine OBI-Transaktion zeigt folgenden Ablauf:

OBI-Ablauf

> Nach der Produktselektion aus dem elektronischen Katalog des Anbieters betätigt der Besteller den „Order-Button" und überträgt die Informationen zum OBI-Server des Lieferanten, wo diese in eine OBI-Request-Order transformiert werden. Dieses Formular wird digital durch den OBI-Server unterschrieben und anschließend über eine SSL-Verbindung zurück zum Besteller gesendet. Der OBI-Server des Bestellers prüft die digitale Signatur, um die Authentizität der Request-Order festzustellen und formt daraus ein Bestellformular.

> Der Besteller ergänzt das Formular um seinen Namen und seine Mitarbeiternummer, die beide als Zugangsberechtigung dienen. Nach einer erneuten Prüfung der Formulardaten wird der „Complete Order-Button" betätigt und die Bestellung abgeschickt. Über einen „Order History Button" kann sich der Besteller anschließend ein Bild vom Status seiner Bestellung machen.

> Die Bestellung wird auf dem Bestellserver in eine OBI-Order umgewandelt, digital unterschrieben und über eine SSL-Verbindung über das Internet an den OBI-Server des Liefe-

ranten übertragen. Dieser führt Prüfungen bezüglich der Authentizität durch und platziert den Auftrag anschließend im Warenwirtschaftssystem.

10.11.4   XML und EDI

Eine Verschmelzung findet auch zwischen EDI und XML statt. Die EDIFACT-Norm konkretisiert mit ihrer Syntax für Nachrichtentypen und ihrem Repository für Elemente und Segmente den Austausch von Geschäftsdaten. Für XML müssen diese Einzelheiten erst noch definiert werden. Die XML/EDI-Initiative hat hierfür bereits Vorarbeiten geleistet, indem sie die bestehende ANSI X12.Notation nutzt und in eine XML-Semantik überträgt. Der Schwerpunkt liegt dabei nicht auf der exakten Transformation der einzelnen Nachrichtentypen, sondern in der Bereitstellung einer strukturierten Umsetzungsmethodik. Diese beinhaltet neben der Konvention zur eindeutigen Namensvergabe auch die Realisierung von Wiederholungen, semantischen Hierarchien und Codelisten. In einem XML-DTD werden dazu Elementgruppen und ihre Attribute definiert, Tag-Bezeichnungen zugewiesen und die Beziehungen zwischen den einzelnen Tags in Form von Hierarchien festgelegt. Für die Zuordnung muss jedem EDI-Element und –Code ein eindeutiger Identifikator entsprechen. Bei der entsprechenden Tag-Vergabe im XML-Kontext spielt neben der Eindeutigkeit auch die Vergabe „sprechender" Bezeichner eine Rolle. Hierfür ist es wichtig, einen Namensraum zu schaffen, der eine strukturierte, methodische Vergabepraxis erlaubt. Damit zeigt sich, dass EDI und XML keineswegs ohne Anpassungsaufwand ineinander überführbar sind:

XML	EDIFACT
Generische Auszeichnungssprache für beliebige Anwendungen	Schwerpunkt: Geschäftsdatenaustausch
Frei definierbare Tags ohne Standardsemantik	Normierte Syntax und Semantik
Sowohl Mensch-Maschine- als auch Maschine-Maschine-Kommunikation	Ausschließlich Maschine-Maschine-Kommunikation
Verschiedenste Anwendungsbereiche	Geschäftsprozessorientierung
Kostengünstige Basistechnologie	Aufwendige Infrastruktur

Das Ziel der XML/EDI-Bemühungen ist es, formale, interoperable Schnittstellen für E-Commerce-Anwendugen bereitzustellen. Dabei sollen sowohl Ad-Hoc-Transaktionen zum Kunden als auch Interaktionen nach vereinbarten Standards zwischen Geschäftspartnern berücksichtigt werden.

Beispiel

Der Anwender startet die XML/EDI-Software, wählt eine Anwendung aus, prüft die Liste angebotener Informationen und entscheidet, welche Daten gesendet werden sollen. Dabei wird Bezug auf das globale Repository genommen, nach bestehenden Templates gesucht und bestehende betriebswirtschaftliche Elemente des Repositories übernommen. Für nicht gefundene Informationen werden die Definitionen der Datenbankfeldformate angepasst. Anschließend erzeugt die XML/EDI-Software ein XML-Dokument, zeigt es im Web-Browser an und ermöglicht die nachträgliche Modifikation. Entspricht der Aufbau den Erwartungen kann das Dokument versendet werden. Zusätzlich können Java Applets oder ActiveX-Komponeten ausgetauscht werden, um komplexe Interaktionen zu integrieren. Ein Beispiel dafür sind Zinsberechnungen auf in der Vergangenheit fällige Beträge.

Standardisierungsbemühungen

Auf der Basis von XML können weitere Sprachen definiert werden, die auf bestimmte Anwendungsfelder zugeschnitten sind und die Umsetzung spezieller Aufgaben optimal vornehmen. Mehrere Dialekte befinden sich bereits im Entwicklungsstadium:

> Commerce XML zur Beschreibung von Kataloginhalten

> Open Buying on the Internet (OBI) als Standard des B2B-Handels auf der Basis von SSL, SET und X.509

> Open Trading Protocol (OTP) als Umgebung für den Verkauf an Verbraucher übers WEB einschließlich der Zahlungsmodalitäten

> Open Financial Exchange (OFX) als Austauschformat für die Kommunikation mit Banken

> Information and Content Exchange (ICE) zur Vereinfachung des Austausches von Informationen und Inhalten im Internet

> Chemical Markup Language (CML) zur Beschreibung chemischer Zusammenhänge, insbesondere des Molekülaufbaus.

Dennoch bleibt festzustellen, dass die Anwendungsentwicklung trotz des einfach anmutenden Konzeptes aufwendig und kostenintensiv ist und kaum von kleinen Unternehmen ohne entsprechendes Know-How betrieben werden kann. Darüber hinaus sind für die speziellen Anwendungen Parser notwendig, die die konkreten Tags prüfen und verstehen können.

10.12   Trends und Entwicklungsperspektiven

Neben der Möglichkeit EDI und Internet zu verbinden, erwächst mit der Meta-Sprache XML dem EDI-Konzept selbst Konkurrenz. Einige Branchen der Industrie beginnen mit Arbeiten, XML/EDI als Standard zu definieren. Die Internationale XML/EDI-Group entwirft bereits einen E-Commerce-Rahmen. Die Attraktivität von XML liegt vor allem auch darin, dass es einen allgemeineren Rahmen als EDI bietet. Mit relativ einfachen Mitteln lassen sich Dokumente aller Art beschreiben von der Bestellung über das Röntgenbild bis zum Musikstück. Diese Möglichkeit und die leichte Lesbarkeit der XML-Dokumente ist die wesentliche Voraussetzung für die Akzeptanz der Benutzer. Eine allgemeine XML/EDI-Architektur basiert auf fünf Komponenten [15]:

> **EDI**, das als Standardaustauschformat für Geschäftsdaten auch für E-Commerce-Anwendungen dient

> **Templates**, die den Nachrichtentypen in EDIFACT entsprechen. DTDs ermöglichen die Zusammenarbeit von ursprünglichen EDI-Geschäftsdaten mit der neuen Form von XML-Dokumenten.

> **Agenten**, die die Templates interpretieren und die Verarbeitungsmethode der erhaltenen Daten enthalten

> **Repository**, das als Wörterbuch dem Anwender eine Möglichkeit schafft, die Bedeutung und Defintion von EDI-Elementen nachzuschlagen. Es bildet die semantische Grundlage der Geschäftstransaktionen.

> **XML**, das die Technologie darstellt, in der die anderen Elemente eingebettet sind. XML-Tokens ersetzen oder ergänzen bestehende EDI-Segmentbezeichner.

Ob diese Anstrengungen letztlich zum vollständigen Ersatz von EDI führen, darf allerdings bezweifelt werden, insbesondere deshalb, weil der für EDI interessante Anwendungsbereich Internet und die Anbindung kleiner Geschäftspartner über Web-EDI und damit ohne XML-Einsatz möglich ist. Web-EDI bietet nicht EDI-fähigen Unternehmen mit geringem Belegvolumen praktisch kostenfrei und ohne Koordinierungsaufwand einen Geschäftsdatenaustausch an. Der dabei entstehende Medienbruch ist zwar ein Problem, wiegt aber die Kosten einer nahtlosen Anwendungsintegration bei weitem auf.

Die Einführung von EDI bleibt das Ergebnis einer strategischen Firmenentscheidung, mit dem Ziel, das skizzierte Rationalisierungspotential entgegen aller Hemmnisse auszuschöpfen. Die konsequente EDI-Anwendung ist eine komplexe Aufgabe, die mit nicht zu unterschätzenden Kosten verbunden ist und der man sich nur in Teilschritten nähern kann. Dies gilt in erster Linie auch für den Aufbau des notwendigen Know-How's in den Unternehmen. Der Aussage „never change a running system" dürfte bei komplexen Technologien wie EDI eine besondere Bedeutung zukommen und tendenziell zu einem Investitionsschutz bestehender EDI-Installationen werden.

10.13   Anhang: EDI-Nachrichtentypen auf einen Blick

Die folgenden Tabellen geben einen Eindruck vom Inhalt der standardisierten Nachrichten und ermöglichen auf diese Weise eine leichte betriebswirtschaftliche Einordnung:

Kennung	Beschreibung
DELFOR	Der Lieferabruf enthält Einzelheiten über Produkt-/Dienstleistungsbedarf für kurzfristige Lieferung und / oder mittel- bis langfristige Planungen. Dabei wird auf einen Vertrag und / oder Auftrag Bezug genommen.
DELJIT	Die Nachricht enthält präzise Vorgaben der Lieferreihenfolge und der „Just-in-Time"-Lieferpläne. Sie verfeinert die Angaben von DELFOR.
DESADV	Die Liefermeldung beschreibt Einzelheiten über Waren, die unter vereinbarten Bedingungen geliefert worden sind oder zur Lieferung bereitstehen.
INVOIC	Die Standardnachricht zur Zahlungsaufforderung für Waren und Dienstleistungen entsprechend den vereinbarten Konditionen
INVRPT	Die Meldung zum Austausch von Informationen über Lagerbestände
ORDCHG	Nachricht vom Käufer an den Verkäufer bezüglich der Einzelheiten einer Bestelländerung
ORDERS	Standardnachricht für Bestellungen
ORDRSP	Antwort des Verkäufers an den Käufer bezüglich einer Bestellung oder einer Bestelländerung
PARTIN	Übermittlung von Partnerstammdaten einschließlich von Ortsangaben, operationellen, administrativen, finanziellen, fertigungsbezogenen und kommerziellen Daten
PRICAT	Preisliste mit Einzelheiten für Warenlieferungen
QALITY	Weitergabe der Ergebnisse von Tests für spezielle Produkt- und Prozessanforderungen. Dazu gehören Testdaten, statistische Angaben, Messergebnisse und -verfahren.
QUOTES	Potentiellen Käufern werden Preise, Lieferabrufe und andere Konditionen angeboten.
REMADV	Mitteilung zwischen Handelspartnern, um eine Zahlung oder einen andere Form der finanziellen Regelung anzuzeigen. Die Informationen beziehen sich auf Waren und Dienstleistungen.
REQOTE	Potentielle Käufer können Preise, Lieferabrufe und weitere Konditionen beim Verkäufer erfragen.
SLSRPT	Übermittlung von Verkaufsdaten mit Ortsangaben, Zeitraum, Produktkennzeichnung, Betrag, Menge, Marktsegment, Vertriebspartner zum Zwecke statistischer Auswertungen
STATAC	Mitteilung des Kontostandes des Verkäufers an den Käufer. Gleichzeitig kann sie als Zahlungserinnerung dienen.

Kennung	Beschreibung
BAPLIE	Mitteilung zwischen Reedereien, Stauzentralen oder Containerumschlagplätzen über Container und Güter auf dem Transportmittel sowie deren Position auf dem Transportgerät.
BAPLTE	Mitteilung über die Gesamtanzahl der Container und Güter auf dem Transportmittel
IFCSUM	Nachricht für Sammelladungszwecke von einem Spediteur, Frachtführer oder Agenten, der Speditions- und Transportdienstleistungen für denjenigen abwickelt, an den die Sammelladung geht.
IFTCCA	Kalkulation der Transportkosten einer bestimmten Sendung
IFTMAN	Meldung über Einzelheiten der Sendungsankunft an den im Vertrag angegebenen Transportempfänger
IFTMBC	Bestätigung / Reservierung der angefragten Transportleistung
IFTMBF	Feste Buchung / Reservierung der Transportleistung einschließlich der Transportkonditionen
IFTMBP	Buchung / Reservierungsanfrage zu einer geplanten Versendung / Verladung einschließlich Transportkonditionen
IFTMCS	Nachricht an Auftraggeber über aktuelle Einzelheiten, Status, Form und Kosten der Leistung
IFTMFR	Internationaler Transport- und Speditionsnachrichtenrahmen
IFTMIN	Transportauftrag für eine Sendung
IFTRIN	Ratenanfrage und Auskunftserteilung hierzu
IFTSAI	Anfrage nach einem Transportzeitplan
IFTSTA	Mitteilung über den Transportstatus oder einen Wechsel des Status.

Tabelle 10.14:
Beschreibung der
Nachrichtentypen
des Zollwesens

Kennung	Beschreibung
CUSCAR	Datenübermittlung von einem Frachtführer an die Zollverwaltung, um den Anforderungen der Zoll-Gestellungsmitteilung zu genügen
CUSDEC	Anmeldung gesetzlicher oder verfahrenstechnischer Erfordernisse bei der Ein-, Aus- oder Durchfuhr von Waren
CUSEXP	Übermittlung von Express-Sendungsdaten an eine Zollbehörde mit allen drei Zollberichtsarten: Beförderungs- und Gestellungsmitteilung sowie Zollanmeldung
CUSREP	Auskunft über das Transportmittel
CUSRES	Rücktransfer von Daten der Zollbehörde an den Absender der Zolldaten
PAXLST	Passagier- / Besatzungslisten für eine Zoll- oder Einwanderungsbehörde
SANCRT	Gesundheits- / Pflanzengesundheitszeugnis über den Status von tierischen und pflanzlichen Produkten sowie des verwendeten Transportmittels

Tabelle 10.15:
Beschreibung der
Nachrichtentypen
des Bankensektors

Kennung	Beschreibung
CREADV	Gutschriftanzeige der kontoführenden Stelle an den Kontoinhaber
CREEXT	Vollständige Angaben der kontoführenden Stelle an den Kontoinhaber über die Gutschrifttransaktionen
CREMUL	Multiple Gutschriftanzeige der kontoführenden Stelle an den Kontoinhaber über mehrere Geschäftsvorfälle
DEBADV	Belastungsanzeige der kontoführenden Stelle an den Kontoinhaber
DEBMUL	Multiple Belastungsanzeige der kontoführenden Stelle an den Kontoinhaber über mehrere Geschäftsvorfälle
PAYEXT	Anweisung des auftraggebenden Kunden an die beauftragte Bank zur Kontobelastung und Zahlung eines Geldbetrages an den Begünstigten mit vollständigen Angaben zur Transaktion.
PAYMUL	Anweisung des auftraggebenden Kunden an die beauftragte Bank zur Kontobelastung und Zahlung eines Geldbetrages an die Begünstigten mehrerer Geschäftsvorfälle
PAYORD	Anweisung des auftraggebenden Kunden an die beauftragte Bank zur Kontobelastung und Zahlung eines Geldbetrages an den Begünstigten

<table>
<tr><td rowspan="11">Tabelle 10.16:
Beschreibung
sonstiger Nach-
richtentypen</td></tr>
</table>

Kennung	Beschreibung
CONDPV	Mitteilung des Auftragnehmers nach Überprüfung der eingereichten Rechnung eines Subunternehmers an den Auftraggeber
CONEST	Erteilung des Auftrages über Bauleistungen, wobei ein Leistungsverzeichnis Vertragsgrundlage wird
CONITT	Aufforderung des Auftraggebers an einen oder mehrere Bieter des entsprechenden Fachgebietes zur Angebotsabgabe
CONPVA	Mitteilung der Rechnungsdaten nach Abschluss der Ausführung einer Bauleistung an den Auftraggeber
CONQVA	Auskunft über den Stand der Bauleistung
CONTEN	Angebot für die Ausführung von Bauleistungen im Sinne des Leistungsverzeichnisses an den Auftraggeber
CONTRL	Nachricht, die eine empfangene Übertragungsdatei, eine Nachrichtengruppe oder eine Nachricht syntaktisch bestätigt oder mit einer Fehlermeldung abweist
PAYDUC	Mitteilung des Arbeitgebers über Gehaltsabzüge im Namen des Arbeitnehmers an ein Dienstleistungsunternehmen
SUPCOT	Angaben zu Beitragszahlungen an einen Rentenversicherungsträger
SUPMAN	Persönliche Angaben eines Mitglieds an einen Rentenversicherungsträger

10.14   Literatur

[1] Institut für Wirtschaftsinformatik, Universität Hamburg, in: Computerwoche 47, 1995.

[2] Computerwoche 22, 1997, S. 58

[3] Deutsch, M.: Brückenschlag, in: iX, Heft 10, 1993, S.116 - 122

[4] Deutscher EDI-Vertrag - mit Kommentierungen von W. Kilian, AWV-Eigenverlag 1994

[5] DEDIG (Hrsg.): EDI-Jahrbuch 95

[6] Fischer, J.: Unternehmensübergreifende Datenmodellierung - der nächste folgerichtige Schritt der zwischenbetrieblichen Datenverarbeitung, in: Wirtschaftsinformatik, Heft 3, 1995, S. 241 - 254

[7] Frank, U.: Anwendungsnahe Standards der Datenverarbeitung am Beispiel von ODA und EDIFACT, in: Wirtschaftsinformatik, Heft 2, 1991, S. 100-111

[8] Georg, T.: Geplantes Vorgehen, in: iX, Heft 10, 1993, S. 124 - 131

[9] Kommission der Europäischen Gemeinschaften (Hrsg.): EDI-Perspektiven, 1989

[10] Miebach, J.: Funktionalität von EDI-Konvertern, in: Wirtschaftsinformatik Heft 5, 1992, S. 517 - 526

[11] Normenausschuss Bürowesen (Hrsg.): Einführung in EDIFACT - Entwicklung, Grundlagen und Einsatz, 4. Aufl. 1991

[12] Normenausschuss Bürowesen (Hrsg.): UN/EDIFACT: Nachrichtentypen, 1995

[13] Normenausschuss Bürowesen (Hrsg.): UN/EDIFACT: Organisation & Ansprechpartner, 1996

[14] Plattner, B., Lanz, G., Lubich, H., Müller, M., Walter, T.: Datenkommunikation und elektronische Post, Addison-Wesley, 1993

[15] Scheckenbach, R.: Web-EDI – EDI für kleine und mittelständische Unternehmen, DEDIG, 1999

[16] Schlieper, H.: Introduction to UN/EDIFACT-Messages and Frameworks, IBM-Publikation

Web-Sites

[17] Byran, M.: Guidelines for Using XML for Electronic Data Interchange unter: http://www.geocities.com , 1998

[18] Open Buying on the Internet, OBI Library unter: http://www.openbuy.org/obi/library

Sachwortverzeichnis

A

Weitere Titel aus dem Programm

Michael E. Sträubig
Projektleitfaden Internet-Praxis
Internet, Intranet, Extranet und E-Commerce konzipieren und realisieren
2000. XVI, 289 S. mit 52 Abb. Geb. DM 98,00   ISBN 3-528-05701-7

Internet-Technologie im Unternehmen - Projekt Internet - Projekt
Intranet - Projekt Extranet - Projekt E-Commerce - Zentrale
Sicherheitsaspekte - Kommunikation in elektronischen Medien

Carl Steinweg
Projektkompass Softwareentwicklung
Geschäftsorientierte Entwicklung von IT-Systemen
2., überarb. Aufl. 1999. XII, 364 S. mit 101 Abb., 36 Tab. Geb.
DM 98,00   ISBN 3-528-15490-X

Leitfaden für IT-Projekte - Geschäftsanalyse und Projektidentifikation -
Anforderungsanalyse und Systemkonzept - Systemdesign und
Umsetzung - Systemabnahme und Einführung - Qualiätsmanagement
und Testen - Projektmanagement und Erfolgsfaktoren von IT-Projekten

Dirk Bauer
Telemarketing
Mit Database Management und neuen Vertriebsstrukturen zum Erfolg
2000. ca. 250 S. mit 40 Abb. Geb. ca. DM 98,00   ISBN 3-528-05692-4

Telefonmarketing - Telefonverkauf - Vertriebsunterstützung - Neue
Strukturen des Vertriebs - Database Management - Kosten- und
Nutzenaspekte der Vertriebsform

Abraham-Lincoln-Straße 46
65189 Wiesbaden
Fax 0611.7878-400
www.vieweg.de

Stand 1.4.2000
Änderungen vorbehalten.
Erhältlich im Buchhandel oder im Verlag.

Mit rund 9.500 Mitarbeitern an mehr als 40 Standorten in Deutschland und als Teil einer weltweiten Organisation bieten wir als Marktführer hoch qualifizierte Dienstleistungen in den Bereichen Wirtschaftsprüfung, Unternehmensberatung, Steuer- und Rechtsberatung, Corporate Finance-Beratung und Human Resource-Beratung. Exzel-

Hochschulabsolventen/-innen
Prozessberatung

Die Aufgabe

Sie engagieren sich für die Lösung einzelner Organisationsfragen ebenso wie für strategische Neuausrichtungen, Unternehmens-Reorganisationen und die erfolgreiche Umsetzung der vorgeschlagenen Maßnahmen. Sie werden lernen, optimale Lösungskonzepte für unsere anspruchsvollen Kunden zu entwickeln, und Unternehmen aller Branchen professionell betreuen: von der Finanzdienstleistung über die Energiewirtschaft, Information, Telekommunikation, Medien und Dienstleistung bis hin zu Konsumgüter und Industrieprodukte.

Ihr Profil

- Sie haben Ihr Hochschulstudium mit wirtschaftswissenschaftlichem, ingenieurwissenschaftlich-technischem oder Informatik-Schwerpunkt überdurchschnittlich gut abgeschlossen.
- Sie wollen in der Unternehmensberatung starten, wobei Sie sich insbesondere für strategische, prozessorientierte oder technologische Fragestellungen interessieren.

Für beide Positionen gilt:
- **In entsprechenden Praktika – möglichst im Ausland – haben Sie erste Praxiserfahrung gesammelt.**
- **Sie sind kreativ, treten überzeugend auf und denken analytisch-konzeptionell.**
- **Neben Eigeninitiative und Teamgeist zeichnen Sie sich durch Mobilität sowie Lösungsorientierung aus.**
- **Kommunikationsstärke und gutes Englisch qualifizieren Sie zusätzlich.**
- **Sie sind höchstens 30 Jahre jung.**

Weitere Titel aus dem Programm

Dietmar Abts, Wilhelm Mülder
Aufbaukurs Wirtschaftsinformatik
Der kompakte und praxisorientierte Weg zum Diplom
2000. XII, 380 S. mit 120 Abb. Br. DM 59,00   ISBN 3-528-05592-8

Architekturen betrieblicher Informationssysteme - Workflow- und Dokumentationsmanagement - Managementunterstützungssysteme - Internet - Elektronische Märkte - Telekooperation in der mobilen Informationsgesellschaft - Datenmodellierung und Datenbanksysteme - Objektorientierte Software-Entwicklung

Doug Cooper, Michael Clancy
Pascal
Lehrbuch für das strukturiertes Programmieren
5. Aufl. 1999. X, 509 S. Br. DM 88,00   ISBN 3-528-44316-2

Vertraut werden mit Programmen - Prozeduren und Funktionen zum Lösen von Problemen - Wie man die Bearbeitung steuert: Die For-Anweisung - Auswahl treffen: Die Case-Anweisung - If-Anweisung - Bedingte Schleifen - Arrays - Reccords - Files und Text - Set-Typ - Pointer - Sortieren, Suchen, Vergleichen - Weitere Sprachelemente

Ingrid Gerdes, Frank Klawonn, Rudolf Kruse, Markus Schröder
Evolutionäre Algorithmen
Ihre Kopplung mit Fuzzy-Systemen und Neuronalen Netzen
2000. ca. 370 S. mit 40 Abb. Br. ca. DM 59,00   ISBN 3-528-05570-7

Optimierung - Genetische Algorithmen - Evolutionsstrategien - Genetische Programmierung - Fuzzy Systeme - Neuronale Netze

Abraham-Lincoln-Straße 46
65189 Wiesbaden
Fax 0611.7878-400
www.vieweg.de

Stand 1.4.2000
Änderungen vorbehalten.
Erhältlich im Buchhandel oder im Verlag.

Weitere Titel aus dem Programm

Dietmar Abts
Grundkurs JAVA

Die Einführung in das objektorientierte Programmieren
mit Beispielen und Übungsaufgaben
1999. X, 345 S. mit 30 Abb. Br. DM 39,80   ISBN 3-528-05711-4

Konzeption von Java - Die Sprache Java - Objektorientierte Programmierung - Ein- und Ausgabe - Multithreading - Erzeugung grafischer Benutzungsoberflächen - Entwicklung von Applets - Verschiedene Anwendungsbeispiele

Günther Bauer
Bausteinbasierte Software

Eine Einführung in moderne Konzepte des Software-Engineering
1999. VIII, 192 S. mit 128 Abb. Br. DM 59,80   ISBN 3-528-05722-X

Bausteine - Bausteinsysteme - Ein-Platz-Anwendungen - Mehr-Platz-Anwendungen - Multi-Media- und Intra- sowie Internet-Anwendungen

Anton Hald, Wolf Nevermann
Datenbanksysteme

Eine Einführung in die Entwicklung moderner Datenbank-Anwendungen
2., erw. Aufl. 2000. ca. 250 S. Br. ca. DM 64,00   ISBN 3-528-15436-5

Einführung in Aufbau und Aufgaben von Datenbanksystemen - Theorie und Praxis der Datenmodellierung - Konzeptionelles und logisches Datenbankdesign - physisches Datenbankdesign - Konzeption und Entwicklung von Datenbankapplikationen - verteilte Datenbanken - Client-Server-Architekturen - objektorientierte Datenbanken

Abraham-Lincoln-Straße 46
65189 Wiesbaden
Fax 0611.7878-400
www.vieweg.de

Stand 1.4.2000
Änderungen vorbehalten.
Erhältlich im Buchhandel oder im Verlag.